"十二五"国家重点图书出版规划项目

先进制造理论研究与工程技术系列

MECHANICAL PRECISION DESIGN AND QUALITY ASSURANCE

机械精度设计与质量保证

（第3版）

主　编　孙全颖　唐文明

副主编　鄂　蕊　张艳芹

哈尔滨工业大学出版社

内 容 提 要

本书作为高等工科院校机械类、机电类和近机类本、专科各专业"机械精度设计及检测基础"课程的教材,系统阐述了机械产品精度设计的基本知识及相关最新国家标准在设计中的应用,也阐述了典型零件精度设计的基本原理、检测原理和检测技术。

全书共分 10 章:互换性的基本概念,测量技术基础,尺寸精度设计和检测,几何精度设计和检测,表面精度设计和检测,典型零件的精度设计和检测,圆柱齿轮的精度设计和检测,尺寸链的精度设计,机械精度设计典型实例和质量保证与质量控制。

本书既可供高等工科院校机械类、机电类和近机类本、专科各专业师生使用,也可作为继续教育院校机械类各专业的教材,以及供从事机械设计、机械制造、标准化、计量测试等工作的工程技术人员参考。

图书在版编目(CIP)数据

机械精度设计与质量保证/孙全颖,唐文明主编—3 版.—哈尔滨:哈尔滨工业大学出版社,2014.8(2019.4 重印)

ISBN 978-7-5603-4851-3

Ⅰ.①机… Ⅱ.①孙…②唐… Ⅲ.①机械-精度-设计-高等学校-教材 Ⅳ.①TH122

中国版本图书馆 CIP 数据核字(2014)第 172016 号

责任编辑　许雅莹
封面设计　卞秉利
出版发行　哈尔滨工业大学出版社
社　　址　哈尔滨市南岗区复华四道街 10 号　邮编 150006
传　　真　0451-86414749
网　　址　http://hitpress.hit.edu.cn
印　　刷　黑龙江艺德印刷有限责任公司
开　　本　787mm×1092mm　1/16　印张 20.5　字数 500 千字
版　　次　2009 年 2 月第 1 版　2014 年 8 月第 3 版
　　　　　2019 年 4 月第 3 次印刷
书　　号　ISBN 978-7-5603-4851-3
定　　价　35.00 元

第 3 版前言

　　"机械精度设计与质量保证"一书是为了满足高等工科院校机械类、机电类和近机类本、专科各专业"机械精度设计及检测基础"课程的教学需要而编写的教材。

　　本教材是根据近年来作者的教学实践、授课学生的反馈情况以及兄弟院校同行专家的教学经验,在"机械精度设计与质量保证(第 2 版)"的基础上,通过修订编写而成的。

　　本次修订主要体现在以下几个方面:

　　(1)紧密结合教学要求,强调基础,简化理论,突出实用特色,对"几何精度设计"、"表面粗糙度"以及"机械精度设计典型实例"重新进行了编写。

　　(2)根据国家标准实时性强的特点,采用的标准均为最新国家标准。

　　(3)针对机械设计、制造国际化的要求,书中增加了英文标题和专业术语。

　　(4)对第 2 版中的有关文字、图表和图样标注中的错误和遗漏进行了更正。

　　本书由哈尔滨理工大学孙全颖、唐文明主编,黑龙江职业学院鄂蕊、哈尔滨理工大学张艳芹为副主编。第 1 章、第 3 章及英语标题和术语由孙全颖编写,第 2 章、第 4 章由唐文明编写,第 5 章、第 6 章、第 10 章由张艳芹编写,第 7 章、第 8 章、第 9 章由鄂蕊编写。全书由孙全颖统稿。

　　哈尔滨固泰电子有限责任公司英语翻译付香书对本书英语部分做了认真的校对,在此表示特别感谢。

　　本书参考了相关教材和文献资料,在此向其编者、作者表示衷心的感谢。

　　由于编者水平有限,书中难免存在缺点、错误,诚恳地希望广大读者批评、指正,以便于教材质量的进一步提高。

编　者

2014.8

第1版前言

"机械精度设计及检测基础"是高等工科院校机械类和机电类各专业重要的学科基础课,也是和机械工业发展紧密联系的基础学科。为培养适应21世纪现代工业发展要求的机械类高级应用技术型人才的需要,满足高等工科院校机械类和机电类各专业"机械精度设计及检测基础"课的教学要求,编者经过对多年的教学实践的总结,并在借鉴兄弟院校同行教学经验的基础上编写了《机械精度设计与质量保证》一书。

本书在编写过程中,突出应用特色,本着强调基础,简化理论,扩大知识面的原则,注重实用、理论和实践统一的总体思路,优化整合课程内容,删去了以往教材中一些不必要的章节,如圆锥结合的精度设计,同时也增加了质量保证与质量控制等和机械精度设计相关的内容,扩大了读者的知识面,为读者能够快速适应机械行业发展的需要奠定良好的基础。为了体现机械行业的最新发展,保证本书的先进性,本书所涉及的国家标准全部是最新国家标准。

本书共分10章,具体分工如下:第1、2、3、9章由唐文明编写,第4、5、6章由陈明编写,第7、8、10章由孙全颖、徐晓希编写。全书由孙全颖统稿。

本书参考了大量文献资料,在此向有关作者、编者表示感谢。

本书由哈尔滨理工大学隋秀凛教授担任主审工作,隋秀凛教授对本书进行了认真审查,并提出了一些宝贵的意见和建议,在此表示衷心的感谢。

由于编者水平有限,时间仓促,书中难免有不足和疏漏之处,恳请读者批评指正。

编 者
2008.12

目 录
CONTENTS

第1章 互换性的基本概念
Chapter 1 Basic Concept of Interchangeability

【内容提要】 本章主要介绍互换性的概念以及互换性在机械制造中的作用,并简要介绍与互换性有关的标准化与优先数系以及质量保证与检测技术。

【课程指导】 通过本章学习,掌握互换性的概念;了解互换性在机械制造中的作用,掌握优先数和优先数系构成的特点;了解标准化的意义及标准化与互换性的关系;了解质量保证与检测技术的发展概况。

机械零件的精度是决定其质量的重要因素,零件精度设计是机械设计中的主要环节,其精度确定是否合适,对机械产品的使用性能和制造成本都有很大影响。

零件精度设计的内容一般包括尺寸精度、几何精度和表面精度三个方面,以及几何公差和尺寸公差的关系,同时还要考虑零件尺寸间和零件间的关系,如图1.1所示。零件几何精度设计的主要原则是:在保证机械产品使用性能的前提下,恰当地确定零件的尺寸精度、形位精度和表面粗糙度参数值,以便将制造误差限制在允许的范围内,并且尽可能在制造时经济合理,以取得最佳的技术经济效果。

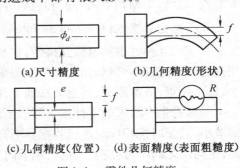

(a)尺寸精度　　　　(b)几何精度(形状)

(c)几何精度(位置)　(d)表面精度(表面粗糙度)

图1.1　零件几何精度

1.1 机械制造中的互换性
(Interchangeability in machinery manufacturing)

1.1.1 互换性的定义
(Definition of interchangeability)

在机械制造的装配作业中,随着流水线上输送带的运动,机器的各部位的零件被依次装上,而流水线上的操作者在装配时,对所装配的零件没有进行任何选择就能将零件装配上,这就是互换性的作用。

互换性是机械制造、仪器仪表和其他许多工业产品设计和制造中的一个重要原则,使用这个原则能使上述工业部门获得最佳的经济效益和社会效益。机械制造中的互换性,是指在同一规格的一批零部件中,任取其一,不需要任何挑选、修配和调整就能装配在机器上,并能很好地满足使用要求。互换性的零部件在日常生活中是常见的,例如,自行车、手表和滚动轴承等零部件都具有互换性,一旦损坏,只要更换一个新的即可满足使用要求。

零部件能否满足互换性是以它们装入机器是不是满足产品的性能要求为标志的。因此有互换性的零部件应具备两个条件:一是零部件的几何参数要达到零部件结合的要求;二是零部件的机械、物理和化学等性能满足产品的功能要求。具备第一个条件的称为几何参数互换性,此为狭义互换性,即通常所讲的互换性;同时具备两个条件的互换性称为功能互换性,此为广义互换性。

1.1.2　互换性的种类
（Types of interchangeability）

在不同的情况下,零部件互换的程度有所不同。根据互换的程度,互换性可分为完全互换性和不完全互换性。

1. 完全互换性（Complete interchangeability）

完全互换性简称互换性,它是指同一规格的零部件在装配或更换时,不需要任何的挑选、修配和调整,安装后能满足预定的使用性能要求。这样的零部件就具有完全互换性,如螺栓、螺母、滚动轴承内外圈和齿轮等。

2. 不完全互换性（Incomplete interchangeability）

不完全互换性也称有限互换性,它是指允许零部件在装配前预先分组或在装配时采用挑选、调整措施。例如当装配精度要求很高时,采用完全互换性将使零件的制造公差很小,加工困难,成本很高,甚至无法加工,这时,可将零件的制造公差适当地扩大以便于加工。然后将生产出来的零件按实际加工的尺寸分为若干组,使每组零件间实际尺寸的差别减小,装配时按相应组进行装配。不完全互换性的特点是通常仅限于组内零件可以互换,组与组之间不可互换。例如,轴承内外圈滚道直径与滚动体之间的配合,就常采用分组装配,这样既满足了装配精度,也满足了使用要求,又解决了加工困难的问题。

通常,不完全互换性往往只限于厂内生产的零部件互换,而对于厂际协作,应采用完全互换性。

1.1.3　互换性在机械制造生产中的作用
（Role of interchangeability in machinery manufacturing）

（1）从设计方面看（Design aspect）

大量采用按互换性原则设计经过实际应用考验的标准零部件,不仅可以大幅度减少设计人员的计算,绘图的工作量,缩短产品设计周期,而且还可以采用标准化的计算方法和程序进行高效的优化设计,从而提高产品设计质量。

（2）从制造方面看（Manufacture aspect）

由于零部件具有互换性,在装配过程中不需要任何辅助加工,这不仅减轻工人的劳动强度,缩短装配周期,而且更便于组织流水线或自动线生产,从而提高劳动生产率,保证产品质量和降低生产成本。

（3）从使用方面看（Use aspect）

互换性可节省装配、维修时间，保证工作的连续性和持久性，提高了机器的使用寿命，在许多情况下具有明显的效益。如武器弹药的互换性能保证不贻误战机；发电设备的及时修复，可保障连续供电；汽车、轮船、交通运输机械等能迅速更换易损零件，均具有很大的经济效益和社会效益。

综上所述，互换性在提高劳动生产率，保证产品质量和降低生产成本等方面均具有重要意义。互换性原则已成为现代机械制造业中的重要生产手段和有效的技术措施。

1.2　标准化与优先数系
（Standardization and series of preferred numbers）

现代化生产的特点是品种多、规模大、分工细和协作多。为使社会生产有序地进行，产品必须标准化，使其规格简化，使分散的、局部的生产环节相互协调和统一。在机械制造中，标准化是广泛实现互换性生产的前提。

1.2.1　标准与标准化
（Standard and standardization）

标准是对重复性事物和概念进行统一规定，它以科学、技术和实践经验的综合成果为基础，经有关方面协商一致，由主管机构批准，以特定形式发布，作为共同遵守的准则和依据。标准是需要人们共同遵守的规范性文件。

标准化是指在经济、技术、科学和管理等社会实践中，对重复性事物和概念通过制订、发布和实施标准，达到统一，以获得最佳秩序和社会效益的全部活动过程。标准化包括制订标准和贯彻标准的全部活动过程，这个过程是从探索标准化对象开始，经调查、实验、分析，进而起草、制订和贯彻标准，而后修订标准，因此，标准化是一个不断循环而又不断提高其水平的过程。

1.2.2　标准的分类及代号
（Classification and symbol of standard）

标准按其性质分为技术标准、生产组织标准和经济管理标准三大类，通常所说的标准一般是指技术标准。

标准按照对象的特征分为基础标准、产品标准、方法标准、卫生标准和安全及环境保护标准等，本课程研究的公差标准、检测器具和方法标准一般属于国家基础标准。

标准按照不同的颁发级别，我国标准分为国家标准、行业标准、地方标准和企业标准等。国家标准的代号为 GB、GB/T；地方标准和企业标准的代号为 DB 和 QB/XX。

我国于 1988 年发布的《中华人民共和国标准化法》中规定，国家标准和行业标准又分为强制性标准和推荐性标准两大类。少量的有关人身安全、健康、卫生及环境保护之类的标准属于强制性标准，国家将用法律、行政和经济等各种手段来维护强制性标准的实施，大量的标准（80% 以上）属于推荐性标准，推荐性标准的代号为 GB/T，应积极采用推荐性标准。标准是科学技术的结晶,是多年实践经验的总结,它代表了先进的生产力,对生产具有普遍的指导意义。

在国际上,为了促进世界各国在技术上的统一,成立了国际标准化组织(International Standardization Organization,ISO)和国际电工委员会(International Electrotechnical Commission,IEC),由这两个组织负责制订和颁发国际标准。我国于 1978 年恢复参加 ISO 组织后,陆续修订了我国的标准,修订的原则是在立足我国生产实际的基础上向 ISO 靠拢,以利于加强我国在国际上的技术交流及产品互换。

1.2.3　优先数系和优先数
（Series of preferred numbers and preferred numbers）

在机械制造中,常常需要确定很多参数,而这些参数往往不是孤立的,一旦选定,就会按照一定规律向一切有关的参数传播。例如,螺栓的尺寸一旦确定,将会影响螺母的尺寸、丝锥板牙的尺寸、螺栓孔的尺寸以及加工所用的钻头的尺寸等。这种参数的传播扩散在生产实际中是极为普通的现象。

工程上各种技术参数的简化、协调和统一是标准化的重要内容。国家标准 GB/T 321—2005《优先数和优先数系》给出了制定标准的数值制度,这也是国际上通用的科学数值制度。

1. 优先数系（Series of preferred numbers）

GB/T 321—2005 规定了以十进制等比数列对数值进行分级的优先数和优先数系,其公比值有 q_5、q_{10}、q_{20}、q_{40}、q_{80} 五种,其系列可分别用系列符号 $R5$、$R10$、$R20$、$R40$ 和 $R80$ 表示,五种优先数系的公比是:

$$R5 \text{ 的公比} \quad q_5 = 10^{1/5} \approx 1.60$$
$$R10 \text{ 的公比} \quad q_{10} = 10^{1/10} \approx 1.25$$
$$R20 \text{ 的公比} \quad q_{20} = 10^{1/20} \approx 1.12$$
$$R40 \text{ 的公比} \quad q_{40} = 10^{1/40} \approx 1.06$$
$$R80 \text{ 的公比} \quad q_{80} = 10^{1/80} \approx 1.03$$

2. 优先数（Preferred numbers）

优先数系中的任一项值均为优先数。

按公比计算得到的优先数的理论值,除 10 的整数幂外,都是无理数,工程技术上不能直接应用,实际应用的都是经过圆整后的近似值。根据圆整的精确程度,优先数可分为计算值和常用值两种。

（1）计算值。取 5 位有效数字,供精确计算用。

（2）常用值。经常使用的、通常所称的优先数,取 3 位有效数字。

表 1.1 中列出 1 ~ 10 范围内基本系列的常用值。

表1.1　优先数系(基本系列) (GB/T 321—2005)

R5	1.00		1.60		2.50		4.00		6.30		10.00
R10	1.00	1.25	1.60	2.00	2.50	3.15	4.00	5.00	6.30	8.00	10.00
R20	1.00	1.12	1.25	1.40	1.60	1.80	2.00	2.24	2.50	2.80	3.15
	3.55	4.00	4.50	5.00	5.60	6.30	7.10	8.00	9.00	10.00	
R40	1.00	1.06	1.12	1.18	1.25	1.32	1.40	1.50	1.60	1.70	1.80
	3.35	1.90	2.00	2.12	2.24	2.36	2.50	2.65	2.80	3.00	3.15
	6.30	3.55	3.75	4.25	4.50	4.75	5.00	5.60	6.00		
	6.70	7.10	7.50	8.00	8.50	9.00	9.50	10.00			

3. 优先数系的分类 (Classification of series of preferred numbers)

根据 GB/T 321—2005 的规定对优先数系分类。R5、R10、R20、R40 为基本系列,R80 为补充系列。基本系列是常用的系列,补充系列是在参数分级很细或基本系列中的优先数不适应实际情况时,才考虑采用的。

此外,为了满足生产的需要,还可在基本系列和补充系列的基础上,产生变形系列,即派生系列和复合系列。Rr 的派生系列指从 Rr 系列中按一定的项差 p 取值所构成的系列。如 Rr/P = R20/3,即有 1.0,1.40,2.00,2.80,…。复合系列指由若干等公比系列混合而成的多公比系列,如 1.00,1.60,2.50,3.55,5.00,7.10,10.0,12.5,16.0,即由 R5 及 R20/3、R10 三种系列构成的复合系列。

例如 R10/3,公比为 $q_{10/3} = 10^{3/10} \approx 2$,由表 1.1 可得表 1.2。

表1.2　公比为 $q_{10/3}$ 的优先数

R10	1.00	1.25	1.60	2.00	2.50	3.15	4.00	5.00	6.30	8.00	10.0
R10/3(1.00…)	1.00			2.00			4.00			8.00	
R10/3(1.25…)		1.25			2.50			5.00			10.0
R10/3(1.60…)			1.60			3.15			6.30		

在生产当中,可以利用基本系列、补充系列以及派生系列,满足疏、密分级不同的要求,并且系列中的数值可方便地向两头延伸,如将表 1.1 中所列优先数系中的优先数乘以 10,100,… 或 0.1,0.01,…,即可求得所有大于 10 或小于 1 的优先数。

1.3　质量保证与检测技术的发展
(Development of quality assurance and testing technology)

现代工业生产对于产品质量要求越来越高。以往传统的作法主要是由制成品的检验来控制产品质量,这是一种消极被动措施,远远不能适应现代科技发展的需要,因此必须采取积极措施,从市场预测与调研开始,对产品的开发设计,外购件的采购,零部件制造与检测,产品的测试与验收,以至产品的使用各阶段的活动的全过程,进行可靠而有效的质量控制,所有这些质量控制活动集成在一起称为质量保证系统。质量保证是一种调控过程,它保证产品质量符合规定的标准与规范,使与影响质量有关的各个环节和过程始终处于全面的受控状态,以确保产品质量。

1.3.1 质量保证发展概述
（Overview of quality assurance development）

现代产品随着科学技术的发展不断更新换代,技术性能和可靠性要求不断提高,生产的组织形式多样化,特别是市场竞争的加剧促进了质量保证与质量控制的发展。

20 世纪初到 20 世纪 30 年代末是质量保证与质量控制的初级阶段,其特点是以事后检验为主体,主张设置专职检验人员,强调检验人员的质量监督职责,把检验作为保证质量的主要控制手段。

1924 年美国休哈特将数理统计方法引入质量管理中,发明了控制图,从而开始了统计质量控制阶段,其特点是使质量控制由单纯依靠质量事后检验发展到工序质量控制,突出了质量的预防性与事后检验相结合的质量控制方式。

1961 年美国通用电气公司质量经理菲根堡姆首先提出了全面质量管理的观点和质量体系问题。制造企业的质量控制不限于制造过程和产品的事后检验,而是对诸如设计、采购、生产、销售、服务等全过程进行控制。

随着全面质量管理在世界范围的推广,特别是 1987 年国际标准化组织(ISO) 颁布的ISO9000 系列标准在工业界得到广泛认可,质量管理的理论和实践有了新的发展,全过程质量控制在企业中进一步得到加强,计算机辅助质量数据采集与质量控制在美国、西欧、日本等工业发达国家和地区的企业的质量控制中已得到广泛的应用。

自 20 世纪 90 年代中期以来,随着我国经济的快速发展和与世界经济接轨的需要,许多企业根据 ISO 9000 国际标准族建立了质量体系并开展质量认证工作,我国在等同采用ISO 9000 系列标准族的基础上,制订并发布了质量管理、质量保证以及质量体系GB/T 19000 系列标准族。随着我国开展 ISO 9000 国际标准族质量认证企业的不断增多和日益普及,我国的全过程质量保证与质量控制已进入了一个新阶段。

1.3.2 检测技术发展概述
（Overview of testing technology development）

从设计角度看,零件的标准化为互换性提供了可能性。而要满足产品的使用性能,还必须采取相应的工艺措施,对零件进行检测,以保证整个产品的全部零件合格。为使测量结果统一和可靠,相应的要建立完善的检测手段和计量管理系统,并制定技术法规监督实施。

从机械工业的发展看,几何量检测技术的发展是和机械加工精度的提高相辅相成的。加工精度的提高,一方面要求并促进测量器具的测量精度也跟随提高,另一方面,加工精度本身也要通过精确的测量来体现和验证。根据国际计量大会的统计,机械零件加工的精度大约每十年提高一个数量级,这缘于检测技术的不断发展,1940 年 1.5 μm → 1950 年 0.2 μm → 1960 年 0.1 μm → 1969 年 0.01 μm。

19 世纪中叶出现了游标杆尺,机械加工精度可达 0.1 mm;20 世纪初,加工精度达到0.01 mm,可用千分尺测量;20 世纪 30 年代开始成批生产光学比较仪、测长仪、光波干涉仪和万能工具显微镜等当前仍在生产中广泛使用的光学精密量仪,当时相应的机械加工精度提高到了 0.001 mm 左右及更小。近半个世纪精密加工的水平有了更大的提高,精密机床主轴的跳动误差要求不超过 0.01 μm,导轨直线度要求 0.3 μm/m,空气轴承的回转精度在径向和轴向都要求 0.02 μm,这些参数的测量要用高精度的方法和仪器,如稳频激光干涉系统、各种高精度的电学量仪及声、电、光结合并配用计算机的测量系统。

几何量测量技术的发展,不仅促进了机械工业的发展,而且对其他工业部门,对科学技术,对内、外贸易乃至现代社会生活的许多方面,都起着重要的推动作用。我国计量科学和检测技术经过多年来的不懈努力,已达国际水平,全国建立了比较完善的计量机构,有统一的量仪传递网,不仅可生产一般的检测仪器,还研制成功了如光电光波比长仪、双频激光干涉仪等先进量仪。

1.4　本课程的特点和任务
（Course features and tasks）

1.4.1　本课程的特点
（Course features）

本课程是高等工科院校机械类和机电类本、专科各专业的一门重要的技术基础课,是联系设计类课程和工艺类课程的纽带,是从基础课学习过渡到专业课学习的桥梁。本课程由机械精度设计、检测基础和质量保证三部分构成,其特点是术语及定义多、代号及符号多、具体规定多、内容和经验总结多,而逻辑性和推理性较少。

1.4.2　本课程的学习方法
（Learning methods of course）

首先应当了解本课程的主干是国家标准。国家标准就是法规,要注意其严肃性,在进行精度设计时既要满足标准规定的原则要求,又要根据不同的使用要求灵活选用。机械产品的种类繁多,使用要求各异,因此熟练地掌握国家标准的选用并非是轻而易举的一件事情。

在学习中,应当了解每个术语、定义的实质,及时归纳、总结并掌握各术语及定义的区别和联系,在此基础上应当牢记它们,才能灵活运用,应当认真独立完成作业和实验,巩固并加深对所学内容的理解与记忆,掌握正确的标注方法,熟悉国家标准的选择原则和方法。树立理论联系实际、严肃认真的科学态度,培养基本技能,重视微型计算机在检测领域中的应用。只有在后续课程（设计类和工艺类课程）学习和实践中,特别是在机械零件课程设计、专业课课程设计和毕业设计实践中,才能加深对本课程内容的理解,初步掌握精度设计的要领。而要达到正确运用本课程所学的知识,熟练正确地进行机械零件精度设计,还需要经过实际工作的锻炼。对学习过程中遇到的困难,应当坚持不懈地努力,反复记忆、反复练习、不断应用是达到熟练应用目的的保证。

1.4.3　本课程的任务
（Course tasks）

　　学生在学习本课程时,应具有一定的理论知识和生产实践知识,即能读图、制图,了解机械加工的一般知识和常用机构的原理。

　　学生在学完本课程后应达到下列要求:

　　(1) 掌握标准化、互换性的基本概念及精度设计有关的基本术语和定义。

　　(2) 基本掌握精度设计标准的主要内容、特点和应用原则。

　　(3) 初步学会根据使用要求,正确设计几何量公差并正确地标注在图样上。

　　(4) 了解各种典型几何量的检测方法,初步学会使用常用的计量器具。

　　(5) 了解质量保证的基本概念,ISO 9000 系列标准族和 GB/T 19000 系列标准族的主要内容。

　　总之,本课程的任务是使学生获得机械工程师必须掌握的精度设计和检测方法的基本知识和基本技能。

思考题与习题
（Questions and exercises）

1. 思考题(Questions)

1.1　什么是互换性? 互换性在机械制造中有何重要意义?

1.2　完全互换和不完全互换有何区别? 各应用于什么场合?

1.3　什么是标准化? 标准化在机械制造中有何重要意义?

1.4　什么是优先数系? 为什么要规定优先数系? 优先数系在机械制造中有何重要意义?

1.5　公差、检测、标准化与互换性有什么关系?

1.6　若按标准颁发的级别来划分标准,我国的标准有哪几种?

2. 习题(Exercises)

1.1　下面两列数据属于哪种系列? 公比 q 为多少?

(1) 电动机转速(单位为 r/min) 有:375,750,1 500,3 000,…

(2) 摇臂钻床的主参数(最大钻孔直径,单位为 mm):25,40,63,80,100,125 等。

1.2　试写出 R10 优先数系从 1 ~ 100 的全部优先数。

第 2 章　　测量技术基础
Chapter 2 Foundation of Measurement Technology

【内容提要】　本章主要讲述测量的基本概念;介绍测量单位、量值传递知识、计量器具和测量方法、测量误差与数据处理,以及通用误差的检测方式。

【课程指导】　通过本章学习建立测量的基本概念,掌握量块的特性、作用以及测量方法;初步掌握计量器具的选择原则和方法;能够分析测量误差并对测量结果进行处理。

2.1　概　述
(Overview)

2.1.1　测量的定义
(Definition of measurement)

在机械制造中,需要测量零件加工后的几何参数(尺寸、几何误差及表面粗糙度等),以确定它们是否符合技术要求和实现其互换性。

测量就是将被测的量与作为测量单位的标准量进行比较,从而确定被测量的过程,可用公式表示为

$$q = x/E \tag{2.1}$$

式中　x——被测对象的量值;

　　　q——几何量的数值,即被测对象的量值与计量单位的标准量的比值;

　　　E——计量单位或标准量。

上式表明,任何几何量的量值都由两部分组成,即表征几何量的数值和该几何量的计量单位,例如,几何量为 40 mm,这里 mm 为长度计量单位,数值 40 则是以 mm 为计量单位时该几何量的数值。

2.1.2　测量的四个要素
(Four elements of measurement)

测量过程除被测量对象和测量单位外,尚需采用一定的测量方法对测量结果给出精确程度的判断,所以一个完整的测量过程应包括以下四个要素:

1. 测量对象(Measurement object)

测量对象是指拟测量的量。

在机械制造中,测量的主要对象是几何量,即长度、角度、表面粗糙度、几何误差及螺纹、齿轮等零件的几何参数。

2. 测量单位(Measurement unit)

测量单位是指根据约定定义和采用的标量,任何其他同类量可与其比较使两个量之比用一个数表示。

采用我国的法定计量单位,长度单位为米(m),在机械制造中常用的长度单位为毫米(mm);在几何精密测量中,长度单位为微米(μm),角度单位为度(°)、分(′)、秒(″)。

3. 测量方法(Measurement method)

测量方法是指对测量过程中使用的操作所给出的逻辑性安排的一般性描述。即测量时所依据的测量原理以及所采用的计量器具和测量条件的综合,亦即获得测量结果的方式。

4. 测量精度(Measurement precision)

测量精度是指被测量的测得值与其真值间的一致程度,它体现了测量结果的可靠性。

测量是互换性生产过程中的重要组成部分,是保证各种标准贯彻实施的重要手段,也是实现互换性生产的重要前提之一。为了达到测量的目的,必须使用统一的标准量,采用一定的测量方法和运用适当的测量工具,而且要达到必要的测量精度,以确保零件的互换性。

2.2　基准与量值传递
(Benchmark and dissemination of the value of quantity)

量值传递是指通过对测量仪器的校准或检定,将国家测量标准所实现的单位量值通过各等级的测量标准传递到工作测量仪器的活动,以保证测量所得的量值准确一致。

2.2.1　长度单位与量值传递系统
(Unit of length and dissemination of the value of quantity)

为了进行长度计量,必须规定一个统一的标准,即长度计量单位。1984 年国务院发布了"关于在我国统一实行法定计量单位的命令",决定在采用先进的国际单位制的基础上,进一步统一我国的计量单位,并发布了《中华人民共和国法定计量单位》,其中规定长度的基本单位为米(m),机械制造中常用的长度单位为毫米(mm),$1\ mm = 10^{-3}\ m$。精密测量时,多采用微米(μm)为单位,$1\ \mu m = 10^{-6}\ m$;超精密测量时,则采用纳米(nm)为单位,$1\ nm = 10^{-9}\ m$。

米的最初定义始于 1791 年的法国,随着科学技术的发展,对米的定义也在不断进行完善。1983 年,第十七届国际计量大会正式通过如下米的新定义:"米是光在真空中 1/299 792 458 s 时间间隔内所经路径的长度"。

以光速和时间频率作为长度基准,并用稳频激光来复现,这是计量技术的重大突破,使长度基准精度提高到 1×10^{-11}。

1985 年,我国用自己研制的碘吸收稳定的 0.633 μm 氦氖激光辐射来复现我国的国家长度基准。

在实际应用中,对各种被测尺寸不可能都按"米"的定义来测量,而是采用各种计量器具进行测量。为了保证量值统一,必须把长度基准的量值准确地传递到生产中应用的计量器具和工件上去,因此要建立了一套从长度的最高基准到被测工件的严密而完整的长度量值传递系统。我国从组织上自国务院到地方,已建立起各种计量管理机构,负责其管辖范围内的计量工作和量值传递工作。在技术上,从国家波长基准开始,长度量值分两个平行的系统向下传递,一个是端面量具(量块)系统;另一个是刻线量具(线纹量具)系统,如图 2.1 所示。

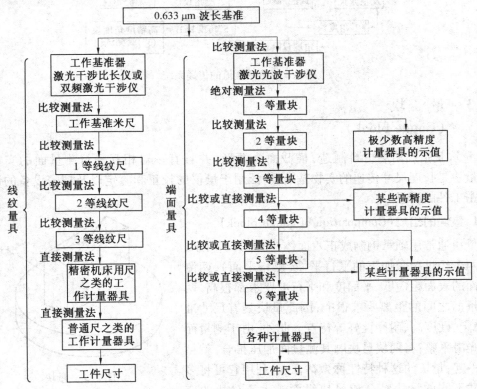

图 2.1　长度量值传递系统

2.2.2　角度单位与量值传递系统

(Unit of angle and dissemination of the value of quantity)

角度计量也属于长度计量范围,弧度可用长度比值求得,一个圆周角定义为360°,因此角度不必建立一个自然基准,但在实际应用中,为了稳定和测量需要,仍然必须建立角度量值基准以及角度量值的传递系统。图2.2为角度量值的传递系统,常用的是角度量块、测角仪和多面棱体等。

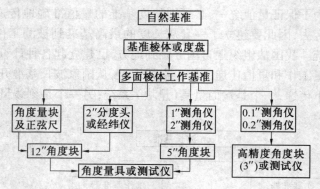

图2.2　角度量值的传递系统

2.2.3　量　块

(Gauge block)

量块是指用耐磨材料制造,横截面为短形,并且有一对相互平行测量面的实物量具。量块是长度尺寸传递的实物基准,广泛用于量仪的校正和鉴定以及精密设备的调整和精密工件的测量。

1. 量块的组成(Composition of gauge block)

量块通常用轴承钢制成正六面体,如图2.3所示,具有两个经过精密加工的平行平面(测量平面),两测量平面的表面粗糙度、平面度和平行度要求都很高,两个测量面之间的距离要求很准,因此量块具有尺寸准确、稳定、硬度高、耐磨性好等特点。此外,由于测量面极为光滑平整,将两块量块顺其测量面加压推合,就粘合在一起,量块的这种特性称为粘合性,利用它可将多个尺寸不同的量块粘合成量块组而扩大了量块的应用。为此,量块往往是成套制成的,每套包括一定数量不同尺寸的量块。

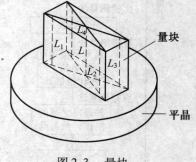

图2.3　量块

量块长度(L)是指量块上测量面上任意一点(距边缘0.5 mm区域除外)到与下测量面粘合的平晶表面间的垂直距离。

根据GB/T 6093—2001《几何量技术规范(GPS)长度标准 量块》的规定,量块的制造精度分为五级,即k、0、1、2、3级,k级精度最高。"级"主要是根据量块长度极限偏差和量块长度变动量的允许值来划分的。量块长度变动量是指量块测量面上最大和最小长度之差。常用成套量块的尺寸见表 2.1。量块按中心长度及平面平行度的鉴定精度又可分成 1、2、3、4、5 五等。

表 2.1　成套量块的尺寸　（摘自 GB/T 6093—2001）

序号	总块数	级别	尺寸系列 /mm	间隔 /mm	块数 / 块
1	91	0,1	0.5	—	1
			1	—	1
			1.001,1.002,…,1.009	0.001	9
			1.01,1.02,…,1.49	0.01	49
			1.5,1.6,…,1.9	0.1	5
			2.0,2.5,…,9.5	0.5	16
			10,20,…,100	10	10
2	83	0,1,2,(3)	0.5	—	1
			1	—	1
			1.005	—	1
			1.01,1.02,…,1.49	0.01	49
			1.5,1.6,…,1.9	0.1	5
			2.0,2.5,…,9.5	0.5	16
			10,20,…,100	10	10
3	46	0,1,2	1	—	1
			1.001,1.002,…,1.009	0.001	9
			1.01,1.02,…,1.09	0.01	9
			1.1,1.2,…,1.9	0.1	9
			2,3,…,9	1	8
			10,20,…,100	10	10
4	38	0,1,2	1	—	1
			1.005	—	1
			1.01,1.02,…,1.49	0.01	9
			1.1,1.2,…,1.9	0.1	9
			2,3,…,9	1	8
			10,20,…,100	10	10

注:带( )的等级根据订货供应:

在使用量块时,常常用几个量块组合成所需要的尺寸,组合量块时为减少量块组合的累积误差,应力求使用最少的量块数获得所需要的尺寸,一般不超过 4～5 块。例如,使用 83 块一套的量块组,从中选取量块组成 51.995 mm,查表 2.1,可按如下步骤选择量块尺寸:

$$
\begin{array}{lll}
51.995 & \cdots\cdots & \text{需要的量块组合尺寸} \\
-1.005 & \cdots\cdots & \text{第一块量块尺寸} \\
\hline
50.99 & & \\
-1.49 & \cdots\cdots & \text{第二块量块尺寸} \\
\hline
49.5 & & \\
-9.5 & \cdots\cdots & \text{第三块量块尺寸} \\
\hline
40 & \cdots\cdots & \text{第四块量块尺寸}
\end{array}
$$

即　　　　　　　　　　　　　$51.995 = 40 + 9.5 + 1.49 + 1.005$

量块组合如图 2.4 所示。

研合量块组时,首先用优质汽油将选用的各量块清洗干净,用洁布擦干,然后以大尺寸量块为基础,顺次将小尺寸量块研合上去。研合方法如图 2.5 所示,将量块沿着其测量面长边方向,先将两量块测量面的端缘部分接触并研合,然后稍加压力,将一量块沿着另一量块推进,使两量块的测量面全部接触,并研合在一起。在使用量块时要小心,应避免碰撞或跌落,切勿划伤测量面。

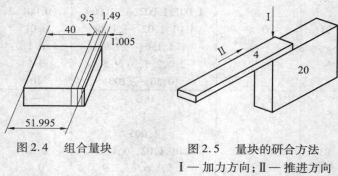

图 2.4　组合量块　　　　　图 2.5　量块的研合方法
Ⅰ— 加力方向;Ⅱ— 推进方向

2. 量块的使用(Application of gauge block)

量块按"级"使用时,应以量块的标称长度作为工作尺寸,该尺寸包含了量块的制造误差。

量块按"等"使用时,应以检定后所给出的量块中心长度的实际尺寸作为工作尺寸,该尺寸排除量块制造误差的影响,仅包含较小的测量误差。

综上所述,量块按"等"使用比按"级"使用时的测量精度高。例如,标称长度为 30 mm 的 0 级量块,其长度的极限误差为 ±0.000 20 mm,若按"级"使用,不管该量块的实际尺寸如何,均按 30 mm 计,则引起的测量误差就为 ±0.000 20 mm;但是,若该量块经过检定后,确定为三等,其实际尺寸为 30.000 12 mm,测量极限误差为 ±0.000 15 mm。显然,按"等"使用,即按尺寸为 30.000 12 mm 使用的测量极限误差为 ±0.000 15 mm,比按"级"使用的测量精度高。

2.3　计量器具与测量方法
(Measuring instrument and measurement method)

2.3.1　计量器具
(Measuring instrument)

计量器具(也称测量器具)是指测量仪器和测量工具的总称。测量装置是指为了确定被测量所必需的测量器具和辅助设备的总体。

通常把没有传动放大系统的以固定形式复现量值的计量器具称为量具,如量块、线纹米尺等,前者称为单值量具,后者称为多值量具。把具有传动放大系统的能将被测量转换成可直接观测的指示值或等效信息的测量器具称为量仪,如机械式比较仪、测长仪和投影仪等。计量器具也可按用途、结构和工作原理分类。

1. 按用途分类(Classification by application scope)

(1)标准计量器具(Standard measuring instrument)

测量时体现标准量的测量器具,通常用来校对和调整其他计量器具,或作为标准量与被测几何量进行比较,如线纹尺、量块、多面棱体等。

(2)通用计量器具(Common measuring instrument)

通用性大,可用来测量某一范围内各种尺寸(或其他几何量)并能获得具体读数值的计量器具,如千分尺、千分表、测长仪等。

(3)专用计量器具(Special measuring instrument)

用于专门测量某种或某个特定几何量的计量器具,如量规、圆度仪、基节仪等。

2. 按结构和工作原理分类(Classification by structure and working principle)

(1)卡尺类量仪(Caliper class measuring instrument)

如数显卡尺、数显高度尺、数显量角器等。

(2)微动螺旋副类量仪(Micro screw vice class measuring instrument)

如数显千分尺、数显内径千分尺等。

(3)机械式计量器具(Mechanical measuring instrument)

通过机械结构实现对被测量的感受、传递和放大的计量器具,如机械式比较仪、百分表、千分表、杠杆比较仪和扭簧比较仪等。

(4)光学式计量器具(Optical measuring instrument)

用光学方法实现对被测量的转换和放大的计量器具,如光学比较仪、投影仪、激光准直仪、激光干涉仪、自准量仪和工具显微镜等。

(5)气动式计量器具(Pneumatic measuring instrument)

靠压缩空气通过气动系统时的状态(流量或压力)变化来实现对被测量的转换的计量器具,如压力式气动量仪、流量计式气动量仪、水柱式和浮标式气动量仪等。

(6)电动式计量器具(Electrodynamic measuring instrument)

将被测量通过传感器转变为电量,再经变换而获得读数的计量器具,如电动轮廓仪和电感测微仪等。

(7)光电式计量器具(Photoelectric measuring instrument)

利用光学方法放大或瞄准,通过光电元件再转换为电量进行检测,以实现几何量的测量的计量器具,如光电显微镜、光电测长仪等。

(8)机电光综合类量仪(Optial electro mechanical integration measuring instrument)

如三坐标测量仪、齿轮测量中心等。

2.3.2　测量方法
（Measurement method）

测量方法可以按各种形式进行分类。

1. 直接测量与间接测量（Direct measurement and indirect measuement）

不需要将被测量与其他实测量进行一定函数关系的辅助计算而直接得到被测量值的测量,称为直接测量。通过直接测量与被测参数有已知函数关系的其他量而得到该被测参数量值的测量,称为间接测量。如图2.6所示,测量大尺寸的圆弧直径 D,可通过测量弦长 L 和弓形高度 H 计算出直径 D,即 $D = H + L^2/4H$。

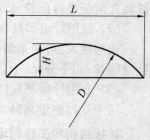

图2.6　间接测量

2. 绝对测量与相对测量（Absolute measurement and relative measurement）

能由量仪刻度尺上读出被测参数的整个量值,称为绝对测量,例如用游标尺、千分尺测量零件的直径。由量仪的刻度尺只能读出被测参数相对于某一标准量的偏差值,称为相对测量(或比较测量)。由于标准量是已知的,因此被测参数的整个量值等于量仪所指示的偏差与标准量的代数和,例如,图2.7所示用量块调整比较仪后测量直径。

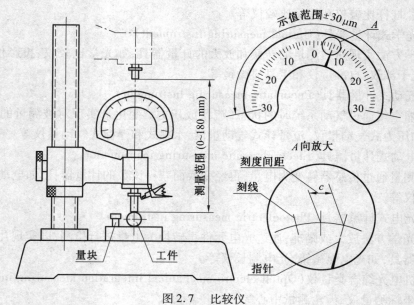

图2.7　比较仪

3. 接触测量与非接触测量（Contact measurement and non-contact measurement）

量仪的测量头与零件被测表面直接接触,并有机械作用的测量力存在,称为接触测量。量仪的传感部分与零件的被测表面间不接触,没有机械作用的测量力存在,称为非接触测量,例如,光学投影测量、气动量仪测量。

4. 单项测量与综合测量(Single measurement and comprehensive measurement)

单个彼此没有联系地测量零件的单项参数,称为单项测量,例如,分别测量螺纹的螺距或牙型半角等。同时测量零件上的几个有关参数,综合地判断零件是否合格,其目的在于保证被测零件在规定的极限轮廓内,以达到互换性的要求,称为综合测量,例如用花键塞规检验花键孔,用齿轮动态整体误差测量仪测量齿轮。

5. 静态测量与动态测量(Static measurement and dynamic measurement)

在测量过程中被测件与计量器具的测量头处于相对静止状态,称为静态测量,例如,用千分尺测量零件的直径。在测量过程中被测件与测量头处于相对运动状态,称为动态测量,其目的是为了测得误差的瞬时值及其随时间变化的规律,例如,在磨削过程中,测量零件的直径。

动态测量效率高,且能反映出零件接近使用状态下的情况,但对计量器具有比较高的要求,例如要消除振动对测量结果的影响,测量头与被测零件的接触要可靠,测量头要耐磨,对测量信号的反映要灵敏等。

6. 主动测量与被动测量(Initiative measurement and passive measurement)

被测件在加工过程中进行的测量,称为主动测量。这种测量把测量与加工紧密结合起来,其测量结果可以反馈,从而决定了零件是否需要继续加工或对工艺过程是否需要进行调整,能及时防止废品的产生,故又称积极测量。被测件在加工完毕之后进行的测量,称为被动测量,这种测量仅用于发现和剔除废品,故又称消极测量。

7. 在线测量与离线测量(Online measurement and offline measurement)

零件在加工中或机床上进行的测量,称为在线测量,此时测量结果直接用来控制零件的加工过程,或决定是否继续加工,它能及时防止与消除废品。零件加工完成后在检验站进行的测量,称为离线测量,此时测量的结果仅限于发现并剔除废品。

8. 等精度测量与不等精度测量(Equal accuracy measurement and unequal accuracy measurement)

在测量过程中,决定测量结果的全部因素或条件不变,称为等精度测量。例如,由同一个人,用同一台量仪在同样条件下,以同样的测量方法,对同一个量仔细地进行测量,可以认为每一测量结果的可靠性和精确度都是相同的,在一般情况下,为了简化对测量结果的处理,大多采用等精度测量。实际上,绝对的等精度测量是不可能的。在测量过程中,决定测量结果的全部因素或条件可能完全改变或部分改变,称为不等精度测量。例如,用不同的测量方法,不同的计量器具,在不同的条件下,由不同人员,对同一被测的量进行不同次数的测量,显然,其测量结果的可靠性与精确度各不相同。

以上测量方法的分类是从不同角度考虑的,对一个具体的测量过程,可能兼有几种测量方法的特性,例如,在内圆磨床上用两点式测量头进行检测,属于主动测量、在线测量、直接测量、接触测量等。测量方法的选择应考虑被测件结构特点、精度要求、生产批量、技术条件及经济效果等。

2.3.3　度量指标

（Indicators for measurement）

度量指标是选择、使用和研究计量器具的依据。计量器具的基本度量指标有以下几种。

1. 分度间距与分度值（Scale spacing and division value）

分度间距是指刻度尺上两相邻刻线中心的距离，为了便于目测，一般为 1 ～ 2.5 mm。分度值是指每一分度间距所代表的被测量的数值，如千分表的分度值为 0.001 mm，百分表的分度值为 0.01 mm。

2. 示值范围与测量范围（Indication range and measurement range）

示值范围是指计量器具所能显示（或指示）的起始值到终止值的范围，如光学比较仪的测量范围为 − 0.1 ～ + 0.1 mm。测量范围是指在允许的误差限内，计量器具所能测的最大及最小尺寸范围，如某千分尺的测量范围为 75 ～ 100 mm。

3. 示值误差与示值变动性（Error of indication and varation of indication）

示值误差是指计量器具上的示值与被测量真值的差值。示值变动性是指在测量条件不变的情况下，对同一被测量进行多次重复观测读数，其示值变化的最大差异。

4. 灵敏度与灵敏阈（Sensitivity and sensitive limit）

灵敏度（S）是指计量器具对被测量变化的反应能力。若用 ΔL 表示被测观察量的增量，如千分表指针在度盘上移动的距离，用 ΔX 表示被测量值的增量，则 $S = \Delta L / \Delta X$，若分子与分母是同一类的量时，灵敏度又称放大比。灵敏阈（灵敏限）是指引起计量仪器示值可察觉变化的被测量的最小变化值，它表示计量仪器对被测量微小变化的敏感能力。

5. 回程误差（Hysterisis error）

回程误差是指在相同测量条件下，计量器具按正反行程对同一被测量值进行测量时，量仪示值之差的绝对值。

6. 测量力（Measuring force）

测量力是指测量头与被测件表面之间的接触压力。

7. 修正值（校正值）（Corrected value）

为消除计量器具的系统误差，用代数法加到测量结果上的值称为修正值。该值与示值误差的绝对值相等而符号相反。

8. 测量不确定度（Measurement uncertainty）

测量不确定度是指由于测量误差的存在而对被测量的真值不能肯定的程度，用误差限来表征被测量所处的量值范围。

2.4 测量误差与数据处理
(Measurement error and date processing)

2.4.1 测量误差的基本概念
(Basic concept of measurement error)

由于计量器具和测量条件的限制,在测量中,任何测量过程总是不可避免地存在测量误差。因此,任何测量结果都不可能绝对精确,只能在某种程度上近似于被测量的真值。测量误差 Δ 是指测得值 x 与真值 x_0 之差,即

$$\Delta = x - x_0 \tag{2.2}$$

由式(2.2)所表达的测量误差反映了测得值偏离真值的程度,也称绝对误差。由于测得值 x 可能大于或小于真值 x_0,因此测量误差可能是正值或负值,若不计其正负号,则可用绝对值表示,其真值 x_0 可用下式表示

$$x_0 = x \pm \Delta \tag{2.3}$$

式(2.3)表明,可用测量误差来说明测量的精度,测量误差的绝对值越小,说明测得值越接近于真值,测量精度也越高;反之,测量精度就越低。这样,用绝对误差的大小可以表示测量精度的高低。但绝对误差 Δ 只能用于评定同一尺寸的测量精度,而要评定对不同尺寸的测量精度,则可应用相对误差的概念。

相对误差 ε 是指绝对误差的绝对值 $|\Delta|$ 与被测量真值之比,即

$$\varepsilon = |\Delta| / x_0 \times 100\% \tag{2.4}$$

相对误差是一个无量纲的值,用百分数(%)表示,例如,某两个轴颈的测得值分别为 $x_1 = 500$ mm,$x_2 = 50$ mm;$\Delta_1 = \Delta_2 = 0.005$ mm,其相对误差分别为 $\varepsilon_1 = 0.005/500 \times 100\% = 0.001\%$,$\varepsilon_2 = 0.005/50 \times 100\% = 0.01\%$,由此可知,前者的测量精度要比后者高。

2.4.2 测量误差的产生原因
(Reasons causing measurement error)

产生误差的原因很多,通常可归纳为以下几个方面。

1. 计量器具误差(Measurement instrument error)

计量器具误差是指计量器具本身在设计、制造、装配和使用时调整得不准确而造成的各项误差。这些误差综合表现在示值误差和示值变化上,计量器具的误差可用更精密的量仪或量块来定期鉴定,确定其校正值,供测量时校正测量结果使用。

量仪设计时,经常采用近似机构代替理论上所要求的运动机构,用均匀刻度的刻度尺近似地代替理论上要求非均匀刻度的刻度尺,或者仪器设计时违背阿贝原则等,这样的误差称为理论误差。

仪器零件的制造误差和装配调整误差都会引起仪器误差。例如仪器读数装置中刻度尺、刻度盘等的刻度误差和装配时的偏斜或偏心引起的误差;仪器传动装置中杠杆、齿轮

副、螺旋副的制造误差以及装配误差;光学系统的制造、调整误差;传动件间的间隙、导轨的平面度、直线度误差等都会影响仪器的示值误差和稳定性。引起仪器制造、装配误差的因素很多,情况比较复杂,也难以消除。

2. 标准件的误差(Standard parts error)

标准件的误差是指作为标准的标准件本身的制造误差和检定误差。例如,用量块作为标准件调整测量器具的零件时,量块的误差会直接影响测得值。标准件的误差不应超过总测量误差的 $1/5 \sim 1/3$。

3. 测量方法误差(Measurement method error)

测量方法误差是指测量方法不完善,包括计算公式不准确、测量方法选择不当、测量基准不统一、零件安装不合理以及测量力等引起的误差。测量时,应选择合理的测量方法,并对其引起的方法误差进行分析,以便加以校正或估计其精确度。

4. 测量环境误差(Measurement environment error)

测量环境误差是指测量时的环境条件不符合标准条件所引起的误差。环境条件是指湿度、温度、振动、气压和灰尘等,其中,温度引起的误差最大,因此规定,测量的标准温度为 20 ℃,高精度测量应在恒温条件下进行。若不能保证在标准温度(20 ℃)条件下进行测量,则引起的测量误差为

$$\Delta L = L[\alpha_2(t_2 - 20) - \alpha_1(t_1 - 20)] \tag{2.5}$$

式中　　ΔL——测量误差;

　　　　t_1、t_2——计量器具和被测零件的温度;

　　　　L——被测尺寸;

　　　　α_1、α_2——计量器具和被测零件的线膨胀系数。

5. 人员误差(Personal error)

人员误差是指由测量人员的主观因素(如技术熟练程度、分辨能力、思想情绪等)引起的误差。

2.4.3　测量误差的分类
(Classification of measurement error)

任何加工、测量都不可避免地存在误差,测量误差按其性质分为系统误差、随机误差和粗大误差(过失或反常误差)。

1. 系统误差(Systematic measurement error)

系统误差是指在一定测量条件下,多次测量同一量值时,误差的大小和符号均不变或按一定规律变化的误差,前者称为定值(或常值)系统误差,后者称为变值系统误差。按其变化规律的不同,变值系统误差又分为以下 3 种类型。

（1）线性变化的系统误差（Systematic measurement error of linear change）

在整个测量过程中，随着测量时间或量程的增减，误差值成比例增大或减小的误差。

（2）周期性变化的系统误差（Systematic measurement error of periodic change）

随着测得值或时间的变化呈周期性变化的误差。

（3）复杂变化的系统误差（Systematic measurement error of complex change）

按复杂函数变化或按实验得到的曲线图变化的误差。

例如，用比理想尺寸（最大极限尺寸与最小极限尺寸的算术平均值）大 0.02 mm 的铰刀铰孔，所加工的孔径均会产生 $\phi 0.02$ mm 的定值系统误差，同时，此铰刀在加工过程中将有磨损，且其磨损过程如图

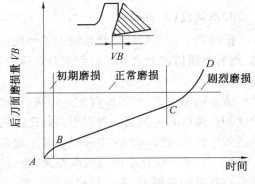

图 2.8　刀具的磨损曲线

2.8 所示，则用此铰刀加工时也将有按此规律变化的变值系统误差。

2. 随机误差（Random measurement error）

随机误差是指在一定测量条件下，多次测量同一量值时，其数值大小和符号以不可预定的方式变化的误差。它是由于测量中的不稳定因素综合形成的，是不可避免的。在单次测量中，其结果无规律可循，但如果进行大量、多次重复测量，则随机误差服从统计规律分布。

3. 粗大误差（Gross measurement error）

粗大误差是指由于主观疏忽大意或客观条件发生突然变化而产生的误差。在正常情况下，一般不会产生这类误差。例如，由于操作者的粗心大意，在测量过程中看错、读错、记错以及突然的冲击振动而引起的测量误差，通常情况下，这类误差的数值都比较大。

系统误差和随机误差不是绝对的，它们在一定条件下可以相互转化，如量块的制造误差，对量块制造厂来说是随机误差，但若用一量块作为基准去成批地测量零件，则成为被测零件的系统误差。

2.4.4　测量精度

（Measurement precision）

测量精度是指被测量的测得值与其真值的接近程度。精度是误差的相对概念，而误差是不准确、不正确的意思，是指测量结果偏离真值的程度。

由于误差分系统误差和随机误差，因此笼统的精度概念不能反映上述误差的差异，为了反映同性质的测量误差对测量结果的不同影响，应当明确以下概念。

1. 精密度（Precision）

精密度表示测量结果受随机误差影响的程度，它是指在规定的测量条件下连续多次测量时，所有测得值彼此之间接近的程度，若随机误差小，则精密度高。

2. 正确度(Trueness)

正确度表示测量结果受系统误差影响的程度,它是衡量所有测得值对真值的偏离程度,若系统误差小,则正确度高。

3. 准确度(Accuracy)

准确度表示测量结果受系统误差和随机误差综合影响的程度,它是指连续多次测量时,所有测得值彼此之间接近程度对真值的一致程度,若系统误差和随机误差都小,则准确度高。

通常精密度高的,正确度不一定高;正确度高的,精密度不一定高;但准确度高时,精密度和正确度必定都高。现以射击打靶为例加以说明,如图2.9所示,小圆圈表示靶心,黑点表示弹孔,图2.9(a)中随机误差小而系统误差大,表示打靶精密度高而正确度低;图2.9(b)中,系统误差小而随机误差大,表示打靶正确度高而精密度低;图2.9(c)中,系统误差和随机误差都小,表示打靶准确度高;图2.9(d)中,系统误差和随机误差都大,表示打靶准确度低。

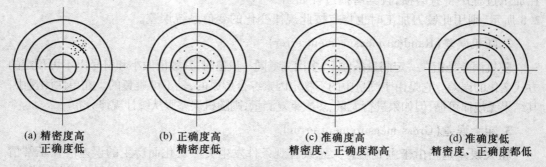

(a) 精密度高　　　(b) 正确度高　　　(c) 准确度高　　　(d) 准确度低
正确度低　　　　　精密度低　　　精密度、正确度都高　　精密度、正确度都低

图2.9　精密度、正确度和准确度相互关系示意图

2.4.5　误差分析
(Error analysis)

1. 随机误差的处理与评定(Disposal and evaluation for random measurement error)

我们做如下实验:对一个零件的某一部位在相同条件下进行150次重复测量,可得到150个测量值,然后将测得的尺寸进行分组,其测量中值从7.131 mm到7.141 mm,每隔0.001 mm为一组,共分11组,各测得值及出现次数见表2.2。

表2.2　测量结果　　　　　　　　　　mm

测量值范围	测量中值	出现次数 n_i	相对出现次数 n_i/N
7.130 5 ~ 7.131 5	$x_1 = 7.131$	$n_1 = 1$	0.007
7.131 5 ~ 7.132 5	$x_2 = 7.132$	$n_2 = 3$	0.020
7.132 5 ~ 7.133 5	$x_3 = 7.133$	$n_3 = 8$	0.054
7.133 5 ~ 7.134 5	$x_4 = 7.134$	$n_4 = 18$	0.120
7.134 5 ~ 7.135 5	$x_5 = 7.135$	$n_5 = 28$	0.187

续表 2.2   mm

测量值范围	测量中值	出现次数 n_i	相对出现次数 n_i/N
7.135 5 ~ 7.136 5	$x_6 = 7.136$	$n_6 = 34$	0.227
7.136 5 ~ 7.137 5	$x_7 = 7.137$	$n_7 = 29$	0.193
7.137 5 ~ 7.138 5	$x_8 = 7.138$	$n_8 = 17$	0.113
7.138 5 ~ 7.139 5	$x_9 = 7.139$	$n_9 = 9$	0.060
7.139 5 ~ 7.140 5	$x_{10} = 7.140$	$n_{10} = 2$	0.013
7.140 5 ~ 7.141 5	$x_{11} = 7.141$	$n_{11} = 1$	0.007

若以横坐标表示测得值 x_i，纵坐标表示相对出现次数 n_i/N（n_i 为某一测得值出现的次数，N 为测量总次数），则得如图 2.10(a) 所示的图形。连接每个小方图的上部中点，得一折线，称为实际分布曲线。如果将测量总次数 N 无限增大（$N \to +\infty$），而分组间隔 Δx 无限缩小（$\Delta x \to 0$），且用误差 δ 来代替尺寸 x，则可得到如图 2.10(b) 所示的光滑曲线，即随机误差的正态分布曲线，也称高斯曲线。

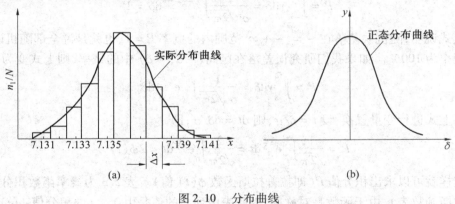

图 2.10   分布曲线

从这一分布曲线可以看出，服从正态分布规律的随机误差具有以下四大特性：

（1）对称性。绝对值相等的正误差与负误差出现的概率相等。

（2）单峰性。绝对值小的误差出现的概率比绝对值大的误差出现的概率大。

（3）有界性。在一定的测量条件下，误差的绝对值不会超过一定的界限。

（4）抵偿性。在相同条件下，对同一量进行重复测量时，其随机误差的算术平均值随测量次数的增加而趋近于零。

根据概率论原理，正态分布曲线可用下列数学公式表示，即

$$y = \frac{1}{\sigma\sqrt{2\pi}} e^{-\frac{\delta^2}{2\sigma^2}} \tag{2.6}$$

式中 y——概率密度；

　　　　σ——标准偏差；

　　　　e——自然对数的底（$e = 2.718\,28$）；

　　　　δ——随机误差。

由式（2.6）可知，当 $\delta = 0$ 时，正态分布的概率密度最大，且有 $y_{max} = \dfrac{1}{\sigma\sqrt{2\pi}}$。如图 2.11

所示,若 $\sigma_1 < \sigma_2 < \sigma_3$,则 $y_{1\max} > y_{2\max} > y_{3\max}$。即 σ 越小,
$y_{\max}$ 越大,正态分布曲线越陡,随机误差的分布越集中,测
量的精密度越高;反之,σ 越大,则 $y_{\max}$ 越小,正态分布曲
线越平坦,随机误差的分布越分散,测量的精密度越低。
因此标准偏差 σ 的大小反映了随机误差的分散特性和测
量精密度的高低。标准偏差的计算式为

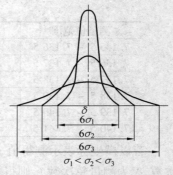

$$\sigma = \sqrt{\frac{\delta_1^2 + \delta_2^2 + \cdots \delta_n^2}{n}} = \sqrt{\frac{\sum_{i=1}^{n} \delta_i^2}{n}} \qquad (2.7)$$

图 2.11　分布形状与 σ 关系曲线

根据概率理论,正态分布曲线下所包含的全部面积等
于各随机误差 δ_i 出现的概率 P 的总和,即

$$P = \int_{-\infty}^{+\infty} y\mathrm{d}\delta = \frac{1}{\sigma\sqrt{2\pi}} \int_{-\infty}^{+\infty} \mathrm{e}^{-\frac{\delta^2}{2\sigma^2}} \mathrm{d}\delta = 1 \qquad (2.8)$$

上式说明,随机误差落在 $-\infty \sim +\infty$ 范围内的概率 $P = 1$,也就是说全部随机误差出
现的概率为 100%。如果我们研究误差落在区间 $(-\delta, +\delta)$ 中的概率,则上式变为

$$P = \int_{-\delta}^{+\delta} y\mathrm{d}\delta = \frac{1}{\sigma\sqrt{2\pi}} \int_{-\delta}^{+\delta} \mathrm{e}^{-\frac{\delta^2}{2\sigma^2}} \mathrm{d}\delta \qquad (2.9)$$

将上式进行变量置换,设 $t = \delta/\sigma$,则 $\mathrm{d}t = \mathrm{d}\delta/\sigma$,即

$$P = \frac{1}{\sqrt{2\pi}} \int_{-t}^{+t} \mathrm{e}^{-\frac{t^2}{2}} \mathrm{d}t = \frac{2}{\sqrt{2\pi}} \int_{0}^{t} \mathrm{e}^{-\frac{t^2}{2}} \mathrm{d}t = 2\phi(t) \qquad (2.10)$$

这样就可以求出积分值 P(即拉普拉斯函数 $\phi(t)$ 值)。表 2.3 为概率函数积分表(即
拉普拉斯函数表),由于函数是对称的,因此表中列出的值是由 $0 \sim t$ 的积分值 $\phi(t)$,而整
个面积的积分值 $P = 2\phi(t)$。当 t 值一定时 $\phi(t)$ 值可由概率函数积分表中查出。

表 2.3　拉普拉斯函数

1	2	3	4	5
t	$\delta = \pm t\sigma$	$\phi(t)$	不超出 δ 的概率 P	超出 δ 的概率 $P' = 1 - P$
1	σ	0.341 3	0.682 6	0.317 4
2	2σ	0.477 2	0.954 4	0.045 6
3	3σ	0.498 65	0.997 3	0.002 7
4	4σ	0.499 968	0.999 936	0.000 064

由表中查出,$\pm 1\sigma$ 范围的概率为 68.26%,即有 $1/3$ 测量次数的误差是要超出 $\pm 1\sigma$
的范围;$\pm 3\sigma$ 范围内的概率为 99.73%,即只有 0.27% 测量次数的误差要超出 $\pm 3\sigma$ 范
围,因为很小,在实践中可近似认为不会发生超出的现象。所以,通常评定随机误差时就
以 $\pm 3\sigma$ 作为单次测量的极限误差,如图 2.12 所示,即

$$\delta_{\lim} = \pm 3\sigma \qquad (2.11)$$

由于被测量的真值是未知量,在实际应用中常进行多次测量,当测量次数 n 足够多

时,可以测量列 $x_1, x_2, \cdots, x_n$ 的算术平均值作为最近真
值,即

$$\bar{x} = \frac{1}{n}(x_1 + x_2 + \cdots + x_n) = \frac{1}{n}\sum_{i=1}^{n} x_i \quad (2.12)$$

测量列中各测得值与测量列的算术平均值的代数
差,称为残余误差 v_i,即

$$v_i = x_i - \bar{x} \quad (2.13)$$

用残差误差估算标准偏差,常用贝塞尔公式计算,
即

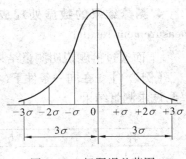

图 2.12 极限误差范围

$$\sigma = \sqrt{\frac{1}{n-1}\sum_{i=1}^{n} v_i^2} \quad (2.14)$$

2. 系统误差的发现与消除(Finding and eliminating systematic measurement error)

系统误差是由固定不变的或按一定规律变化的因素影响所造成的,因此有可能在发
现后予以消除,由于系统误差的数值往往比较大,所以只有消除系统误差的影响,才能有
效地提高测量精度。系统误差一般通过标定的方法获得。从数据处理的角度出发,发现
系统误差的方法有多种,直观的方法是"残差观察法",即根据测量值的残余误差,列表或
作图进行观察。若残差大体正负相同,无显著变化规律,则可认为不存在系统误差;若残
差有规律地递增或递减,则存在线性系统误差;若残差有规律地逐渐由负变正或由正变
负,则存在周期性系统误差。当然,这种方法不能发现定值系统误差,此时采用预检法、替
代法或补偿法来发现和消除。

发现系统误差后需采取措施加以消除,既可以在产生误差根源上消除,也可以用加修
正值的方法消除,还可用两次读数等方法消除系统误差。例如,测量螺纹参数时,可以分
别测出左、右牙面螺距,然后取平均值,则可减小因安装不正确而引起的系统误差。

3. 粗大误差的判别与剔除(Identifying and eliminating grass measurement error)

粗大误差的特点是数值比较大,使测量结果严重失真,对测量结果产生明显的歪曲,
因此应及时发现,并从测得数据中将其剔除。剔除粗大误差不能凭主观判断,有时在整个
测量过程已完成,而在数据中还不能确定哪些测得值包含粗大误差,此时需用统计方法来
判断。判断粗大误差的关键是给出一个判断的界限,凡超出此范围的误差,均认为出现粗
大误差,应予以剔除。

判断粗大误差常用拉依达准则(又称 3σ 准则),该准则的依据主要来自随机误差的
正态分布规律。从随机误差的分布特性可知,测量误差越大,出现的概率越小,误差的绝
对值超过 3σ 的概率仅为 0.027%,认为是不可能出现的。因此,凡绝对值大于 3σ 的残差,
就视其为粗大误差而予以剔除,其判断公式为

$$|v_i| > 3\sigma \quad (i = 1, 2, \cdots, n) \quad (2.15)$$

剔除具有粗大误差的测量值后,应根据剩下的测量值重新计算 σ,然后再根据 3σ 准
则去判断剩下的测量值中是否还存在粗大误差。每次只能剔除一个,直到剔除完为止。
当测量次数小于 10 次时,不能使用拉依达准则。

4. 测量结果的数据处理应用举例（Application example of data processing for the measurement result）

下面通过例题说明测量结果的处理步骤。

【例 2.1】 在同一条件下（等精度条件下），对某一量进行多次测量，测量列 l_i 列于表 2.4，试求测量结果。

表 2.4　零件测量数据　　　　　　　　　　　　　　　　　mm

序号	l_i	$v_i = l_i - \bar{L}$	v_i^2
1	30.049	+ 0.001	0.000 001
2	30.047	− 0.001	0.000 001
3	30.048	0	0
4	30.046	− 0.002	0.000 004
5	30.050	+ 0.002	0.000 004
6	30.051	+ 0.003	0.000 009
7	30.043	− 0.005	0.000 025
8	30.052	+ 0.004	0.000 016
9	30.045	− 0.003	0.000 009
10	30.049	+ 0.001	0.000 001
	300.48		
	$\bar{L} = \dfrac{\sum l_i}{n} = 30.048$	$\sum\limits_{i=1}^{n} v_i = 0$	$\sum\limits_{i=1}^{n} v_i^2 = 0.000\ 07$

解　（1）判断系统误差

根据发现系统误差的有关方法判断测量列中无系统误差。

（2）计算算术平均值

$$\bar{L} = \frac{1}{n} \sum_{i=1}^{n} l_i = 30.048 \ (\text{mm})$$

（3）求残余误差

$$v_i = l_i - \bar{L}$$

根据残余误差观察法进一步判断测量列中也不存在系统误差。

（4）求单次测量的标准偏差

$$\sigma = \sqrt{\frac{1}{n-1} \sum_{i-1}^{n} v_i^2} = \sqrt{\frac{0.000\ 07}{9}} = 0.002\ 8 \ (\text{mm})$$

（5）判断粗大误差

用拉依达准则判断，因 $3\sigma = 0.008\ 4$ mm，故不存在粗大误差。

（6）求算术平均值的标准偏差

$$\sigma_L = \frac{\sigma}{\sqrt{n}} = \frac{0.002\ 8}{\sqrt{10}} = 0.000\ 89 \ (\text{mm})$$

（7）测量结果的表示

$$L = \bar{L} \pm 3\sigma_L = 30.048 \pm 0.002\ 7 \ (\text{mm})$$

思考题与习题
(Questions and exercises)

1. 思考题(Questions)

2.1　测量及其实质是什么? 一个完整的测量过程包括哪几个要素?

2.2　长度的基本单位是什么? 机械制造和精密测量中常用的长度单位是什么?

2.3　什么是尺寸传递系统? 为什么要建立尺寸传递系统?

2.4　量块主要有哪些用途? 量块的"级"和"等"是根据什么划分的? 按"级"和按"等"使用有何不同?

2.5　计量器具的基本度量指标有哪些? 其含义是什么?

2.6　什么是测量误差? 其主要来源有哪些?

2.7　试述测量误差的分类、特性及其处理原则。

2. 习题(Exercises)

2.1　用比较仪对某尺寸进行 15 次等精度测量,测得值如下:20.216,20.213,20.215,20.214,20.215,20.215,20.217,20.216,20.213,20.215,20.216,20.214,20.217,20.215,20.214。假设已消除了定值系统误差,试求测量结果。

第 3 章　尺寸精度设计和检测
Chapter 3 Dimensional Precision Design and Testing

【内容提要】　本章主要介绍与尺寸精度密切相关的国家标准《产品几何技术规范(GPS) 极限与配合》的基本内容,构成及其原理,重点介绍应用《产品几何技术规范(GPS) 极限与配合》的基本方法和步骤以及尺寸精度设计和检测知识。

【课程指导】　通过本章学习,掌握《产品几何技术规范(GPS) 极限与配合》的基本术语和定义;掌握《产品几何技术规范(GPS) 极限与配合》国家标准的构成规律与特点;能正确进行有关公差、偏差的计算,熟练绘制公差带图;初步学会《产品几何技术规范(GPS) 极限与配合》的正确选用,并能正确标注在图样上,了解一般公差的有关规定,初步掌握量规设计方法。

为使零件或部件在几何尺寸方面具有互换性,就要对零件或部件的几何尺寸允许范围进行设计,也就是说要根据机器的传动精度、性能及配合的要求,考虑加工制造成本及工艺性,进行零件或部件的尺寸精度方面的设计,确定轴、孔、长度的尺寸极限及配合种类,以此作为加工制造的根据。在此过程中,必须按照标准化的有关规定,遵守相关的国家标准确定精度方面的参数,为此需要首先掌握相关的知识。

3.1　极限与配合的基本术语及定义
(Basic terminology and definition of limit and fit)

《产品几何技术规范(GPS) 极限与配合》标准是机械工程方面重要的基础标准,它不仅用于圆柱体内、外表面的结合,也用于其他结合中由单一尺寸确定的部分,例如键结合中键宽与槽宽,花键结合中的外径、内径及键齿宽与键槽宽等。

极限与配合的标准化是一项综合性的技术基础工作,是推行科学管理,推动企业技术进步和提高企业管理水平不可缺少的重要手段。它不仅可以避免产品设计的混乱性,有利于生产工艺过程的经济性及产品的使用及维护,还有利于刀具、量具的标准化,是广泛组织协作和专业化分工协作的重要依据。因此,《产品几何技术规范(GPS) 极限与配合》国家标准已成为机械工程中应用最广,涉及面最广的主要基础标准。

本章涉及的国家标准有:GB/T 1800.1—2009《产品几何技术规范(GPS) 极限与配合 第1部分 公差、偏差和配合的基础》,GB/T 1800.2—2009《产品几何技术规范(GPS) 极限与配合 第 2 部分 标准公差等级和孔、轴极限偏差表》,GB/T 1801—2009《产品几何技术规范(GPS) 极限与配合 公差带和配合的选择》,GB/T 1804—2000《一般公差 未注公差的线性和角度尺寸公差》,GB/T 2822—2005《标准尺寸》,GB/T 3177—2009《产品几何技术规范(GPS)光滑工件尺寸的检验》,GB/T 1957—2006《光滑极限量规 技术条件》,GB/T 8069—1998《功能量规》等。

3.1.1 有关孔和轴定义
(Definition related to noles and shafts)

1. 孔(Hole)

孔是指工件的圆柱形内表面,也包括非圆柱形内表面(由两平行平面或切面形成的包容面)。

2. 轴(Shaft)

轴是指工件的圆柱形外表面,也包括非圆柱形外表面(由两平行平面或切面形成的被包容面)。

从装配关系看,孔是包容面,在它之内无材料,且越加工尺寸越大;轴是被包容面,在它之外无材料,且越加工尺寸越小,如图 3.1 所示。

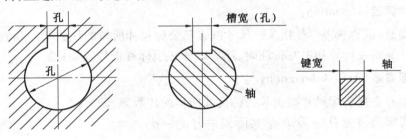

图 3.1 孔、轴

3.1.2 有关尺寸的术语和定义
(Terminology and definitions related to size)

1. 尺寸(Size)

尺寸是指用特定单位表示线性尺寸值的数值,一般指长度值,如直径、半径、宽度、深度和中心距等。在机械制造中尺寸的特定单位为毫米(mm)。在图样上标注尺寸时,可将单位省略,仅标注数值。

2. 公称尺寸(Nominal size)

公称尺寸是指由设计者给定的尺寸,通过它应用上、下极限偏差可算出极限尺寸。孔的公称尺寸用 D 表示,轴的公称尺寸用 d 表示。公称尺寸是设计者根据产品使用性能要求,如强度、刚度、运动、造型、工艺及结构等方面的要求,经计算并按 GB/T 2822—2005 圆整后确定,它只表示尺寸的基本大小,并不表示在加工中要求得到的尺寸。

3. 实际尺寸(Actual size)

实际尺寸是指通过测量所得到的尺寸。孔的实际尺寸以 D_a 表示,轴的实际尺寸以 d_a

表示。由于存在加工误差和测量误差,所以实际尺寸并非是被测尺寸的真实值,它只是接近真实尺寸的一个随机尺寸。由于零件存在形状误差,所以同一表面不同部位的实际尺寸也不尽相同,因此也把实际尺寸称为局部实际尺寸。

4. 极限尺寸(Limits of size)

极限尺寸是指允许尺寸变化的两个界限值,它以公称尺寸为基数来确定。两个界限值中较大的一个称为上极限尺寸,较小的一个称为下极限尺寸。孔和轴的上、下极限尺寸分别用 D_{max}、D_{min} 和 d_{max}、d_{min} 表示。实际尺寸一般应介于上极限尺寸和下极限尺寸之间,有时也可达到上极限尺寸和下极限尺寸。

设计时规定极限尺寸是为了限制零件尺寸的变动以满足使用要求。一般情况下,成品零件的尺寸合格条件是任一局部实际尺寸均不得超出上或下极限尺寸,即

对于孔: $D_{min} \leq D_a \leq D_{max}$;对于轴: $d_{min} \leq d_a \leq d_{max}$ 。

3.1.3　有关尺寸偏差和公差的术语及定义
(Terminology and definition related to tolerances and deviations)

1. 尺寸偏差(Deviation)

尺寸偏差(简称偏差)是指某一尺寸减去其公称尺寸所得的代数差。其值可为正、负或零。尺寸偏差在计算和书写标注时,除零以外必须标有正号或负号。

2. 实际偏差(Actual deviation)

实际偏差是指实际尺寸减去其公称尺寸所得的代数差,即

孔的实际偏差为 $D_a - D$,轴的实际偏差为 $d_a - d$ 。

3. 极限偏差(Limit deviation)

极限偏差是指极限尺寸减去其公称尺寸所得的代数差。

(1)上极限偏差(Upper limit deviation)

上极限尺寸减去其公称尺寸所得的代数差称为上极限偏差。孔的上极限偏差用 ES 表示;轴的上极限偏差用 es 表示。

(2)下极限偏差(Lower limit deviation)

下极限尺寸减去其公称尺寸所得的代数差称为下极限偏差。孔的下极限偏差用 EI 表示;轴的下极限偏差用 ei 表示。

极限偏差可用下列公式表示:

$$ES = D_{max} - D \qquad EI = D_{min} - D \tag{3.1}$$

$$es = d_{max} - d \qquad ei = d_{min} - d \tag{3.2}$$

4. 尺寸公差(Size tolerance)

尺寸公差(简称公差)是指允许尺寸的变动量。孔的公差用 T_D ,轴的公差用 T_d 表示。零件在加工过程中,不可能准确地加工到公称尺寸,总有一定的误差,但这个误差应该在允许的范围内,这个范围就是允许尺寸的变动量,即公差。公差的大小等于上极限尺寸与下极限尺寸代数差的绝对值,也等于上极限偏差与下极限偏差代数差的绝对值,即

孔的公差：$T_D = |D_{max} - D_{min}| = |ES - EI|$ (3.3)

轴的公差：$T_d = |d_{max} - d_{min}| = |es - ei|$ (3.4)

极限尺寸、公差和极限偏差的关系如图 3.2 所示。

公差与极限偏差既有区别又有联系，它们都是由设计者设计规定的。公差表示尺寸允许的变动范围，它是尺寸精度指标，但不能根据公差来判断零件的合格性。极限偏差表示零件尺寸允许变动的极限值，原则上与零件尺寸无关，但上、下极限偏差又与精度有关，极限偏差是判断零件尺寸是否合格的依据。

图 3.2 是公差与配合的一个示意图，它表明了两个相互结合的孔和轴的公称尺寸、极限尺寸、极限偏差与公差的相互关系。

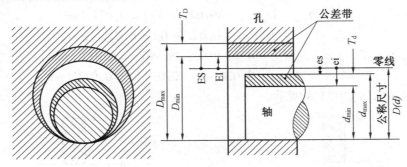

图 3.2 极限与配合示意图

5. 尺寸公差带图（Size tolerance zone diagram）

代表上极限偏差和下极限偏差或上极限尺寸和下极限尺寸的两条直线所限定的一个区域，称为尺寸公差带（简称公差带）。公差带由公差数值和其相对于零线位置的基本偏差确定。用图表示的公差带称为公差带图，如图 3.3 所示。由于公称尺寸数值与公差及极限偏差数值相差悬殊，不便用同一比例表示，因此为了表示方便，用一条水平线即零线表示公称尺寸。

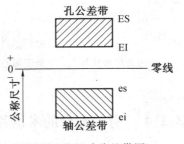

图 3.3 尺寸公差带图

零线是确定极限偏差的一条基准线，也是极限偏差的起始线，零线上方表示正极限偏差，零线下方表示负极限偏差。在画公差带图时，应标注上相应的符号"0"、"+"和"-"号，在零线下方画上带单箭头的尺寸线并标注上公称尺寸数值。

公差带包括"公差带大小"和"公差带位置"两个参数，公差带的大小取决于公差数值的大小。公差带相对于零线的位置取决于极限偏差的大小。大小相同而位置不同的公差带，它们对零件的精度要求相同，而对尺寸大小的要求不同。因此，必须既给定公差数值以确定公差带大小，又给定一个极限偏差（上极限偏差或下极限偏差）以确定公差带位置，才能完整地描述公差带，也才能表明对零件尺寸的设计要求。

在同一公差带图中，孔、轴公差带的位置、大小应采用相同的比例，而公差带沿零线方向的长度可适当选取。在公差带图中，公称尺寸单位采用 mm，上、下极限偏差的单位可以采用 mm 或 μm。当公称尺寸与上、下极限偏差采用相同单位时，公称尺寸的单位不进行标注(见图 3.4(a)),当公称尺寸与上、下极限偏差采用不同单位时,则应标注公称尺寸的单位(见图 3.4(b))。

【例 3.1】 已知孔、轴的公称尺寸 $D(d) = \phi30$,$D_{max} = \phi30.021$,$D_{min} = \phi30$,$d_{max} = \phi29.980$,$d_{min} = \phi29.967$。求孔、轴的极限偏差和公差,并画出尺寸公差带图。

解 根据公式(3.1)~(3.4)可得

孔的上极限偏差 $ES = D_{max} - D = 30.021 - 30 = +0.021$(mm)

孔的下极限偏差 $EI = D_{min} - D = 30 - 30 = 0$(mm)

轴的上极限偏差 $es = d_{max} - d = 29.980 - 30 = -0.020$(mm)

轴的下极限偏差 $ei = d_{min} - d = 29.967 - 30 = -0.033$(mm)

孔的公差 $T_D = |D_{max} - D_{min}| = |30.021 - 30| = 0.021$(mm)

$T_D = |ES - EI| = |+0.021 - 0| = 0.021$(mm)

轴的公差 $T_d = |d_{max} - d_{min}| = |29.980 - 29.967| = 0.013$(mm)

$T_d = |es - ei| = |-0.020 - (-0.033)| = 0.013$(mm)

尺寸公差带图如图 3.4 所示。

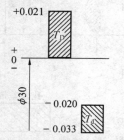
(a)公称尺寸与上、下极限偏差单位相同

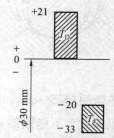
(b)公称尺寸与上、下极限偏差单位不同

图 3.4 例 3.1 尺寸公差带图

3.1.4 有关配合的术语和定义
(Terminology and definitions related to fits)

1. 配合(Fit)

配合是指公称尺寸相同且相互结合的孔和轴公差带之间的关系。由定义可知,形成配合要有两个条件:一是孔和轴的公称尺寸相同,二是必须有孔和轴的相互结合。由于配合是指用同一图纸加工的一批孔和用同一图纸加工的一批轴的装配关系,而不是指一个具体的孔和一个具体的轴的配合关系,所以用公差带关系来反映配合才是比较准确的。

2. 间隙与过盈(Clearance and interference)

在孔与轴的配合中,孔的尺寸减去轴的尺寸所得的代数差,当差值为正时称为间隙,用 X 表示;当差值为负时称为过盈,用 Y 表示。

3. 间隙配合(Clearance fit)

间隙配合是指孔的公差带位于轴的公差带之上,具有间隙(包括最小间隙等于零)的配合,如图 3.5 所示。当孔为上极限尺寸而轴为下极限尺寸时,装配后得到最大间隙

X_{max}；当孔为下极限尺寸而轴为上极限尺寸时,装配后得到最小间隙 X_{min}。

$$X_{max} = D_{max} - d_{min} = ES - ei \tag{3.5}$$

$$X_{min} = D_{min} - d_{max} = EI - es \tag{3.6}$$

间隙配合的平均松紧程度称为平均间隙 X_{av},即

$$X_{av} = (X_{max} + X_{min})/2 \tag{3.7}$$

4. 过盈配合(Interference fit)

过盈配合是指孔的公差带位于轴的公差带之下,具有过盈(包括最小过盈等于零)的配合,如图3.6所示。当孔为下极限尺寸而轴为上极限尺寸时,装配后得到最大过盈 Y_{max},当孔为上极限尺寸而轴为下极限尺寸时,装配后得到最小过盈 Y_{min}。

$$Y_{max} = D_{min} - d_{max} = EI - es \tag{3.8}$$

$$Y_{min} = D_{max} - d_{min} = ES - ei \tag{3.9}$$

平均过盈为最大过盈与最小过盈的平均值 Y_{av},即

$$Y_{av} = (Y_{max} + Y_{min})/2 \tag{3.10}$$

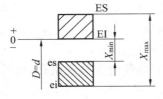 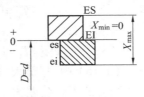

图 3.5　间隙配合

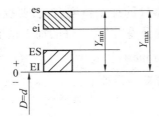 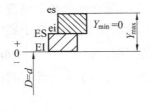

图 3.6　过盈配合

5. 过渡配合(Transition fit)

过渡配合是指孔的公差带与轴的公差带相互交叠,可能具有间隙或过盈的配合,如图3.7所示。过渡配合是介于间隙配合与过盈配合之间的一种配合,但间隙和过盈量都不大。当孔为上极限尺寸而轴为下极限尺寸时,装配后得到最大间隙 X_{max};当孔为下极限尺寸而轴为上极限尺寸时,装配后得到最大过盈 Y_{max}。

$$X_{max} = D_{max} - d_{min} = ES - ei \tag{3.11}$$

$$Y_{max} = D_{min} - d_{max} = EI - es \tag{3.12}$$

在过渡配合中,平均间隙或平均过盈为最大间隙与最大过盈的平均值,所得值为正,则为平均间隙 X_{av},所得值为负则为平均过盈 Y_{av}。

$$X_{av}(或 Y_{av}) = (X_{max} + Y_{max})/2 \tag{3.13}$$

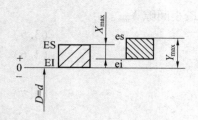 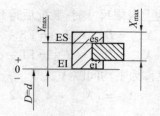 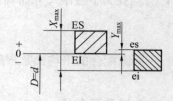

图3.7　过渡配合

6. 配合公差(Variation of fit)

配合公差是指允许间隙或过盈的变动量,用 T_f 表示。配合公差表明配合松紧程度的变化范围,反映装配后的配合精度,是评定配合质量的一个重要指标。

间隙配合

$$T_f = |X_{max} - X_{min}| \tag{3.14}$$

过盈配合

$$T_f = |Y_{min} - Y_{max}| \tag{3.15}$$

过渡配合

$$T_f = |X_{max} - Y_{max}| \tag{3.16}$$

在式(3.14)~(3.16)中,把最大、最小间隙和过盈分别用孔、轴的极限尺寸或极限偏差带入,可得三种配合的配合公差为

$$T_f = T_D + T_d \tag{3.17}$$

公式(3.17)表明配合件的装配精度与零件的加工精度有关,要提高装配精度,使配合后间隙或过盈的变动量小,则应减小零件的公差,提高零件的加工精度。

7. 配合性质的判断(Judgment of fitting property)

正确判断配合性质,对于配合参数的计算非常重要。

间隙配合

$$EI \geqslant es \tag{3.18}$$

过盈配合

$$ei \geqslant ES \tag{3.19}$$

过渡配合,公式(3.18)、(3.19)不成立,即

$$EI < es \text{ 且 } ei < ES \tag{3.20}$$

【例3.2】　如果用一个 $\phi 30^{+0.021}_{0}$ 的孔,分别与 $\phi 30^{-0.007}_{-0.020}$、$\phi 30^{+0.048}_{+0.035}$、$\phi 30^{+0.028}_{+0.015}$ 的轴配合,试判断它们的配合性质,并分别求出它们的极限间隙或极限过盈以及配合公差。

解　(1) $\phi 30^{+0.021}_{0}$ 的孔与 $\phi 30^{-0.007}_{-0.020}$ 的轴的配合。

依题意可知:EI = 0,es = - 0.007,因 EI > es,根据式(3.18)可知此配合为间隙配合。

由式(3.5)、(3.6)和(3.14)得

最大间隙　X_{max} = ES - ei = [+ 0.021 - (- 0.020)]mm = + 0.041 mm

最小间隙　X_{min} = EI - es = [0 - (- 0.007)] mm = + 0.007 mm

配合公差　T_f = | $X_{max} - X_{min}$ | = | 0.041 - 0.007 | mm = 0.034 mm

（2）$\phi 30^{+0.021}_{0}$ 的孔与 $\phi 30^{+0.048}_{+0.035}$ 的轴的配合。

依题意可知：ES $= +0.021$，ei $= +0.035$，因 ei $>$ ES，根据式（3.19），此配合为过盈配合。

由式（3.8）、（3.9）和（3.15）得

最小过盈 　　$Y_{min} = ES - ei = [+0.021 - (+0.035)]\,mm = -0.014\,mm$

最大过盈 　　$Y_{max} = EI - es = [0 - (+0.048)]\,mm = -0.048\,mm$

配合公差 　　$T_f = |\,Y_{min} - Y_{max}\,| = |\,(-0.014) - (-0.048)\,|\,mm = 0.034\,mm$

（3）$\phi 30^{+0.021}_{0}$ 的孔与 $\phi 30^{+0.028}_{+0.015}$ 的轴的配合。

依题意可知：ES $= +0.021$，EI $= 0$，es $= +0.028$，ei $= +0.015$

因为 EI $<$ es 且 ei $<$ ES，根据式（3.20），所以此配合为过渡配合。

由式（3.11）、（3.12）和（3.16）得

最大间隙 　　$X_{max} = ES - ei = [+0.021 - (+0.015)]\,mm = +0.006\,mm$

最大过盈 　　$Y_{max} = EI - es = [0 - (+0.028)]\,mm = -0.028\,mm$

配合公差 　　$T_f = |\,X_{max} - Y_{max}\,| = |\,0.006 - (-0.028)\,|\,mm = 0.034\,mm$

8. 配合制（Fit system）

从前述 3 类配合的公差带图可知，通过改变孔、轴公差带的相以位置可以实现各种不同性质的配合。为了设计和制造上的方便，以两个相配合的零件中的一个为基准件，并选定公差带，而改变另一个零件（非基准件）的公差带位置，从而形成各种配合的一种制度，称为配合制。国家标准规定了两种等效的配合制，即基孔制配合和基轴制配合。

（1）基孔制配合（Hole-basis system of fits）

基孔制配合是指基本偏差为一定的孔的公差带，与不同基本偏差的轴的公差带形成各种配合的一种制度，如图 3.8 所示。

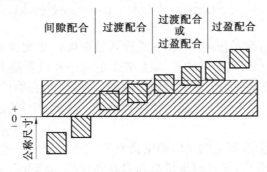

图 3.8　基孔制配合公差带

基孔制配合的孔是配合的基准件，称为基准孔，其代号为"H"，它的基本偏差为下极限偏差，其数值为零，即 EI $= 0$，上极限偏差为正值，即基准孔的公差带在零线的上方，并且上极限偏差不确定，其公差带大小的变动范围由标准公差值确定。

基孔制配合中的轴是非基准件。由于轴的公差带相对基准孔的公差带具有各种不同的相对位置，因而形成各种不同性质的配合。当轴的基本偏差为上极限偏差且为负值或为零值时，形成间隙配合；当轴的基本偏差为下极限偏差且为正值，同时孔与轴的公差带相交叠时，形成过渡配合；当轴的基本偏差为下极限偏差且为正值，同时孔与轴的公差带

相错开时,形成过盈配合。另外轴的另一极限偏差由公差带大小确定。

　　(2) 基轴制配合(Shaft-basis system of fits)

　　基轴制配合是指基本偏差为一定的轴的公差带,与不同基本偏差的孔的公差带形成各种配合的一种制度,如图3.9 所示。

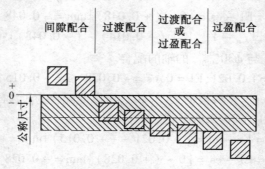

　间隙配合 | 过渡配合 | 过渡配合或过盈配合 | 过盈配合

图3.9　基轴制配合公差带

　　基轴制配合的轴是配合的基准件,称为基准轴,其代号为"h",它的基本偏差为上极限偏差,其数值为零,即es = 0,下极限偏差为负值,即基准轴的公差带在零线的下方,并且下偏差不确定,其公差带大小的变动范围由标准公差值确定。

　　基轴制配合中的孔是非基准件,由于不同基本偏差的孔的公差带相对于基准轴的公差带具有各种不同的相对位置,因而形成各种不同性质的配合。基轴制配合中孔的基本偏差和另一极限偏差的画法与基孔制配合中轴的道理相同。

3.2　标准公差系列
(Standard tolerance series)

　　孔、轴的配合是否满足使用要求,主要看其是否可以达到保证极限间隙或极限过盈的要求。显然满足同一使用要求的孔、轴公差带的大小和位置是无限多的,如果不对满足同一使用要求孔、轴公差带的大小和位置作出统一规定,将会给生产过程带来混乱,不利于工艺过程的经济性,也不便于产品的使用和维护。因此,应对孔、轴尺寸公差带的大小和位置进行标准化。

　　标准公差是国家标准规定的用以确定公差带大小的任一公差值,它既能满足各种机器所需的不同精度的要求,又可减少量具和刀具的规格。标准公差不仅适用于光滑圆柱体零件或长度单一尺寸的公差与配合,也适用于其他光滑表面和相应结合尺寸的公差以及由它们组成的配合。

　　标准公差系列是由国家标准制定出的一系列标准公差数值,该数值由公差等级和孔、轴公称尺寸确定。

3.2.1　公差单位(标准公差因子)
(Standard tolerance factor)

　　标准公差因子是用以确定标准公差的基本单位,标准公差因子与基本尺寸之间呈一定的函数关系,是制定标准公差数值的基础。

在实际生产中,对公称尺寸相同的零件,可按公差大小评定其制造精度的高低,而对公称尺寸不同的零件,评定其制造精度时就不能仅看公差大小。实际上,在相同的加工条件下,公称尺寸不同的零件加工后产生的加工误差也不同。为了合理规定公差数值,需建立标准的标准公差因子。图 3.10 表明标准公差因子与零件尺寸的关系。

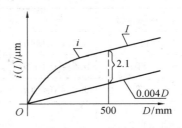

图 3.10 标准公差因子与尺寸关系

国家标准总结出了标准公差因子的计算公式,对于公称尺寸小于 500 mm,IT5 ~ IT18 级的标准公差因子 i 的计算公式如下:

$$i = 0.45\sqrt[3]{D} + 0.001D \qquad (3.21)$$

式中　　D—— 公称尺寸分段的计算尺寸,mm;

　　　　i—— 标准公差因子,μm。

式(3.21)中第一项主要反映加工误差,表示公差与公称尺寸符合立方抛物线规律;第二项反映的是测量误差的影响,主要是由于测量时偏离标准温度以及量规的变形等引起的测量误差。当直径很小时,第二项所占比重很小;当直径较大时,第二项所占比重增大。

对于公称尺寸大于 500 ~ 3 150 mm 时,标准公差因子的计算公式为

$$I = 0.004D + 2.1 \qquad (3.22)$$

对大尺寸而言,与直径成正比的误差因素的影响大,特别是温度变化影响大,而温度变化引起的误差随直径的加大呈线性关系,因此,国家标准规定的大尺寸标准公差因子采用线性关系。

3.2.2　标准公差等级

（Standard tolerance grades）

确定尺寸精确程度的等级称为公差等级,不同零件和零件上不同部位的尺寸,对精确程度的要求往往不同。为了满足生产的需要,国家标准设置了 20 个公差等级,各级标准公差的代号分别为 IT01,IT0,IT1,…,IT18,其中 IT01 精度最高,其余依次降低,标准公差值依次增大。IT 表示标准公差,即国际公差（ISO Tolerance）的缩写代号,阿拉伯数字表示公差等级代号,例如,IT8 表示标准公差 8 级。

在公称尺寸小于 500 mm 范围内,各级公差值的计算公式见表 3.1,从表中可以看出,从 IT6 ~ IT18 级,公差等级系数值按 R5 优先数系增加,公比为 $\sqrt[5]{10} \approx 1.6$,即每隔 5 个等级其公差值增加 10 倍。对高公差等级而言,主要考虑测量误差,其公差计算式采用线性关系式,如 IT01、IT0 和 IT1,而 IT2 ~ IT4 的公差值则在 IT1 ~ IT5 的公差值之间,按几何级数分布。

表 3.1　$D \leqslant 500$ mm 各级标准公差的计算公式　（摘自 GB/T 1800.1—2009）

公差等级	公式	公差等级	公式	公差等级	公式
IT01	$0.3 + 0.008D$	IT5	$7i$	IT12	$160i$
IT0	$0.5 + 0.012D$	IT6	$10i$	IT13	$250i$
IT1	$0.8 + 0.020D$	IT7	$16i$	IT14	$400i$
IT2	$(\text{IT1})\left(\dfrac{\text{IT5}}{\text{IT1}}\right)^{1/4}$	IT8	$25i$	IT15	$640i$
		IT9	$40i$	IT16	$1\,000i$
IT3	$(\text{IT1})\left(\dfrac{\text{IT5}}{\text{IT1}}\right)^{1/2}$	IT10	$64i$	IT17	$1\,600i$
IT4	$(\text{IT1})\left(\dfrac{\text{IT5}}{\text{IT1}}\right)^{3/4}$	IT11	$100i$	IT18	$2\,500i$

　　可以看出,国家标准公差值各级间的数值规律性很强,便于向更高、更低等级方向延伸,例如 IT19 = 4 000。在需要时,还可以在中间插入高于 IT01 和低于 IT18 的级,例如 IT6.5 = 12.5i。

　　对于公称尺寸大于 500 ~ 3 150 mm 时,各级标准公差的计算公式列入表 3.2 中。

表 3.2　$D > 500$ ~ 3 150 mm 各级公差的计算公式　（摘自 GB/T 1800.1—2009）

公差等级	公式	公差等级	公式	公差等级	公式	公差等级	公式	公差等级	公式	公差等级	公式
IT1	$2I$	IT4	$5I$	IT7	$16I$	IT10	$64I$	IT13	$250I$	IT16	$1\,000I$
IT2	$2.7I$	IT5	$7I$	IT8	$25I$	IT11	$100I$	IT14	$400I$	IT17	$1\,600I$
IT3	$3.7I$	IT6	$10I$	IT9	$40I$	IT12	$160I$	IT15	$640I$	IT18	$2\,500I$

3.2.3　公称尺寸分段

（Nominal size section）

　　由标准公差的计算公式可知,对应每一个公称尺寸和公差等级就可计算出一个相应的公差值,这样编制的标准公差表格将非常庞大,给生产、设计带来麻烦,同时也不利于公差值的标准化。为了减少标准公差的数目、统一公差值、简化公差表格以便于实际应用,国家标准对公称尺寸进行了分段,对同一尺寸段内的所有公称尺寸,在相同公差等级情况下,规定相同的标准公差。

　　在尺寸分段方法上,国家标准将常用公称尺寸（$D \leqslant 500$ mm）分成 13 个尺寸段,把它称为主段落。又将主段落中的一段分成 2 ~ 3 个中间段落。一般情况下使用主段落。对于公称尺寸 $D \leqslant 180$ mm 的尺寸分段考虑到与国际公差（ISO）的一致,仍保留不均匀递增系数。对于公称尺寸 $D > 180$ mm 以上的尺寸分段,采用优先数系进行分段,主段落尺寸按优先数系 R10 分段。对于公称尺寸 $D > 500$ ~ 3 150 mm 的大尺寸范围内的,分成 8 个主段落,公称尺寸分段见表 3.3。标准公差和基本偏差是按表中的公称尺寸段计算的。

　　在标准公差及基本偏差的计算公式中,公称尺寸则一律以所属尺寸分段（D_1 ~ D_2）内首、尾两项的几何平均值 $D = \sqrt{D_1 \times D_2}$ 来进行计算。凡属于这一尺寸段的任一公称尺寸,其标准公差和基本偏差均以同一个 D 进行计算。按几何平均值计算出的公差数值,再经尾数化整,即得出标准公差数值。由标准公差数值构成的表格为标准公差数值表,见表 3.3。

【例 3.3】 公称尺寸为 45 mm,求 IT6、IT8 的公差值。

解 公称尺寸为 45 mm,属于 30 ~ 50 mm 尺寸段,则 $D = \sqrt{30 \times 50} = 38.73$ mm

$$i = 0.45\sqrt[3]{D} + 0.001D = 0.45 \times \sqrt[3]{38.73} + 0.001 \times 38.73 = 1.56 \ \mu m$$

由表 3.1 查得 IT6 = $10 \times i$,IT8 = $25 \times i$,即

$$IT6 = 10 \times i = 10 \times 1.56 \ \mu m = 15.6 \ \mu m \approx 16 \ \mu m$$

$$IT8 = 25 \times i = 25 \times 1.56 \ \mu m = 39 \ \mu m$$

表 3.3 标准公差数值 (摘自 GB/T 1800.1—2009)

公称尺寸 /mm	公差等级																	
	IT1	IT2	IT3	IT4	IT5	IT6	IT7	IT8	IT9	IT10	IT11	IT12	IT13	IT14	IT15	IT16	IT17	IT18
	μm											mm						
~ 3	0.8	1.2	2	3	4	6	10	14	25	40	60	0.1	0.14	0.25	0.4	0.6	1	1.4
3 ~ 6	1	1.5	2.5	4	5	8	12	18	30	48	75	0.12	0.18	0.3	0.48	0.75	1.2	1.8
6 ~ 10	1	1.5	2.5	4	6	9	15	22	36	58	90	0.15	0.22	0.36	0.58	0.9	1.5	2.2
10 ~ 18	1.2	2	3	5	8	11	18	27	43	70	110	0.18	0.27	0.43	0.7	1.1	1.8	2.7
18 ~ 30	1.5	2.5	4	6	9	13	21	33	52	84	130	0.21	0.33	0.52	0.84	1.3	2.1	3.3
30 ~ 50	1.5	2.5	4	7	11	16	25	39	62	100	160	0.25	0.39	0.62	1	1.6	2.5	3.9
50 ~ 80	2	3	5	8	13	19	30	46	74	120	190	0.3	0.46	0.74	1.2	1.9	3	4.6
80 ~ 120	2.5	4	6	10	15	22	35	54	87	140	220	0.35	0.54	0.87	1.4	2.2	3.5	5.4
120 ~ 180	3.5	5	8	12	18	25	40	63	100	160	250	0.4	0.63	1	1.6	2.5	4	6.3
180 ~ 250	4.5	7	10	14	20	29	46	72	115	185	290	0.46	0.72	1.15	1.85	2.9	4.6	7.2
250 ~ 315	6	8	12	16	23	32	52	81	130	210	320	0.52	0.81	1.3	2.1	3.2	5.2	8.1
315 ~ 400	7	9	13	18	25	36	57	89	140	230	360	0.57	0.89	1.4	2.3	3.6	5.7	8.9
400 ~ 500	8	10	15	20	27	40	63	97	155	250	400	0.63	0.97	1.55	2.5	4	6.3	9.7
500 ~ 630	9	11	16	22	32	44	70	110	175	280	440	0.7	1.1	1.75	2.8	4.4	7	11
630 ~ 800	10	13	18	25	36	50	80	125	200	320	500	0.8	1.25	2	3.2	5	8	12.5
800 ~ 1 000	11	15	21	28	40	56	90	140	230	360	560	0.9	1.4	2.3	3.6	5.6	9	14
1 000 ~ 1 250	13	18	24	33	47	66	105	165	260	420	660	1.05	1.65	2.6	4.2	6.6	10.5	16.5
1 250 ~ 1 600	15	21	29	39	55	78	125	195	310	500	780	1.25	1.95	3.1	5	7.8	12.5	19.5
1 600 ~ 2 000	18	25	35	46	65	92	150	230	370	600	920	1.5	2.3	3.7	6	9.2	15	23
2 000 ~ 2 500	22	30	41	55	78	110	175	280	440	700	1100	1.75	2.8	4.4	7	11	17.5	28
2 500 ~ 3 150	26	36	50	68	96	135	210	330	540	860	1350	2.1	3.3	5.4	8.6	13.5	21	33

注:① 公称尺寸 > 500 mm 的 IT1 ~ IT5 的标准公差数值为试行的。

② 公称尺寸 ≤ 1 mm 时,无 IT14 ~ IT18。

3.3　基本偏差系列
(Fundamental deviation series)

基本偏差是用来确定公差带相对于零线位置的,基本偏差系列是对公差带位置的标准化,一般情况下均指靠近零线的极限偏差。当公差带位于零线上方时,其基本偏差为下极限偏差,孔为 EI,轴为 ei;当公差带位于零线下方时,其基本偏差为上极限偏差,孔为 ES,轴为 es。基本偏差的数量决定了配合种类的数量。为了满足机器中各种不同性质和不同松紧程度的配合需要,国家标准对孔和轴分别规定了 28 个公差带位置,分别由 28 个基本偏差来确定。

3.3.1　基本偏差概述
(Overview of fundamental deviation)

1. 基本偏差代号(Symbol for fundamental deviation)

基本偏差代号用拉丁字母表示,孔用大写字母表示,轴用小写字母表示。28 种基本偏差代号,由 26 个拉丁字母中除去 5 个容易与其他参数混淆的字母 I、L、O、Q、W(i、l、o、q、w),剩下的 21 个字母加上 7 个双写的字母 CD、EF、FG、JS、ZA、ZB、ZC(cd、ef、fg、js、za、zb、zc)组成,这 28 种基本偏差构成了基本偏差系列。

2. 基本偏差系列图及其特征(Series diagram for fundamental deviation and its characteristics)

图 3.11 为基本偏差系列图,基本偏差系列的各公差带只画出一端,另一端未画出,它将取决于公差带的标准公差等级和这个基本偏差的组合。因此,任何一个公差带都用基本偏差代号和公差等级数字表示,如孔公差带 H7、P8,轴公差带 h6、m7 等。

由图 3.11 可见,这些基本偏差的主要特点如下:

(1) 对于孔

A ~ H 的基本偏差为下极限偏差 EI,除 H 基本偏差为零外,其余均为正值,其绝对值依次减小;J ~ ZC 的基本偏差为上极限偏差,除 J、K 和 M、N 外,其余皆为负值,其绝对值依次增大。

(2) 对于轴

a ~ h 的基本偏差为上极限偏差 es,除 h 基本偏差为零外,其余均为负值,其绝对值依次减小;j ~ zc 的基本偏差为下极限偏差,除 j 和 k(特殊情况时,基本偏差为零) 外,其余皆为正值,其绝对值依次增大。

(3) 对于 JS(js)

其中 JS 和 js 在各个公差等级中的相对零线是完全对称的,其基本偏差随公差值而定,上极限偏差 $ES(es) = + IT/2$,下极限偏差 $EI(ei) = - IT/2$,其上、下极限偏差均可作为基本偏差。JS 和 js 将逐渐代替近似对称于零线的基本偏差 J 和 j,因此在国家标准中,孔仅有 J6、J7 和 J8,轴仅有 j5、j6、j7 和 j8。

(4) 基本偏差

基本偏差是确定公差带位置的唯一参数,除 J、j、K、k、M 和 N 以外,原则上基本偏差与公差等级无关。

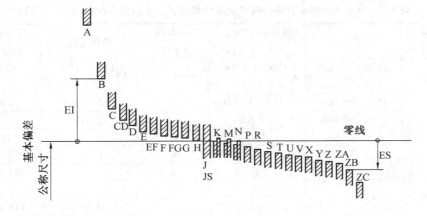

(a) 孔的基本偏差系列图

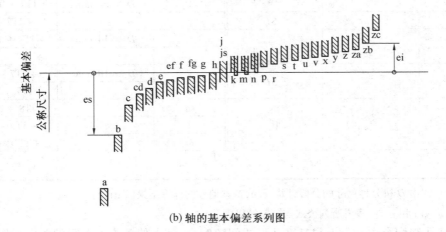

(b) 轴的基本偏差系列图

图 3.11　基本偏差系列示意图(摘自 GB/T 1800.1—2009)

3.3.2　基本偏差数值

（Numerical values of fundamental deviation）

1. 轴的基本偏差数值（Numerical value of fundamental deviation for shafts）

轴的基本偏差数值是以基孔制配合为基础,按照各种配合要求,再根据生产实践经验和统计分析结果所得出的一系列公式,经计算后圆整尾数而得出。轴的基本偏差计算公式见表3.4。

表 3.4 $D \leqslant 500\ \mathrm{mm}$ **的轴的基本偏差计算公式** （摘自 GB/T 1800.1—2009）

基本偏差代号	适用范围	基本偏差为上偏差 es/μm	基本偏差代号	适用范围	基本偏差为下偏差 ei/μm
a	$D \leqslant 120\ \mathrm{mm}$	$-(265+1.3D)$	j	IT5 ~ IT8	没有公式
a	$D > 120\ \mathrm{mm}$	$-3.5D$		$\leqslant$ IT3	0
b	$D \leqslant 160\ \mathrm{mm}$	$-(140+0.85D)$	k	IT4 ~ IT7	$+0.6\sqrt[3]{D}$
b	$D > 160\ \mathrm{mm}$	$-1.8D$		$\geqslant$ IT8	0
c	$D \leqslant 40\ \mathrm{mm}$	$-52D^{0.2}$	m		$+(\mathrm{IT7}-\mathrm{IT6})$
c	$D > 40\ \mathrm{mm}$	$-(95+0.8D)$	n		$+5D^{0.34}$
cd		$-\sqrt{c \cdot d}$	p		$+\mathrm{IT7}+(0 \sim 5)$
d		$-16D^{0.44}$	r		$+\sqrt{p \cdot s}$
e		$-11D^{0.41}$	s	$D \leqslant 50\ \mathrm{mm}$	$+\mathrm{IT8}+(1 \sim 4)$
ef		$-\sqrt{e \cdot f}$	s	$D > 50\ \mathrm{mm}$	$+\mathrm{IT7}+0.4D$
ef			t	$D > 24\ \mathrm{mm}$	$+\mathrm{IT7}+0.63D$
f		$-5.5D^{0.41}$	u		$+\mathrm{IT7}+D$
fg		$-\sqrt{f \cdot g}$	v	$D > 14\ \mathrm{mm}$	$+\mathrm{IT7}+1.25D$
fg			x		$+\mathrm{IT7}+1.6D$
g		$-2.5D^{0.34}$	y	$D > 18\ \mathrm{mm}$	$+\mathrm{IT7}+2D$
g			z		$+\mathrm{IT7}+2.5D$
h		0	za		$+\mathrm{IT8}+3.15D$
h			zb		$+\mathrm{IT9}+4D$
h			zc		$+\mathrm{IT10}+5D$

$$js = \pm \frac{\mathrm{IT}_n}{2}$$

注：① 式中 D 按公称尺寸的分段计算，mm，基本偏差的计算结果以 μm 计。

② 除 j 和 js 外，表中所列公式与公差等级无关。

在基孔制配合中，a ~ h 与基准孔形成间隙配合，基本偏差为上极限偏差 es，其绝对值等于最小间隙的数值。其中 a、b、c 三种用于大间隙配合，最小间隙采用与直径成正比的关系式计算；d、e、f 主要用于一般润滑条件下的旋转运动。为了保证良好的液体摩擦，最小间隙与直径成平方根关系，但考虑表面粗糙度的影响，间隙应适当减小，所以，计算式中 D 的指数略小于 0.5。g 主要用于滑动、定心或半液体摩擦的场合，间隙可取小些，D 的指数有所减小。h 的基本偏差数值为零，它是最紧的间隙配合。至于 cd、ef 和 fg 的数值，则分别取 c 与 d、e 与 f、f 与 g 的基本偏差的几何平均值。

j ~ n 与基准孔形成过渡配合，其基本偏差为下极限偏差 ei，数值根据经验与统计的方法确定。

p ~ zc 与基准孔形成过盈配合，其基本偏差为下极限偏差 ei，数值大小按与一定等级的孔相配合所要求的最小过盈而定。最小过盈系数的系列符合优先数系，规律性较好，便于应用。

在实际工作中，轴的基本偏差数值不必用公式计算。为方便使用，计算结果的数值已列成表，见表 3.5，使用时可直接查此表。

当轴的基本偏差确定后,另一个极限偏差可根据轴的基本偏差数值和标准公差值按下列关系式计算:

$$ei = es - ITn \quad (a \sim h,公差带在零线之下) \tag{3.23}$$

$$es = ei + ITn \quad (j \sim zc,公差带在零线之上) \tag{3.24}$$

2. 孔的基本偏差数值(Numerical values of fundamental deviation for holes)

孔的基本偏差数值由同名轴的基本偏差换算得到。换算原则为:同名配合的配合性质不变,即基孔制的配合(如 ϕ80H9/f9、ϕ40H7/g6)变成同名基轴制的配合(如 ϕ80F9/h9、ϕ40G7/h6)时,其配合性质(极限间隙或极限过盈)不变。

由于孔比轴的加工困难,因此国家标准规定,为使孔和轴在工艺上等价,在较高精度等级的配合中,孔比轴的公差等级低一级,在较低精度等级的配合中,孔与轴采用相同的公差等级。根据上述原则,孔的基本偏差按以下两种规则换算。

(1)通用规则(Common rule)

用同一字母表示的孔、轴的基本偏差的绝对值相等,符号相反,即

$$EI = - es \quad (适用于 A \sim H) \tag{3.25}$$

$$ES = - ei \quad (适用于同级配合的 J \sim ZC) \tag{3.26}$$

(2)特殊规则(Special rule)

同名代号的孔和轴的基本偏差的符号相反,而绝对值相差一个 Δ 值,即

$$ES = - ei + \Delta \tag{3.27}$$

$$\Delta = ITn - IT(n - 1) \tag{3.28}$$

此式适用于公称尺寸 = 3 ~ 500 mm,标准公差 $\leq$ IT8 的 J ~ N 和标准公差 $\leq$ IT7 的 P ~ ZC。

用式(3.27)估算出孔的基本偏差按一定规则圆整,可编制出孔的基本偏差数值表,实际使用时,可直接查表,不必计算。图 3.12 为孔的基本偏差换算图。

孔的另一个极限偏差可根据孔的基本偏差数值和标准公差值按下列关系式计算

$$EI = ES - ITn \quad (J \sim ZC,公差带在零线之下) \tag{3.29}$$

$$ES = EI + ITn \quad (A \sim H,公差带在零线之上) \tag{3.30}$$

按上述换算规则,国家标准制定出孔的基本偏差数值表,见表 3.6。

表 3.5　D≤500 mm 的轴的

基本尺寸/mm		上偏差 es												基本		
大于	至	所有标准公差等级												IT5和IT6	IT7	IT8
		a	b	c	cd	d	e	ef	f	fg	g	h	js	j		
–	3	-270	-140	-60	-34	-20	-14	-10	-6	-4	-2	0	偏差=±ITn/2,其中ITn是IT值数	-2	-4	-6
3	6	-270	-140	-70	-46	-30	-20	-14	-10	-6	-4	0		-2	-4	—
6	10	-280	-150	-80	-56	-40	-25	-18	-13	-8	-5	0		-2	-5	—
10	14	-290	-150	-95	—	-50	-32	—	-16	—	-6	0		-3	-6	
14	18															
18	24	-300	-160	-110	—	-65	-40	—	-20	—	-7	0		-4	-8	
24	30															
30	40	-310	-170	-120	—	-80	-50	—	-25	—	-9	0		-5	-10	
40	50	-320	-180	-130												
50	65	-340	-190	-140	—	-100	-60	—	-30	—	-10	0		-7	-12	
65	80	-360	-200	-150												
80	100	-380	-220	-170	—	-120	-72	—	-36	—	-12	0		-9	-15	
100	120	-410	-240	-180												
120	140	-460	-260	-200	—	-145	-85	—	-43	—	-14	0		-11	-18	
140	160	-520	-280	-210												
160	180	-580	-310	-230												
180	200	-660	-340	-240	—	-170	-100	—	-50	—	-15	0		-13	-21	
200	225	-740	-380	-260												
225	250	-820	-420	-280												
250	280	-920	-480	-330	—	-190	-110	—	-56	—	-17	0		-16	-26	
280	315	-1 050	-540	-330												
315	355	-1 200	-600	-360	—	-210	-125	—	-62	—	-18	0		-18	-28	
355	400	-1 350	-680	-400												
400	450	-1 500	-760	-400	—	-230	-135	—	-68	—	-20	0		-20	-32	
450	500	-1 650	-840	-480												

注:①基本尺寸≤1 mm 时,基本偏差 a 和 b 均不采用。

②公差带 js7 至 js11,若 IT 值数是奇数,则取偏差=$\pm\dfrac{\text{IT}(n-1)}{2}$。

基本偏差数值 （摘自 GB/T 1800.1—2009） μm

偏差数值															
下偏差 ei															
IT4 ~ IT7	≤IT3 >IT7	所有标准公差等级													
k		m	n	p	r	s	t	u	v	x	y	z	za	zb	zc
0	0	+2	+4	+6	+10	+14	—	+18	—	+20	—	+26	+32	+40	+60
+1	0	+4	+8	+12	+15	+19	—	+23	—	+28	—	+35	+42	+50	+80
+1	0	+6	+10	+15	+19	+23	—	+28	—	+34	—	+42	+52	+67	+97
+1	0	+7	+12	+18	+23	+28	—	+33	—	+40	—	+50	+64	+90	+130
									+39	+45	—	+60	+77	+108	+150
+2	0	+8	+15	+22	+28	+35	—	+41	+47	+54	+63	+73	+98	+136	+188
							+41	+48	+55	+64	+75	+88	+118	+160	+218
+2	0	+9	+17	+26	+34	+43	+48	+60	+68	+80	+94	+112	+148	+200	+274
							+54	+70	+81	+97	+114	+136	+180	+242	+325
+2	0	+11	+20	+32	+41	+53	+66	+87	+102	+122	+144	+172	+226	+300	+405
					+43	+59	+75	+102	+120	+146	+174	+210	+274	+360	+480
+3	0	+13	+23	+37	+51	+71	+91	+124	+146	+178	+214	+258	+335	+445	+585
					+54	+79	+104	+144	+172	+210	+254	+310	+400	+525	+690
+3	0	+15	+27	+43	+63	+92	+122	+170	+202	+248	+300	+365	+470	+620	+800
					+65	+100	+134	+190	+228	+280	+340	+415	+535	+700	+900
					+68	+108	+146	+210	+252	+310	+380	+465	+600	+780	+1 000
+4	0	+17	+31	+50	+77	+122	+166	+236	+284	+350	+425	+520	+670	+880	+1 150
					+80	+130	+180	+258	+310	+385	+470	+575	+740	+960	+1 250
					+84	+140	+196	+284	+340	+425	+520	+640	+820	+1 050	+1 350
+4	0	+20	+34	+56	+94	+158	+218	+315	+385	+475	+580	+710	+920	+1 200	+1 550
					+98	+170	+240	+350	+425	+525	+650	+790	+1 000	+1 300	+1 700
+4	0	+21	+37	+62	+108	+190	+268	+390	+475	+590	+730	+900	+1 150	+1 500	+1 900
					+114	+208	+294	+435	+530	+660	+820	+1 000	+1 300	+1 650	+2 100
+5	0	+23	+40	+68	+126	+232	+330	+490	+595	+740	+920	+1 100	+1 450	+1 850	+2 400
					+132	+252	+360	+540	+660	+820	+1 000	+1 250	+1 600	+2 100	+2 600

表 3.6　$D \leqslant 500$ mm 的孔的

基本偏差

基本尺寸/mm		下偏差 EI											基本偏差								
		所有标准公差等级											IT6	IT7	IT8	≤IT8	>IT8	≤IT8	>IT8	≤IT8	>IT8
大于	至	A	B	C	CD	D	E	EF	F	FG	G	H	JS	J			K		M		N	
–	3	+270	+140	+60	+34	+20	+14	+10	+6	+4	+2	0		+2	+4	+6	0	0	-2	-2	-4	-4
3	6	+270	+140	+70	+46	+30	+20	+14	+10	+6	+4	0		+5	+6	+10	-1+Δ	—	-4+Δ	-4	-8+Δ	0
6	10	+280	+150	+80	+56	+40	+25	+18	+13	+8	+5	0		+5	+8	+12	-1+Δ	—	-6+Δ	-6	-10+Δ	0
10	14	+290	+150	+95	—	+50	+32	—	+16	—	+6	0		+6	+10	+15	-1+Δ	—	-7+Δ	-7	-12+Δ	0
14	18	+290	+150	+95	—	+50	+32	—	+16	—	+6	0		+6	+10	+15	-1+Δ	—	-7+Δ	-7	-12+Δ	0
18	24	+300	+160	+110	—	+65	+40	—	+20	—	+7	0		+8	+12	+20	-2+Δ	—	-8+Δ	-8	-15+Δ	0
24	30	+300	+160	+110	—	+65	+40	—	+20	—	+7	0		+8	+12	+20	-2+Δ	—	-8+Δ	-8	-15+Δ	0
30	40	+310	+170	+120	—	+80	+50	—	+25	—	+9	0		+10	+14	+24	-2+Δ	—	-9+Δ	-9	-17+Δ	0
40	50	+320	+180	+130	—	+80	+50	—	+25	—	+9	0		+10	+14	+24	-2+Δ	—	-9+Δ	-9	-17+Δ	0
50	65	+340	+190	+140	—	+100	+60	—	+30	—	+10	0		+13	+18	-28	-2+Δ	—	-11+Δ	-11	-20+Δ	0
65	80	+360	+200	+150	—	+100	+60	—	+30	—	+10	0		+13	+18	-28	-2+Δ	—	-11+Δ	-11	-20+Δ	0
80	100	+380	+220	+170	—	+120	+72	—	+36	—	+12	0		+16	+22	+34	-3+Δ	—	-13+Δ	-13	-23+Δ	0
100	+120	+410	+240	+180	—	+120	+72	—	+36	—	+12	0		+16	+22	+34	-3+Δ	—	-13+Δ	-13	-23+Δ	0
120	140	+460	+260	+200	—	+145	+85	—	+43	—	+14	0		+18	+26	+41	-3+Δ	—	-15+Δ	-15	-27+Δ	0
140	160	+520	+280	+210	—	+145	+85	—	+43	—	+14	0		+18	+26	+41	-3+Δ	—	-15+Δ	-15	-27+Δ	0
160	180	+580	+310	+230	—	+145	+85	—	+43	—	+14	0		+18	+26	+41	-3+Δ	—	-15+Δ	-15	-27+Δ	0
180	200	+660	+310	+240	—	+170	+100	—	+50	—	+15	0		+22	+30	+47	-4+Δ	—	-17+Δ	-17	-31+Δ	0
200	225	+740	+380	+260	—	+170	+100	—	+50	—	+15	0		+22	+30	+47	-4+Δ	—	-17+Δ	-17	-31+Δ	0
225	250	+820	+420	+280	—	+170	+100	—	+50	—	+15	0		+22	+30	+47	-4+Δ	—	-17+Δ	-17	-31+Δ	0
250	280	+920	+480	+300	—	+190	+110	—	+56	—	+17	0		+25	+36	+55	-4+Δ	—	-20+Δ	-20	-34+Δ	0
280	315	+1 050	+540	+330	—	+190	+110	—	+56	—	+17	0		+25	+36	+55	-4+Δ	—	-20+Δ	-20	-34+Δ	0
315	355	+1 200	+600	+360	—	+210	+125	—	+62	—	+18	0		+29	+39	+60	-4+Δ	—	-21+Δ	-21	-37+Δ	0
355	400	+1 350	+680	+400	—	+210	+125	—	+62	—	+18	0		+29	+39	+60	-4+Δ	—	-21+Δ	-21	-37+Δ	0
400	450	+1 500	+760	+440	—	+230	+135	—	+68	—	+20	0		+33	+43	+66	-5+Δ	—	-23+Δ	-23	-40+Δ	0
450	500	+1 650	+840	+480	—	+230	+135	—	+68	—	+20	0		+33	+43	+66	-5+Δ	—	-23+Δ	-23	-40+Δ	0

JS 列：偏差 = ±ITn/2，式中 ITn 是 IT 值数。

注：① 基本尺寸≤1 mm 时，基本偏差 A 和 B 及大于 IT8 的 N 均不采用。

② 公差带 JS7 至 JS11，若 ITn 值是奇数，则取偏差 $=\pm\dfrac{ITn-1}{2}$。

③ 对≤IT8 的 K、M、N 和≤IT7 的 P 至 ZC，所属 Δ 值从表内右侧选取。例如，对于 6~10 mm 的 P6，Δ=3，所以 ES=(-15+3) μm=-12 μm。

④ 特殊情况：当基本尺寸=250~315 mm 时，M6 的 ES=-9 μm(不等于-11 μm)。

基本偏差数值 （摘自 GB/T 1800.1—2009） μm

数值												Δ值					
上偏差 ES																	
≤IT7	标准公差等级 > IT7											标准公差等级					
P 至 ZC	P	R	S	T	U	V	X	Y	Z	ZA	ZB	ZC	IT3	IT4	IT5	IT6	IT7	IT8
-6	-10	-14	—	-18	—	-20	—	-26	-32	-40	-60	0	0	0	0	0	0
-12	-15	-19	—	-23	—	-28	—	-35	-42	-50	-80	1	1.5	1	3	4	6
-15	-19	-23	—	-28	—	-34	—	-42	-52	-67	-97	1	1.5	2	3	6	7
-18	-23	-28	—	-33	—	-40	—	-50	-64	-90	-130	1	2	3	3	7	9
					-39	-45	—	-60	-77	-108	-150						
-22	-28	-35	—	-41	-47	-54	-63	-73	-98	-136	-188	1.5	2	3	4	8	12
			-41	-48	-55	-64	-75	-88	-118	-160	-218						
-26	-34	-43	-48	-60	-68	-80	-94	-112	-148	-200	-274	1.5	3	4	5	9	14
			-54	-70	-81	-97	-114	-136	-180	-242	-325						
-32	-41	-53	-66	-87	-102	-122	-144	-172	-226	-300	-405	2	3	5	6	11	16
	-43	-59	-75	-102	-120	-146	-174	-210	-274	-360	-480						
-37	-51	-71	-91	-124	-146	-178	-214	-258	-335	-445	-585	2	4	5	7	13	19
	-54	-79	-104	-144	-172	-210	-254	-310	-400	-525	-690						
-43	-63	-92	-122	-170	-202	-248	-300	-365	-470	-620	-800	3	4	6	7	15	23
	-65	-100	-134	-190	-228	-280	-340	-415	-535	-700	-900						
	-68	-108	-146	-210	-252	-310	-380	-465	-600	-780	-1 000						
-50	-77	-122	-166	-236	-284	-350	-425	-520	-670	-880	-1 150	3	4	6	9	17	26
	-80	-130	-180	-258	-310	-385	-470	-575	-740	-960	-1 250						
	-84	-140	-196	-284	-340	-425	-520	-640	-820	-1 050	-1 350						
-56	-94	-158	-218	-315	-385	-475	-580	-710	-920	-1 200	-1 550	4	4	7	9	20	29
	-98	-170	-240	-350	-425	-525	-650	-790	-1 000	-1 300	-1 700						
-62	-108	-190	-268	-390	-475	-590	-730	-900	-1 150	-1 500	-1 900	4	5	7	11	21	32
	-114	-208	-294	-435	-530	-660	-820	-1 000	-1 300	-1 650	-2 100						
-68	-126	-232	-330	-490	-595	-740	-920	-1 100	-1 450	-1 850	-2 400	5	5	7	13	23	34
	-132	-252	-360	-540	-660	-820	-1 000	-1 250	-1 600	-2 110	-2 600						

在大于 IT7 的相应数值上增加一个 Δ值

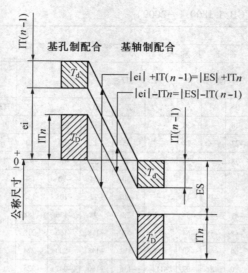

$$|ei|+IT(n-1)=|ES|+ITn$$
$$|ei|-ITn=|ES|-IT(n-1)$$

图 3.12　孔的基本偏差换算

3.3.3　极限与配合的表示及其应用举例

（Representation of limits and fits and its application example）

1. 极限与配合的表示（Representation of limits and fits）

（1）公差带代号（Symbol for tolerance zone）

如前所述，孔、轴的公差带代号由基本偏差代号和公差等级数字组成，例如 H7、F7、K7、P6 等为孔的公差带代号，h7、s6、m6、r7 等为轴的公差带代号。如：$\phi 50H8$、$\phi 60Js6$、$8cd7$、$\phi 50^{+0.039}_{0}$ 或 $\phi 50H8(^{+0.039}_{0})$。

（2）配合代号（Symbol for fits）

用孔、轴公差带的组合表示，写成分数形式，分子为孔的公差带代号，分母为轴的公差带代号。如：$\phi 50\dfrac{H8}{f7}$ 或 $\phi 50H8/f7$。

2. 标准公差和基本偏差数值表应用举例（**Application examples of standard tolerance and numerical values of fundamental deviation**）

【**例 3.3**】　查表确定 $\phi 30H8/f7$，$\phi 30F8/h7$ 孔与轴的极限偏差，并计算这两个配合的极限间隙，并画出公差带图。

解　（1）查表确定孔和轴的标准公差

公称尺寸 $\phi 30$ 属于 18 ~ 30 mm 尺寸段，查表 3.3 得 IT7 = 21 μm，IT8 = 33 μm。

（2）查表确定轴的基本偏差

查表 3.5 得 h 的基本偏差为上极限偏差 es = 0 μm，f 的基本偏差为上极限偏差 es = $-$ 20 μm。

（3）查表确定孔的基本偏差

查表 3.6 得 H 的基本偏差为下极限偏差 EI = 0 μm，F 的基本偏差为下极限偏差 EI = $+$ 20 μm。

（4）计算轴的另一个极限偏差

h7 轴的基本偏差为上极限偏差 es = 0 μm，下极限偏差 ei = es － IT7 = － 21（μm）。

f7 轴的基本偏差为上极限偏差 es = － 20 μm，下极限偏差 ei = es － IT7 = － 20 － 21 = － 41（μm）。

（5）计算孔的另一个极限偏差

H8 孔的基本偏差为下极限偏差 EI = 0 μm，上极限偏差 ES = EI + IT8 = 0 + 33 = + 33（μm）。

F8 孔的基本偏差为下极限偏差 EI = + 20μm，上极限偏差 ES = EI + IT8 = + 20 + 33 = + 53（μm）。

（6）极限与配合的表示

$\phi 30H8\left(^{+0.033}_{0}\right)/\phi 30f7\left(^{-0.020}_{-0.041}\right)$，$\phi 30F8\left(^{+0.053}_{+0.020}\right)/\phi 30h7\left(^{0}_{-0.021}\right)$

（7）计算极限间隙（过盈）

对于 $\phi 30H8\left(^{+0.033}_{0}\right)/\phi 30f7\left(^{-0.020}_{-0.041}\right)$

$$X_{max} = ES － ei = + 33 － (－ 41) = + 74（μm）$$

$$X_{min} = EI － es = 0 － (－ 20) = + 20（μm）$$

对于 $\phi 30F8\left(^{+0.053}_{+0.020}\right)/\phi 30h7\left(^{0}_{-0.021}\right)$

$$X_{max} = ES － ei = + 53 － (－ 21) = + 74（μm）$$

$$X_{min} = EI － es = + 20 － 0 = + 20（μm）$$

可见 $\phi 30H8/f7$ 与 $\phi 30F8/h7$ 配合性质相同，公差带图如图 3.13 所示。

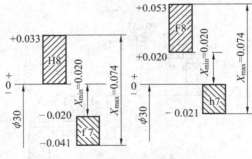

图 3.13　例 3.3 公差带图

【例 3.4】　确定 $\phi 25H7/p6$ 和 $\phi 25P7/h6$ 孔与轴的极限偏差，并计算这两个配合的极限过盈，并画出公差带图。

解　（1）查表确定孔和轴的标准公差

公称尺寸 $\phi 25$ 属于 18 ～ 30 mm 尺寸段，查表 3.3 得 IT7 = 21 μm，IT6 = 13 μm。

（2）查表确定轴的基本偏差

查表 3.5 得 h 的基本偏差为上极限偏差 es = 0 μm，p 的基本偏差为下极限偏差 ei = + 22 μm。

（3）查表确定孔的基本偏差

查表 3.6 得 H 的基本偏差为下极限偏差 EI = 0 μm，P 的基本偏差为上极限偏差 ES = － 14 μm，在进行 P 的基本偏差的查找时应注意 Δ 的应用。

（4）计算轴的另一个极限偏差

h6 轴的基本偏差为上极限偏差 es = 0 μm，下极限偏差 ei = es − IT6 = − 13（μm）。

p6 轴的基本偏差为下极限偏差 ei = + 22 μm，上极限偏差 es = ei + IT6 = + 22 + 13 = + 35（μm）。

（5）计算孔的另一个极限偏差

H7 孔的基本偏差为下极限偏差 EI = 0 μm，上极限偏差 ES = EI + IT7 = 0 + 21 = + 21（μm）。

P7 孔的基本偏差为上极限偏差 ES = − 14 μm，下极限偏差 EI = ES − IT7 = − 14 − 21 = − 35（μm）。

（6）极限与配合的表示

$\phi25H7\left(^{+0.021}_{0}\right)/p6\left(^{+0.035}_{+0.022}\right),\phi25P7\left(^{-0.014}_{-0.035}\right)/h6\left(^{0}_{-0.013}\right)$。

（7）计算极限间隙（过盈）

对于 $\phi25H7\left(^{+0.021}_{0}\right)/p6\left(^{+0.035}_{+0.022}\right)$

$$Y_{max} = EI − es = 0 − 35 = − 35（μm）$$
$$Y_{min} = ES − ei = + 21 − 22 = − 1（μm）$$

对于 $\phi25P7\left(^{-0.014}_{-0.035}\right)/h6\left(^{0}_{-0.013}\right)$

$$Y_{max} = EI − es = − 35 − 0 = − 35（μm）$$
$$Y_{min} = ES − ei = − 14 − (− 13) = − 1（μm）$$

可见 $\phi25H7/p6$ 和 $\phi25P7/h6$ 配合性质相同，公差带图如图 3.14 所示。

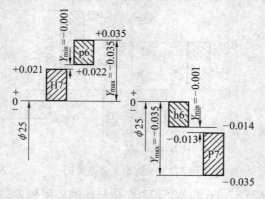

图 3.14   例 3.4 公差带图

3.4   尺寸精度设计
（Dimensional precision design）

3.4.1   尺寸精度设计的基本原则
（Basic principle of dimensional precision design）

尺寸精度设计即合理选用极限与配合，是机械设计与制造中的一项非常重要的工作,它对提高产品的性能、质量以及降低成本都有重要影响。要正确地选择极限与配合,既要深入地掌握极限与配合的国家标准,又要对产品的技术要求、工作条件以及生产制造条件进行全面分析,同时还要通过生产实践和科学实验不断积累经验,这样才能逐步提高这方面的工作能力。极限与配合的选用主要包括配合制、公差等级和配合种类的选择。

极限与配合的选择是机械设计与机械制造的重要环节,其基本原则是经济地满足使用性能要求,并获得最佳技术经济效益。满足使用性能要求是第一位,这是产品质量的保证,在满足产品使用性能要求的基础上,充分考虑生产、使用、维护过程的经济性。

3.4.2 配合制的选择
(Selection of fit system)

在进行配合制选择时,应在充分分析零件的结构特点、工艺性能和经济性等几方面情况后合理地进行确定。

1. 一般情况下,优先选用基孔制配合(Under normal circumstances,preferred plan is hole-basis system of fits)

优先选用基孔制配合,这主要是从零件的工艺性能和经济性方面来考虑。

孔通常用定值刀具(如钻头、铰刀、拉刀等)加工,并用极限量规(塞规)检验,当孔的基本尺寸和公差等级相同而基本偏差改变时,就需更换刀具、量具,而一种规格的磨轮或车刀,可以加工不同基本偏差的轴,轴还可以用通用量具进行测量。所以,为了减少定值刀具、量具的规格和数量,利于生产,提高经济性,应优先选用基孔制配合。

2. 下列情况下,应选用基轴制配合(Shaft-basis system of fits should be applied for following circumstances)

下列特殊情况下选用基轴制配合,这也主要是从零件的工艺性能和经济性方面来考虑。

(1) 当在机械制造中采用具有一定公差等级的冷拉钢材(通常公差等级为 IT9 ～ IT11 级),其外径不经切削加工即能满足使用要求时,应选择基轴制配合,再按配合要求选用适当的孔公差带加工孔,这在技术上、经济上都是合理的。

(2) 由于结构上的特点,宜采用基轴制配合。如图 3.15(a) 所示为发动机的活塞销轴与连杆铜套孔和活塞孔之间的配合,根据工作要求,活塞销轴与活塞孔应为过渡配合,而活塞销轴与连杆铜套孔之间由于有相对运动应为间隙配合。若采用基孔制配合,如图3.15(b) 所示,销轴将做成阶梯状,这样既不便于加工,又不利于装配。若采用基轴制配合,如图 3.15(c) 所示,销轴做成光轴,则既方便加工,又利于装配。

(3) 加工尺寸小于 1 mm 的精密轴比加工同级孔要困难,因此在仪器制造、钟表生产、无线电工程中,常使用经过光轧成形的钢丝直接做轴,这种情况采用基轴制配合较经济。

3. 与标准件配合时,应以标准件为基准件来确定配合制(Fit system should be determined based on standard parts when combined with standard parts)

标准件通常由专业工厂大量生产,在制造时其配合部位的配合制已确定,所以与其配合的轴和孔一定要服从标准件既定的配合制。例如,与滚动轴承内圈相配合的轴的配合应选用基孔制配合,而与滚动轴承外径相配合的外壳孔应选用基轴制配合。

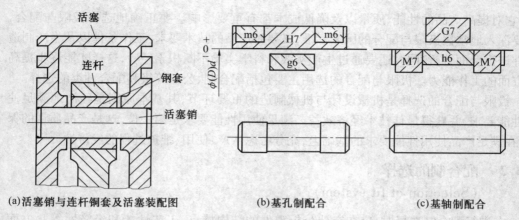

(a)活塞销与连杆铜套及活塞装配图　　(b)基孔制配合　　(c)基轴制配合

图 3.15　发动机的活塞销轴与连杆铜套孔和活塞孔之间的配合

4. 在特殊需要时可采用非配合制配合(Non-fit system can be considered for other special circumslances)

非配合制配合是指采用不包含基本偏差 H、h 的任一孔、轴公差带组成的配合。如图 3.16 所示为轴承座孔同时与滚动轴承外径和端盖的配合,滚动轴承是标准件,它与轴承座孔的配合应为基轴制过渡配合,选轴承座孔公差带为 φ52J7;而轴承座孔与端盖的配合应为较低精度的间隙配合,轴承座孔公差带已定为 J7,现在只能对端盖选定一个位于 J7 下方的公差带,以形成所要求的间隙配合。考虑到端盖的性能要求和加工的经济性,采用 f9 的公差带,最后确定端盖与轴承座孔之间的配合为 φ52J7/f9。

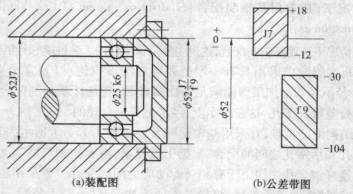

(a)装配图　　(b)公差带图

图 3.16　轴承座孔同时与滚动轴承外径和端盖的配合

3.4.3　公差等级的选择
(Selection of standard tolerance grades)

公差等级的选用就是确定尺寸的制造精度。由于尺寸精度与加工的难易程度、加工的成本和零件的工作质量有关,所以在选择公差等级时,要正确处理使用要求、加工工艺及成本之间的关系。图3.17 所示为公差与加工成本的大致关系曲线。从图中可看出,在高精度区,加工精度稍有提高,加工成本急剧上升,所以,高公差等级的选用要特别谨慎。

选择公差等级的基本原则是,在满足使用要求的前提下,尽量选取较低的公差等级。公差等级过低,就不能满足使用性能要求,也不能保证产品质量;而公差等级过高,生产成本将成倍增加,显然不符合经济性要求。因此,应综合考虑各方面的因素,才能正确合理地确定公差等级。

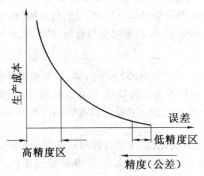

图 3.17　公差与生产成本的关系

由于精度设计尚处于以经验设计为主的阶段,故一般公差等级的选择主要采用类比法。类比法是参考经过实践证明为合理的类似产品上的类似尺寸,确定要求设计的孔、轴公差等级的方法。对于某些特别重要的配合,在有条件根据相应的因素确定所需的公差等级时,才用计算法进行精确设计,以确定孔、轴的公差等级。

在选择公差等级时,还要考虑以下因素。

（1）在常用尺寸段内,对于较高精度等级的配合(间隙和过渡配合中,孔的标准公差 ≤ IT8,过盈配合中孔的标准公差 ≤ IT7),由于孔比轴难加工,选定孔比轴低一级精度,使孔、轴的加工难易程度相同。对低精度的孔和轴选择相同公差等级,称为"工艺等价原则"。

（2）公差等级的应用范围见表 3.7。

表 3.7　公差等级的应用

应用	公差等级(IT)																			
	01	0	1	2	3	4	5	6	7	8	9	10	11	12	13	14	15	16	17	18
块规	▬	▬	▬																	
量规			▬	▬	▬	▬	▬	▬	▬											
配合尺寸							▬	▬	▬	▬	▬	▬	▬	▬						
特别精密零件				▬	▬	▬	▬													
非配合尺寸													▬	▬	▬	▬	▬	▬		
原材料									▬	▬	▬	▬	▬	▬	▬					

（3）常用尺寸公差等级的应用见表3.8。

表 3.8　配合尺寸 5 至 12 级的应用

公差等级（IT）	应　用
5 级	主要用在配合公差、形状公差要求甚小的地方，它的配合性质稳定，一般在机床、发动机、仪表等重要部位应用。如，与 D 级滚动轴承配合的箱体孔，与 E 级滚动轴承配合的机床主轴，机床尾架与套筒，精密机械及高速机械中轴径，精密丝杠轴径等
6 级	配合性质能达到较高的均匀性，如，与 E 级滚动轴承相配合的孔、轴径；与齿轮、蜗轮、带轮、凸轮等连接的轴径，机床丝杠轴径；摇臂钻立柱；机床夹具中导向件外径尺寸；6 级精度齿轮的基准孔，7、8 级精度齿轮的基准轴径
7 级	7 级精度比 6 级稍低，应用条件与 6 级基本相似，在一般机械制造中应用较为普遍。如，联轴器、带轮、凸轮等孔径，机床夹盘座孔；夹具中固定钻套，可换钻套；7、8 级齿轮基准孔，9、10 级齿轮基准轴径
8 级	在机器制造中属于中等精度。如轴承座衬套沿宽度方向尺寸，9 ~ 12 级齿轮基准孔；11 ~ 12 级齿轮基准轴径
9 级、10 级	主要用于机械制造中轴套外径与孔，操纵件与轴，空轴带轮与轴，单键与花键
11 级 12 级	配合精度很低，装配后可能产生很大间隙，适用于基本上没有什么配合要求的场合。如，机床上法兰盘与止口；滑块与滑移齿轮；加工中工序间尺寸；冲压加工的配合件；机床制造中的扳手孔与扳手座的连接

　　（4）相配零件或部件的精度要匹配。如与滚动轴承相配合的轴和孔的公差等级与轴承的精度有关，又如与齿轮相配合的轴的公差等级直接受齿轮的精度影响。

　　（5）过盈、过渡配合的公差等级不能太低，一般孔的标准公差 ≤ IT8，轴的标准公差 ≤ IT7。间隙配合则不受此限制，但间隙小的配合公差等级应较高，而间隙大的公差等级可以低些，例如，选用 H6/g5 和 H11/a11 是可以的，而选用 H11/g11 和 H6/a5 则不合适。

　　（6）在非基准制配合中，所有的零件精度要求不高，可与相配合零件的公差等级差 2 ~ 3 级。

　　（7）各种加工方法能够达到的公差等级见表3.9，该表列出了各种加工方法所能达到的合理加工精度，以提供选择公差等级时关于生产条件的参考。在实际生产中，各种加工方法的合理加工精度等级不仅随工艺方法、设备状况和操作者技能水平等因素的差异而变动，而且随着工艺水平的发展和提高，某种加工方法所能达到的加工精度也会有所变化。

表 3.9　各种加工方法所能达到的合理加工精度

加工方法	公差等级（IT）																	
	01	0	1	2	3	4	5	6	7	8	9	10	11	12	13	14	15	16
研磨	■	■	■	■	■	■	■											
珩						■	■	■	■									
圆磨							■	■	■	■								
平磨							■	■	■	■								
金刚石车							■	■	■									
金刚石镗							■	■	■									
拉削								■	■	■								
铰孔								■	■	■	■							
车									■	■	■	■	■	■				
镗									■	■	■	■	■	■				
铣										■	■	■	■					
刨、插										■	■	■	■					
钻孔												■	■	■	■			
滚压、挤压												■	■					
冲压												■	■	■	■	■		
压铸													■	■	■	■		
粉末冶金成型								■	■	■								
粉末冶金烧结									■	■	■							
砂型铸造、气割																■	■	■
锻造																	■	■

3.4.4　配合的选择

（Selection of fit）

　　选择配合主要是为了解决结合零件孔和轴在工作时的相互关系，以保证机器在正常工作条件下具有良好的性能、质量和使用寿命，并兼顾加工的经济性。

1. 配合选择的方法(Method of choosing fit)

选择配合的方法有计算法、试验法和类比法三种。

(1) 计算法(Calculation method)

计算法是根据一定的理论和公式,计算出所需的间隙或过盈,根据计算结果,对照国家标准选择合适的配合的一种方法。由于影响配合间隙量和过盈量的因素很多,理论计算结果也只是近似的,所以,在实际应用中还要根据实际工作情况进行必要的修正。一般情况下,很少使用计算法。

(2) 试验法(Test method)

试验法是对选定的配合进行多次试验,根据试验结果,找到最合理的间隙或过盈,从而确定配合的一种方法。对产品性能影响很大的一些配合,往往采用试验法来确定机器最佳工作性能的间隙或过盈,采用这种方法需要进行大量试验,故成本较高。试验法比较可靠,但周期长,成本高,应用也较少。

(3) 类比法(Analogy method)

类比法是参考现有同类机器或类似结构中经生产实践验证过的配合情况,与所设计零件的使用要求相比较,经修正后确定配合的一种方法。该方法应用最广。

在实际生产中,广泛应用的选择配合的方法是类比法,要掌握这种方法,首先要熟悉各种配合的特征,并掌握其应用情况,再根据具体使用要求来选择配合种类。

2. 各种配合的特征及应用举例(Characterislics of fits and application examples)

选择配合的主要依据是使用要求和工作条件。对初学者来说,首先要确定配合的类别,选定的是间隙配合、过渡配合还是过盈配合,表 3.10 提供了配合类别选择的一般方法,可供参考。在确定了配合类别之后,再进一步类比确定应选哪一种配合。表 3.11 为各种基本偏差的特性及应用,表 3.12 为优先配合的选用说明,可供参考。

表 3.10　配合类别选择的一般方法

无相对运动	需传递转矩	精确定心	不可拆卸 → 过盈配合
			可拆卸 → 过渡配合或基本偏差为 H(h) 的间隙配合加键或销紧固件
		不需精确定心	间隙配合加键或销紧固件
	不需传递转矩		过渡配合或过盈量较小的过盈配合
有相对运动	缓慢转动或移动		基本偏差为 H(h)、G(g) 等间隙配合
	转动、移动或复合运动		基本偏差为 A ~ F(a ~ f) 等间隙配合

表 3.11　各种基本偏差的特性及应用

配合	基本偏差	配合特性及应用
间隙配合	a(A)、b(B)	可得到特别大的间隙,应用很少
	c(C)	可得到很大的间隙,一般用于缓慢、松弛的可动配合,用于工作条件较差(如农业机械)、受力变形,或为了便于装配而必须保证有较大的间隙。推荐优先配合为 H11/c11,其较高等级的 H8/c7 配合,适用于轴在高温工作的紧密滑动配合,例如内燃机排气阀和导管配合
	d(D)	一般用于 IT7 ~ IT11 级,适用于松的传动配合,如密封盖、滑轮空转皮带轮等与轴的配合。也适用大直径滑动轴承配合,如透平机、球磨机、轧滚成型和重型弯曲机及其他重型机械中的一些滑动轴承
	e(E)	多用于 IT7 ~ IT9 级,通常适用于要求有明显间隙,易于转动的支承用的配合,如大跨距支承、多支点支承等配合。高等级的基本偏差为 e,适用于大的、高速、重载支承,如涡轮发电机、大型电动机及内燃机主要轴承、凸轮轴支承等配合
	f(F)	多用于 IT6 ~ IT8 级的一般转动配合。当温度影响不大时,被广泛用于普通的润滑油(或润滑脂)润滑的支承,如齿轮箱、小电动机、泵等的转轴与滑动支承的配合
	g(G)	配合间隙很小,制造成本高,除很轻负荷的精密装置外,不推荐用于转动配合。多用于 IT5 ~ IT7 级,最适合不回转的精密滑动配合,也用于插销等定位配合,如精密连杆轴承、活塞及滑阀、连杆销光学分度头主轴与轴承等
	h(H)	多用于 IT4 ~ IT11 级。广泛用于无相对转动的零件,作为一般的定位配合,如车床尾座与滑动套筒的配合。若没有温度、变形影响,也用于精密滑动配合
过渡配合	js(JS)	为完全对称偏差(±IT/2),平均间隙较小的配合,多用于 IT4 ~ IT7 级,并允许略有过盈的定位配合,如联轴节、齿圈与钢制轮毂,可用木锤装配
	k(K)	平均间隙接近于零的配合,适用于 IT4 ~ IT7 级。推荐用于稍有过盈的定位配合,例如为了消除振动用的定位配合,一般用木锤装配
	m(M)	平均过盈较小的配合,适用于 IT4 ~ IT7 级。一般可用木锤装配,但在最大过盈时,要求有相当的压入力

续表 3.11

配合	基本偏差	配合特性及应用
过盈配合	n (N)	平均过盈比较大的配合,很少得到间隙,适用于 IT4 ~ IT7 级。通常推荐用于紧密的组件配合。H6/n5 配合时为过盈配合,如冲床上齿轮与轴的配合,用锤子或压力机装配
	p (P)	与 H6 或 H7 孔配合时是过盈配合,而与 H8 孔配合时则为过渡配合。对非铁类零件,为较轻的压入配合,当需要时易于拆卸。对钢、铸铁或钢、钢组件装配是标准的压入配合
	r (R)	对铁类零件为中等打入配合;对非铁类零件为较轻打入配合,当需要时可以拆卸;与 H8 孔配合直径在 100 mm 以上时为过盈配合,直径小时为过渡配合
	s (S)	用于钢和铁制零件的永久性和半永久性装配,可产生相当大的结合力。当用弹性材料,如轻合金时,配合性质与铁类零件的基本偏差为 p 的轴相当。例如套环压装在轴上、阀座等配合。尺寸较大时,为避免损伤配合表面,需用热胀冷缩法装配
	t (T)	过盈量较大的配合,对于钢和铸铁件适于作永久性的结合,不用键可传递力矩,需用热胀或冷缩法装配,例如联轴节与轴的配合
	u (U)	这种配合过盈大,一般应验算在最大过盈时工件材料是否会损坏,要用热胀冷缩法装配。例如火车轮毂与轴的配合
	v(V)、x(X)、y(Y)、z(Z)	这些基本偏差所组成配合的过盈量更大,目前使用的经验和资料还很少,须经试验后才应用,一般不推荐采用

表 3.12　优先配合的应用说明

优先配合		选用说明
基孔制	基轴制	
H11/c11	C11/h11	间隙极大;用于转速很高,轴、孔温度差很大的滑动轴承;要求大公差、大间隙的外露部分;要求装配极方便的配合
H9/d9	D9/h9	间隙很大;用于转速较高、轴颈压力较大,精度要求不高的滑动轴承
H8/f7	F8/h7	间隙不大;用于中等转速、中等轴颈压力、有一定精度要求的一般滑动轴承;要求装配方便的中等定位精度的配合
H7/g6	G7/h6	间隙很小;用于低速转动或轴向移动的精密定位的配合;需要精确定位又经常装拆的不动配合
H7/h6 H8/h7 H9/h9 H11/h11	H7/h6 H8/h7 H9/h9 H11/h11	最小间隙为零;用于间隙定位配合,工作时一般无相对运动;也用于高精度低速轴向移动的配合;公差等级由定位精度决定

续表 3.12

| 优先配合 | | 选用说明 |
基孔制	基轴制	
H7/k6	K7/h6	平均间隙接近于零;用于要求装拆的精密定位配合
H7/n6	N7/h6	较紧的过度配合;用于一般不拆卸的更精密定位的配合
H7/p6	P7/h6	过盈很小;用于要求定位精度很高,配合刚性好的配合;不能只靠过盈传递载荷
H7/s6	S7/h6	过盈适中;用于靠过盈传递中等载荷的配合
H7/u6	U7/h6	过盈较大;用于靠过盈传递较大载荷的配合;装配时需加热孔或冷却轴

3. 选择配合种类时应考虑的主要因素(Main factors considered when selecting fit type)

在选择配合时,还要综合考虑以下一些因素。

(1)孔和轴的定心精度(Centering precision of hole and shaft)

当相互配合的孔、轴定心精度要求高时,不宜用间隙配合,多用过渡配合和过盈配合。

(2)受载荷情况(Load situations)

若载荷较大,对过盈配合过盈量要增大,对过渡配合要选用过盈概率大的过渡配合。

(3)拆装情况(Disassembly and assembly situations)

经常拆装的孔和轴的配合比不经常拆装的配合要松些,有时零件虽然不经常拆装,但受结构限制装配困难的配合,也要选松一些的配合。

(4)配合件的材料(Fit part material)

当配合件中有一件是铜或铝等塑性材料时,因它们容易变形,故选择配合时可适当增大过盈或减小间隙。

(5)装配变形(Assembly deformation)

对于一些薄壁套筒的装配,还要考虑到装配变形的问题。如图 3.18 所示,套筒外表面与机座孔的配合为过盈配合(ϕ80H7/u6),套筒内孔与轴的配合为间隙配合(ϕ60H7/f6)。当套筒压入机座孔后,套筒内孔会收缩,使内孔变小,因而就无法满足 ϕ60H7/f6 预定的间隙要求。在选择套筒内孔与轴的配合时,此变形量应给予考虑。具体办法有两个,一是将内孔做大些,以补偿装配变形;二是用工艺措施来保证,将套筒压入机座孔后,再按 ϕ60H7/f6 加工套筒内孔。

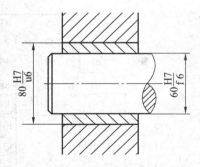

图 3.18 具有装配变形的结构

(6)工作温度(Working temperature)

当工作温度与装配温度相差较大时,选择配合时要考虑到热变形的影响。

(7)生产类型(Production type)

在大批量生产时,加工后的尺寸通常按正态分布。但在单件小批量生产时,多采用试切法,加工后孔的尺寸多偏向最小极限尺寸,轴的尺寸多偏向最大极限尺寸。这样,对同一配合,单件小批量生产比大批量生产总体上就显得紧一些。因此,在选择配合时,对同一使用要求,单件小批量生产时采用的配合应比大批量生产时要松一些。例如大批量生产时的配合为 $\phi50H7/js6$,则在单件小批量生产时应选择 $\phi50H7/h6$。

综上所述在选择配合时,应根据零件的工作条件,综合考虑以上各因素的影响,对配合的间隙或过盈的大小进行适当的调整。

3.4.5　一般、常用和优先的公差带与配合
（General,common and preferred tolerance zone and fit）

1. 一般、常用和优先的公差带（General,common and preferred tolerance zone）

国家标准 GB/T 1800.1—2009 规定了 20 个公差等级和 28 种基本偏差,如将任一基本偏差与任一标准公差组合,在公称尺寸 ≤ 500 mm 范围内,孔公差带有 20 × 27 + 3（J6、J7、J8）= 543 个,轴公差带有 20 × 27 + 4（j5、j6、j7、j8）= 544 个。这么多的公差带都使用显然是不经济的,因为它必然导致定值刀具和量具规格的繁多。

为此,国家标准规定了一般、常用和优先的轴公差带共 116 种,如图 3.19 所示。图中方框内的 59 种为常用公差带,圆圈内的 13 种为优先公差带。同时也规定了一般、常用和优先的孔公差带共 105 种,如图 3.20 所示。图中方框内的 44 种为常用公差带,圆圈内的 13 种为优先公差带。

选用公差带时,应按优先、常用、一般公差带的顺序选取,若一般公差带中也没有满足要求的公差带,则按国家标准规定的标准公差和基本偏差组成的公差带来选取,还可考虑用延伸和插入的方法来确定新的公差带。

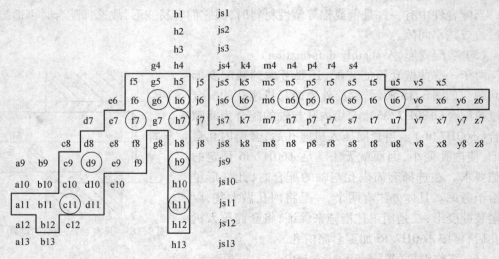

图 3.19　一般、常用和优先的轴公差带　（摘自 GB/T 1801—2009）

2. 常用和优先的配合（Common and preferred fit）

在上述推荐的孔、轴公差带基础上,国家标准还推荐了孔、轴公差带的组合。对于基孔制配合,规定有 59 种常用配合,对于基轴制配合,规定有 47 种常用配合。在此基础上,又从中各选取了 13 种优先配合。表 3.13 为基孔制优先、常用配合,表 3.14 为基轴制优先、常用配合。

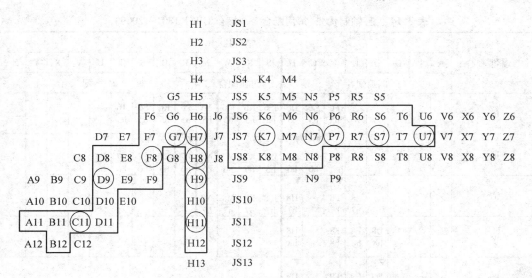

图 3.20　一般、常用和优先的孔公差带　（摘自 GB/T 1801—2009）

表 3.13　基孔制优先、常用配合　（摘自 GB/T 1801—2009）

基准孔	轴																				
	a	b	c	d	e	f	g	h	js	k	m	n	p	r	s	t	u	v	x	y	z
	间隙配合								过渡配合				过盈　配合								
H6						$\frac{H6}{f5}$	$\frac{H6}{g5}$	$\frac{H6}{h5}$	$\frac{H6}{js5}$	$\frac{H6}{k5}$	$\frac{H6}{m5}$	$\frac{H6}{n5}$	$\frac{H6}{p5}$	$\frac{H6}{r5}$	$\frac{H6}{s5}$	$\frac{H6}{t5}$					
H7						$\frac{H7}{f6}$▽	$\frac{H7}{g6}$	$\frac{H7}{h6}$▽	$\frac{H7}{js6}$	$\frac{H7}{k6}$	$\frac{H7}{m6}$	$\frac{H7}{n6}$▽	$\frac{H7}{p6}$▽	$\frac{H7}{r6}$	$\frac{H7}{s6}$▽	$\frac{H7}{t6}$	$\frac{H7}{u6}$▽	$\frac{H7}{v6}$	$\frac{H7}{x6}$	$\frac{H7}{y6}$	$\frac{H7}{z6}$
H8					$\frac{H8}{e7}$	$\frac{H8}{f7}$▽	$\frac{H8}{g7}$	$\frac{H8}{h7}$▽	$\frac{H8}{js7}$	$\frac{H8}{k7}$	$\frac{H8}{m7}$	$\frac{H8}{n7}$	$\frac{H8}{p7}$	$\frac{H8}{r7}$	$\frac{H8}{s7}$	$\frac{H8}{t7}$	$\frac{H8}{u7}$				
				$\frac{H8}{d8}$	$\frac{H8}{e8}$	$\frac{H8}{f8}$		$\frac{H8}{h8}$													
H9			$\frac{H9}{c9}$	$\frac{H9}{d9}$▽	$\frac{H9}{e9}$	$\frac{H9}{f9}$		$\frac{H9}{h9}$▽													
H10			$\frac{H10}{c10}$	$\frac{H10}{d10}$				$\frac{H10}{h10}$													
H11	$\frac{H11}{a11}$	$\frac{H11}{b11}$	$\frac{H11}{c11}$▽	$\frac{H11}{d11}$				$\frac{H11}{h11}$▽													
H12		$\frac{H12}{b12}$						$\frac{H12}{h12}$													

注：① $\frac{H6}{n5}$、$\frac{H7}{p6}$ 在公称尺寸 ≤ 3 mm 和 $\frac{H8}{r7}$ 在公称尺寸 ≤ 100 mm 时，为过渡配合。

② 标注 ▽ 的配合为优先配合。

表 3.14　基轴制优先、常用配合 （摘自 GB/T 1801—2009）

基准轴	孔																				
	A	B	C	D	E	F	G	H	JS	K	M	N	P	R	S	T	U	V	X	Y	Z
	间隙配合								过渡配合				过盈配合								
h5						F6/h5	G6/h5	H6/h5	JS6/h5	K6/h5	M6/h5	N6/h5	P6/h5	R6/h5	S6/h5	T6/h5					
h6						▼F7/h6	G7/h6	▼H7/h6	JS7/h6	K7/h6	M7/h6	▼N7/h6	▼P7/h6	R7/h6	▼S7/h6	T7/h6	▼U7/h6				
h7					E8/h7	F8/h7		H8/h7	JS8/h7	K8/h7	M8/h7	N8/h7									
h8				D8/h8	E8/h8	F8/h8		H8/h8													
h9				▼D9/h9	E9/h9	F9/h9		▼H9/h9													
h10				D10/h10				H10/h10													
h11	A11/h11	B11/h11	▼C11/h11	D11/h11				▼H11/h11													
h12		B12/h12						H12/h12													

注:标注 ▼ 的配合为优先配合。

3.4.6　线性尺寸的未注公差

（Tolerance for linear dimensions without individual tolerance indications）

　　线性尺寸的未注公差(一般公差)是指在车间普通工艺条件下,机床设备的一般加工能力可保证的公差称为一般公差。在正常维护和操作情况下,它代表车间的一般的经济加工精度。线性尺寸一般公差主要用于较低精度的配合尺寸,采用一般公差的尺寸,在该尺寸后不注出极限偏差。只有当要素的功能允许一个比一般公差更大的公差,且采用该公差比一般公差更为经济时,其相应的极限偏差才要在尺寸后注出。

　　采用一般公差的尺寸时,在该尺寸后不标注极限偏差或其他代号(故亦称未注公差),而且在正常情况下一般可不检验。除另有规定外,即使检验出超差,但若未达到损害其功能时,通常不应拒收。

　　规定一般公差且不标注其极限偏差数值,可以有以下好处:

　　(1)简化制图,使图样清晰。

　　(2)节省设计时间,设计人员不必逐一考虑一般公差的公差值。

　　(3)简化产品的检验要求。

　　(4)突出了图样上标注公差的重要要素,以便在加工和检验时引起重视。

　　(5)便于供需双方达成协议,避免不必要的争议。

国家标准 GB/T 1804—2000 对线性尺寸的一般公差规定了四个公差等级,它们分别是精密级 f、中等级 m、粗糙级 c、最粗级 v。对适用尺寸也采用了较大的分段,具体数值见表 3.15。f、m、c、v 四个等级分别相当于 IT12、IT14、IT16、IT17。倒圆半径与倒角高度尺寸的极限偏差数值见表 3.16。

由表 3.15 和表 3.16 可见,不论是孔和轴还是长度尺寸,其极限偏差的极值都采用对称分布的公差带,这样使用更方便,概念更清晰,数值更合理。

表 3.15　线性尺寸的未注极限偏差的数值　（摘自 GB/T 1804—2000）　　mm

公差等级	尺寸分段							
	0.5 ~ 3	3 ~ 6	6 ~ 30	30 ~ 120	120 ~ 400	400 ~ 1 000	1 000 ~ 2 000	2 000 ~ 4 000
f(精密级)	± 0.05	± 0.05	± 0.1	± 0.15	± 0.2	± 0.3	± 0.5	—
m(中等级)	± 0.1	± 0.1	± 0.2	± 0.3	± 0.5	± 0.8	± 1.2	± 2
c(粗糙级)	± 0.2	± 0.3	± 0.5	± 0.8	± 1.2	± 2	± 3	± 4
v(最粗级)	—	± 0.5	± 1	± 1.5	± 2.5	± 4	± 6	± 8

表 3.16　倒圆半径与倒角高度尺寸的极限偏差数值　（摘自 GB/T 1804—2000）　　mm

公差等级	尺寸分段			
	0.5 ~ 3	3 ~ 6	6 ~ 30	> 30
f(精密级)	± 0.2	± 0.5	± 1	± 2
m(中等级)				
c(粗糙级)	± 0.4	± 1	± 2	± 4
v(最粗级)				

采用 GB/T 1804—2000 规定的一般公差,在图样、技术文件或标准中用该标准号加公差等级符号表示。例如,当选用中等级 m 时,表示为

$$GB/T1804—2000 - m$$

此时表明该图样上凡未直接注出公差的所有线性尺寸,包括倒角与倒圆和角度尺寸均按中等级 m 加工和检查。

3.4.7　配合选择实例
（Example of choosing fit）

【例 3.5】　有一孔、轴配合,公称尺寸为 $\phi40$ mm,要求配合的间隙为 0.022 ~ 0.066 mm。试确定此配合的孔、轴公差带和配合代号。

解　(1)选择基准制。由于没有特殊的要求,所以应优先选用基孔制配合,即孔的基本偏差代号为 H。

(2)确定孔、轴公差等级。由给定条件可知,此孔、轴配合为间隙配合,其允许的配合公差为

$$T_\mathrm{f} = X_\mathrm{max} - X_\mathrm{min} = 0.066 - 0.022 = 0.044\ (\mathrm{mm})$$

因为 $T_\mathrm{f} = T_\mathrm{D} + T_\mathrm{d} = 0.044\ \mathrm{mm}$,假设孔与轴为同级配合,则

$$T_\mathrm{D} = T_\mathrm{d} = T_\mathrm{f}/2 = (0.044/2)\ \mathrm{mm} = 0.022\ \mathrm{mm} = 22\ \mathrm{\mu m}$$

由表 3.3 可知,22 $\mathrm{\mu m}$ 介于 IT6 = 16 $\mathrm{\mu m}$ 和 IT7 = 25 $\mathrm{\mu m}$ 之间,而在这个公差等级范围内,国家标准要求孔比轴低一级的配合,于是取孔公差等级为 IT7,轴公差等级为 IT6,则

$$\mathrm{IT6} + \mathrm{IT7} = 0.016 + 0.025 = 0.041\ (\mathrm{mm}) \leqslant T_\mathrm{f}$$

（3）确定轴的基本偏差代号。由于采用的是基孔制配合,故孔的基本偏差代号为 H7,孔的基本偏差为 EI = 0。

孔的另一个极限偏差为

$$\mathrm{ES} = \mathrm{EI} + T_\mathrm{D} = 0 + 0.025 = +0.025\ (\mathrm{mm})$$

则孔为 $\phi 40\mathrm{H7}\left({}^{+0.025}_{0}\right)\mathrm{mm}$。

根据 $X_\mathrm{min} = \mathrm{EI} - \mathrm{es} = 0.022\ \mathrm{mm}$,又因为 EI = 0,所以轴的上极限偏差 es = $-X_\mathrm{min}$ = $-0.022\ \mathrm{mm}$,且 es 是基本偏差。查表 3.5,选最接近于 $-0.022\ \mathrm{mm}$ 的 es,得 es = $-0.025\ \mathrm{mm}$,对应的轴的基本偏差代号为 f,即轴为 f6。

轴的另一个极限偏差为

$$\mathrm{ei} = \mathrm{es} - T_\mathrm{d} = -0.025 - 0.016 = -0.041\ (\mathrm{mm})$$

则轴为 $\phi 40\mathrm{f6}\left({}^{-0.025}_{-0.041}\right)\mathrm{mm}$。

（4）选择的配合为 $\phi 40\mathrm{H7}\left({}^{+0.025}_{0}\right)/\mathrm{f6}\left({}^{-0.025}_{-0.041}\right)\mathrm{mm}$。

（5）验算

$$X_\mathrm{max} = \mathrm{ES} - \mathrm{ei} = 0.025 - (-0.041) = +0.066\ (\mathrm{mm})$$
$$X_\mathrm{min} = \mathrm{EI} - \mathrm{es} = 0 - (-0.025) = +0.025\ (\mathrm{mm})$$

因此,满足要求。图 3.21 为尺寸公差带图。

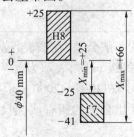

图 3.21　例 3.5 尺寸公差带图

3.5　尺寸精度检测
(Dimensional precision testing)

在生产中为了保证零件的尺寸精度和互换性,除了必须按照国家标准的规定进行尺寸精度设计外,还要求加工后的零件的尺寸必须控制在极限尺寸范围内。为此,国家标准又规定了相应的检验标准作为技术保证。

国家标准规定了两种检验方法:一种是用通用计量器具测量,如用游标卡尺、千分尺

等,测量零件的实际尺寸是否超出尺寸公差所允许的极限;另一种是用光滑极限量规检验。

孔、轴实际尺寸通常使用通用计量器具按两点法进行测量,测得结果获得的是孔、轴实际尺寸的具体数值。

对于采用包容要求(第 4 章详细论述)的孔、轴,它们的实际尺寸和几何误差的综合结果可以使用光滑极限量规进行检验,检验的结果可以判断实际孔、轴合格与否,但不能获得孔、轴实际尺寸和几何误差的具体数值。量规使用极为方便,检验效率高,因而在大批量生产中得到广泛应用。

3.5.1　用通用计量器具测量
（Measurement by common measuring instrument）

1. 孔、轴实际尺寸的验收极限(Acceptance limit for hole and shaft actual size)

由于存在测量误差,测量孔、轴所得的实际尺寸并非真实尺寸,即真实尺寸 = 测得的实际尺寸 ±测量误差。在生产中,特别是在批量生产时,一般不可能采用多次测量取平均值的办法来减小随机误差以提高测量精度,也不会对温度、湿度等环境因素引起的测量误差进行修正,通常只进行一次测量来判断零件尺寸是否合格。因此,若根据实际尺寸是否超出极限尺寸来判断其合格性,即以孔、轴的极限尺寸作为孔、轴尺寸的验收极限。则当测得值在零件最上、最下极限尺寸附近时,就有可能将真实尺寸处于公差带之内的合格品判为废品,称为误废,产生误废或将真实尺寸处于公差带之外的废品判为合格品,称为误收,误收会影响产品质量。因此,在测量零件尺寸时,必须正确确定验收极限。

为了保证产品质量,国家标准 GB/T 3177—2009 对验收原则、验收极限和测量器具的选择以及仲裁等作出了规定,以保证验收合格的尺寸位于根据零件功能要求而确定的尺寸极限内。该标准适用于车间使用的普通计量器具(如各种千分尺、游标卡尺、比较仪、投影仪等),公差等级 IT6 ~ IT18,公称尺寸至 500 mm 的光滑工件尺寸检验以及图样上注出极限偏差的尺寸和一般公差(未注公差)尺寸的检验。

2. 计量器具的选择(Selection of measuring instrument)

计量器具的选择除了必须考虑被测工件的特性和测量的经济性(如零件的批量、设备条件等) 外,另一个重要的方面是计量器具的精度指标,以保证检验结果的准确性,因此,应根据被测零件的公差大小来选择。被测零件的公差等级越高(数值小),公差值越小,则所选计量器具的精度越高,反之,则应降低。

GB/T 3177—2009 规定的验收原则是:所用验收方法应只接收位于规定的尺寸极限之内的零件,即允许有误废而不允许有误收。为了保证零件既满足互换性要求,又将误废减至最小,国家标准规定了验收极限。

验收极限是指检验零件尺寸时判断其尺寸合格与否的尺寸界限。国家标准规定了两种验收极限方式,并明确了相应的计算公式。

(1) 方式一:内缩的验收极限(Strict acceptance limit)

内缩的验收极限是从规定的最大实体极限尺寸(MMS) 和最小实体极限尺寸(LMS)

分别向零件公差带内移动一个安全裕度(A)来确定,如图 3.22 所示。

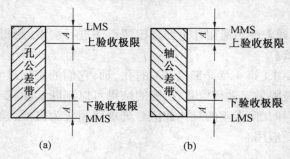

图 3.22　内缩的验收极限

A 值选择大,易于保证产品质量,但生产公差减小过多,误废率相应增大,加工的经济性差。A 值选择小,加工经济性好,但为了保证较小的误收率,就要提高对计量器具精度的要求,给选择计量器具带来了困难。因此,国家标准规定 A 值按零件公差(T)的 1/10 确定,其数值见表 3.17。

① 孔尺寸的验收极限。

上验收极限 = 最小实体尺寸(LMS) – 安全裕度(A)

下验收极限 = 最大实体尺寸(MMS) + 安全裕度(A)

② 轴尺寸的验收极限。

上验收极限 = 最大实体尺寸(MMS) – 安全裕度(A)

下验收极限 = 最小实体尺寸(LMS) + 安全裕度(A)

由于验收极限向零件的公差带内移动,为了保证验收时合格,在生产时零件不能按原来极限尺寸加工,应按由验收极限所确定的范围生产,这个范围称为"生产公差",即

生产公差 = 上验收极限 – 下验收极限

表 3.17　安全裕度(A)与测量器具的测量不确定度允许值(u_1)（摘自 GB/T 3177—2009）　μm

公差等级	IT6					IT7					IT8					IT9				
公称尺寸 /mm	T	A	u_1			T	A	u_1			T	A	u_1			T	A	u_1		
大于 / 至			I	II	III			I	II	III			I	II	III			I	II	III
0 / 3	6	0.6	0.54	0.9	1.4	10	1.0	0.9	1.5	2.3	14	1.4	1.3	2.1	3.2	25	2.5	2.3	3.8	5.6
3 / 6	8	0.8	0.72	1.2	1.8	12	1.2	1.1	1.8	2.7	18	1.8	1.6	2.7	4.1	30	3.0	2.7	4.5	6.8
6 / 10	9	0.9	0.81	1.4	2.0	15	1.5	1.4	2.3	3.4	22	2.2	2.0	3.3	5.0	36	3.6	3.3	5.4	8.1
10 / 18	11	1.1	1.0	1.7	2.5	18	1.8	1.7	2.7	4.1	27	2.7	2.4	4.1	6.1	43	4.3	3.9	6.5	9.7
18 / 30	13	1.3	1.2	2.0	2.9	21	2.1	1.9	3.2	4.7	33	3.3	3.4	5.0	7.4	52	5.2	4.7	7.8	12
30 / 50	16	1.6	1.4	2.4	3.6	25	2.5	2.3	3.8	5.6	39	3.9	3.5	5.9	8.8	62	6.2	5.6	9.3	14
50 / 80	19	1.9	1.7	2.9	4.3	30	3.0	2.7	4.5	6.8	46	4.6	4.1	7.0	10	74	7.4	6.7	11	17
80 / 120	22	2.2	2.0	3.3	5.0	35	3.5	3.2	5.3	7.9	54	5.4	4.9	8.1	12	87	8.7	7.8	13	20
120 / 180	25	2.5	2.3	3.8	5.6	40	4.0	3.6	6.0	9.0	63	6.3	5.7	9.5	14	100	10	9.0	15	23
180 / 250	29	2.9	2.6	4.3	6.5	46	4.6	4.1	6.9	10	72	7.2	6.5	11	16	115	12	10	17	26
250 / 315	32	3.2	2.9	4.8	7.2	52	5.2	4.7	7.8	12	81	8.1	7.3	12	18	130	13	12	19	29
315 / 400	36	3.6	3.2	5.4	8.1	57	5.7	5.1	8.4	13	89	8.9	8.0	13	20	140	14	13	21	32
400 / 500	40	4.0	3.6	6.0	9.0	63	6.3	5.7	9.5	14	97	9.7	8.7	15	22	155	16	14	23	35

续表 3.17 μm

公差等级		IT10					IT11					IT12				IT13			
公称尺寸/mm		T	A	u₁			T	A	u₁			T	A	u₁		T	A	u₁	
大于	至			I	II	III			I	II	III			I	II			I	II
0	3	40	4.0	3.6	6.0	9.0	60	6.0	5.4	9.0	14	100	10	9.0	15	140	14	13	21
3	6	48	4.8	4.3	7.2	11	75	7.5	6.8	11	17	120	12	11	18	180	18	16	27
6	10	58	5.8	5.2	8.7	13	90	9.0	8.1	14	20	150	15	14	23	220	22	20	33
10	18	70	7.0	6.3	11	16	110	11	9.9	17	25	180	18	16	27	270	27	24	41
18	30	84	8.4	7.6	13	19	130	13	12	20	29	210	21	19	32	330	33	30	50
30	50	100	10	9.0	15	23	160	16	14	24	36	250	25	23	38	390	39	35	59
50	80	120	12	11	18	27	190	19	17	29	43	300	30	27	45	460	46	41	69
80	120	140	14	13	21	32	220	22	20	33	50	350	35	32	53	540	54	49	81
120	180	160	16	15	24	36	250	25	23	38	56	400	40	36	60	630	63	57	95
180	250	185	18	17	28	42	290	29	26	44	65	460	46	41	69	720	72	65	110
250	315	210	21	19	32	47	320	32	29	48	72	520	52	47	78	810	81	73	120
315	400	230	23	21	35	52	360	36	32	54	81	570	57	51	80	890	89	80	130
400	500	250	25	23	38	57	400	40	36	60	90	630	63	57	95	970	97	87	150

（2）方式二：不内缩的验收极限（Easy acceptance limit）

不内缩的验收极限等于规定的最大实体极限（MMS）和最小实体极限（LMS），即 A 值等于零，如图 3.23 所示。

验收极限方式的选择要结合尺寸功能要求及其重要程度、尺寸公差等级、测量不确定度和工艺过程能力等因素综合考虑，具体考虑如下。

① 对遵守包容要求的尺寸、公差等级高的尺寸，其验收极限按上述方式一确定。

图 3.23　不内缩的验收极限

② 当工艺过程能力指数 $C_p \geqslant 1$ 时，其验收极限可以按上述方式二确定，但对遵守包容要求的尺寸，其最大实体极限一边的验收极限仍应按上述方式一确定。

工艺过程能力指数 C_p 是零件公差值 T 与加工设备工艺过程能力 $C\sigma$ 之比值。C 是常数，零件尺寸遵循正态分布时，$C = 6$；σ 是加工设备的标准偏差，$C_p = T/6\sigma$。

③ 对偏态分布的尺寸，其验收极限可以仅对尺寸偏向的一边按上述方式一确定。

④ 对非配合和一般公差的尺寸，其验收极限按上述方式二确定。

（3）计量器具的选用原则（Selection principle for measuring instrument）

计量器具的精度既影响检验工作的可靠程度，又决定了检验工作的经济性。因此，在选择计量器具时，要综合考虑计量器具的技术指标和经济指标，在保证零件性能质量的前提下，还要综合考虑加工和检验的经济性。具体考虑时要注意：

① 选择计量器具应与被测零件的外形、位置、尺寸的大小及被测参数特性相适应，使所选计量器具的测量范围能满足零件的要求。

② 选择计量器具应考虑零件的尺寸公差，使所选计量器具的测量不确定度值既能保证测量精度要求，又能符合经济性要求。

选择计量器具应使所选用的计量器具的测量不确定度等于或小于标准规定的测量器

具的测量不确定度允许值 u_1 值。

（4）测量不确定度 u（Measurement uncertainty u）

对于任何测量，即使是最完善最精密的测量，也只能接近"真值"，不可能准确知道其测量误差。测量不确定度 u 是对测量结果与被测量的"真值"趋近程度的评定结果，是表明测量质量的重要标志，是一个与测量结果有关并表征由于被测量而产生的值的分散性的参数，该参数可用标准偏差 σ 或若干倍标准偏差（2σ、3σ）表示。

（5）由计量器具引起的测量不确定度允许值 u_1（Measurement uncertainty permissible value u_1 caused by measuring instrument）

计量器具的测量不确定度允许值 u_1 是选择计量器具的依据，其值的大小反映了允许检验用的计量器具的最低精度的高低。u_1 值越大，允许选用计量器具的精度越低，反之精度越高。u_1 的数值按 IT 公差等级的尺寸分段给出，见表 3.17。表中 Ⅰ、Ⅱ、Ⅲ 档是按测量能力，即测量不确定度 u 与工件公差 T 的比值大小，由高至低分档，Ⅰ 档为 1/10，Ⅱ 档为 1/6，Ⅲ 档为 1/4。由于公差等级越低，达到较高的测量能力越容易，因此对 IT12 至 IT18 仅规定 Ⅰ、Ⅱ 两档数值。分档给出是为了满足各类尺寸检测时对计量器具的选择。

（6）测量器具的测量不确定度允许值 u_1 的选择（Selection of the measurement uncertainty permissible value u_1 caused by measuring instrument）

计量器具的测量不确定度允许值 u_1 的选择应优先选用 Ⅰ 档，其次选用 Ⅱ 档、Ⅲ 档。这是因为，检测能力越高，即 u/T 值越小，其验收产生的误判率就越小，验收质量也越高。

表 3.18 ~ 表 3.20 给出了在车间条件下常用的千分尺、游标卡尺、比较仪和指示表的测量不确定度。

表 3.18　千分尺和游标卡尺的测量不确定度　　　　　　　　　　mm

尺寸范围		计量器具类型			
		分度值 0.01 外径千分尺	分度值 0.01 内径千分尺	分度值 0.02 游标卡尺	分度值 0.05 游标卡尺
大于	至	测量不确定度			
0	50	0.004			
50	100	0.005	0.008		0.050
100	150	0.006		0.020	
150	200	0.007			
200	250	0.008	0.013		
250	300	0.009			
300	350	0.010			0.100
350	400	0.011	0.020		
400	450	0.012			
450	500	0.013	0.025		
500	600				
600	700		0.030		
700	1 000				0.150

表 3.19　比较仪的测量不确定度　　　　　　　　　　　　　　　　　mm

尺寸范围		计量器具类型			
		分度值为 0.000 5(相当于放大倍数 2 000 倍)的比较仪	分度值为 0.001(相当于放大倍数 1 000 倍)的比较仪	分度值为 0.002(相当于放大倍数 400 倍)的比较仪	分度值为 0.005(相当于放大倍数 250 倍)的比较仪
大于	至	测量不确定度			
0	25	0.000 6	0.001 0	0.001 7	0.003 0
25	40	0.000 7			
40	65	0.000 8	0.001 1	0.001 8	
65	90	0.000 8			
90	115	0.000 9	0.001 2	0.001 9	
115	165	0.001 0	0.001 3		
165	215	0.001 2	0.001 4	0.002 0	
215	265	0.001 4	0.001 6	0.002 1	0.003 5
265	315	0.001 6	0.001 7	0.002 2	

注:测量时,使用的标准器由 4 块 1 级(或 4 等)量块组成。

表 3.20　指示表的测量不确定度　　　　　　　　　　　　　　　　　mm

尺寸范围		计量器具类型			
		分度值为 0.001 的千分表(0 级在全程范围内,1 级在 0.2 mm 内),分度值为 0.002 的千分表(在 1 转范围内)	分度值为 0.001、0.002、0.005 的千分表(1 级在全程范围内),分度值为 0.01 的百分表(0 级在任意1 mm 范围内)	分度值为 0.01 的百分表(0 级在全程范围内,1 级在任意 1 mm 内)	分度值为 0.01 的百分表(1 级在全程范围内)
大于	至	测量不确定度			
0	25	0.005	0.010	0.018	0.030
25	40				
40	65				
65	90				
90	115				
115	165	0.006			
165	215				
215	265				
265	315				

注:测量时,使用的标准器由 4 块 1 级(或 3 等)量块组成。

【例3.6】 被测零件为 $\phi30h8\left(^{\ 0}_{-0.033}\right)$ⓔ 的轴,试确定其验收极限并选择适当的测量器具。

解 (1)由表3.17查得安全裕度 $A = 3.3$ μm,因为此零件尺寸遵守包容要求,应按方式一的原则确定极限,则

$$上验收极限 = \phi30 - 0.003\ 3 = \phi29.996\ 7\ (mm)$$

$$下验收极限 = \phi29.967 + 0.003\ 3 = \phi29.970\ 3\ (mm)$$

$\phi30h8$ⓔ轴的尺寸公差带及验收极限如图3.24所示。

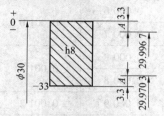

图3.24 例3.24公差带图

(2)由表3.17中按优先选用 **I** 挡的原则查得计量器具的测量不确定度允许值 $u_1 = 3.4$ μm。由表3.19查得分度值为0.002 mm的比较仪,在尺寸范围大于 25 ~ 40 mm 内,不确定度数值为 0.001 7 mm,因0.001 7 < $u_1 = 0.003\ 4$,故可满足使用要求。

3.5.2 用光滑极限量规检验
(Testing by plain limit gauge)

1. 光滑极限量规(Plain limit gauge)

光滑极限量规是一种没有刻度线的定值专用量具,它不能确定零件的实际尺寸,只能确定零件尺寸是否处于规定的极限尺寸范围内。因量规结构简单,制造容易,使用方便,因此广泛应用于成批大量生产中,如图3.25所示。

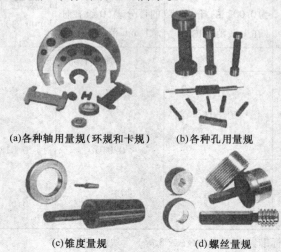

(a)各种轴用量规(环规和卡规)   (b)各种孔用量规

(c)锥度量规   (d)螺丝量规

图3.25 常用量规

光滑极限量规有塞规和卡规(或环规)。其中,塞规是孔用极限量规,它的通规是根据孔的最小极限尺寸确定的,作用是防止孔的作用尺寸小于孔的最小极限尺寸;止规是按孔的最大极限尺寸设计的,作用是防止孔的实际尺寸大于孔的最大极限尺寸。卡规是轴用量规,它的通规是按轴的最大极限尺寸设计的,其作用是防止轴的作用尺寸大于轴的最大极限尺寸;止规是按轴的最小极限尺寸设计的,其作用是防止轴的实际尺寸小于轴的最小极限尺寸,轴用量规也可以用环规,如图3.26所示。

光滑极限量规的国家标准是GB 1957—2006,它适用于国家标准 GB/T 1800—2009 规定的公称尺寸至 500 mm,公差等级 IT6 ~ IT16 的采用包容要求的孔与轴的检验。

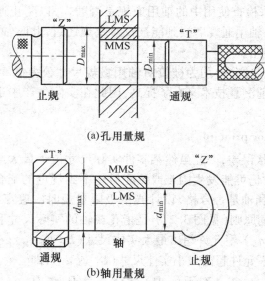

图 3.26　孔用量规和轴用量规

极限量规按用途不同分为如下 3 种。

(1)工作量规(Warking gauge)

工作量规是指零件在加工中,操作工人检验时所使用的量规,通常应使用新的或磨损量较少的量规,其代号分别为通规"T",止规"Z"。

(2)验收量规(Acceptance gauge)

验收量规是指检验部门或用户代表在验收产品时所使用的量规。在我国量规标准中,没有单独规定验收量规的公差带。主要规定:检验部门应使用磨损较多(但未超出磨损极限)的通规;用户代表应使用接近零件最大实体尺寸的通规,以及接近零件最小实体尺寸的止规。

(3)校对量规(Check gauge)

校对量规是指检验轴用工作量规在制造过程中是否符合制造公差要求和在使用过程中是否超出磨损极限所用的量规,分为以下三种。

① 校通-通(Check gauge TT)。

代号是 TT,用在轴用通规制造时,以防止通规尺寸小于其最小极限尺寸(等于轴的最大实体尺寸)。检验时,这个校对塞规应通过轴用通规,否则应判断该轴用通规不合格。

② 校止-通(Check gauge ZT)。

代号是"ZT",用在轴用止规制造时,以防止止规尺寸小于其最小极限尺寸(等于轴的最小实体尺寸)。检验时,这个校对塞规应通过轴用止规,否则应判断该轴用止规不合格。

③ 校通-损(Check gauge TS)。

代号是"TS",用来检查使用中的轴用通规是否磨损,以防止通规超过工件的最大实体尺寸。检验时,如果轴用通规磨损到能被校对塞规通过,此时轴用通规应予报废;若不被通过,则仍可继续使用。

三种校对量规的尺寸公差均为被校对轴用量规尺寸公差的 50%。由于校对量规精度高,制造困难,而目前测量技术又有了提高,因此在实际生产中逐步用量块或计量仪器代替校对量规。

2. 泰勒原则(Taylor principle)

由于零件存在形状误差,因此虽然某零件实际尺寸位于最大与最小极限尺寸范围之内,但该零件在装配时仍可能发生困难或装配后达不到规定的配合要求。为了准确地评定遵守包容要求的孔和轴是否合格,设计光滑极限量规时应遵守泰勒原则(极限尺寸判断原则)的规定。泰勒原则(见图 3.27)是指孔或轴的实际尺寸和形状误差综合形成的体外作用尺寸(D_{fe} 或 d_{fe})不允许超出最大实体尺寸(D_M 或 d_M),在孔或轴任何位置上的实际尺寸(D_a 或 d_a)不允许超出最小实体尺寸(D_L 或 d_L),即

$$对于孔,D_{fe} \geq D_{min},且 D_a \leq D_{max}$$
$$对于轴,d_{fe} \leq d_{max},且 d_a \geq d_{min}$$

式中　　D_{max} 与 D_{min} —— 孔的最大与最小极限尺寸;

　　　　d_{max} 与 d_{min} —— 轴的最大与最小极限尺寸。

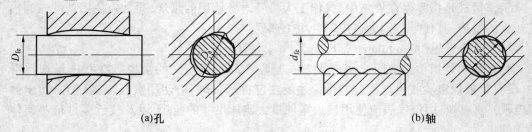

(a)孔　　　　　　　　　　　　　　　(b)轴

图 3.27　孔、轴体外作用尺寸 D_{fe}、d_{fe} 与实际尺寸 D_a、d_a

包容要求是从设计的角度出发,反映对孔、轴的设计要求。而泰勒原则是从验收的角度出发,反映对孔、轴的验收要求。从保证孔与轴的配合性质的要求来看,两者是一致的。

当用光滑极限量规检验零件时,对符合泰勒原则的量规要求如下:

通规应设计成全形的,即其测量面应具有与被测孔或轴相对应的完整表面,其尺寸应

等于被测孔或轴的最大实体尺寸,其长度应与被测孔或轴的配合长度一致;止规应设计成两点式的,其尺寸应等于被测孔或轴的最小实体尺寸。

选用量规结构形式时,必须考虑零件结构、大小、产量和检验效率等,图 3.28 给出了量规的形式。

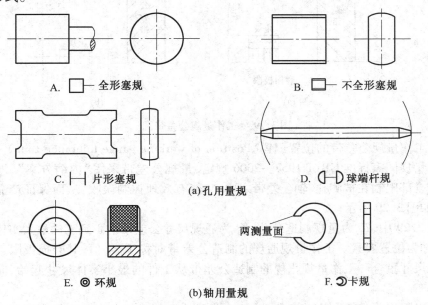

图 3.28　孔、轴用量规的形式

但在实际应用中,极限量规常偏离上述原则。例如,为了用标准化的量规,允许通规的长度小于结合面的全长;对于尺寸大于 100 mm 的孔,用全形塞规通规很笨重,不便使用,允许用不全形塞规;环规、通规不能检验正在顶尖上加工的零件及曲轴,允许用卡规代替;检验小孔的塞规、止规,常用便于制造的全形塞规;刚性差的零件,由于考虑受力变形,也常用全形塞规或环规。必须指出只有在保证被检验零件的形状误差不致影响配合性质的前提下,才允许使用偏离极限尺寸判断原则的量规。

3. 工作量规公差带(Tolerance zone of working gauge)

(1) 工作量规公差带的大小 —— 制造公差、磨损公差(Size of working gauge tolerance zone-manufacturing tolerance and wearing tolerance)

量规是一种精密检验工具,制造量规和零件一样,不可避免地会产生误差,故必须规定制造公差。量规制造公差的大小决定了量规制造的难易程度。

工作量规通规在工作时,要经常通过被检验零件,其工作表面不可避免地会产生磨损,为了使通规具有一定的使用寿命,需要留出适当的磨损储量,因而,工作量规通规除规定制造公差外,还需规定磨损公差。磨损公差的大小,决定了量规的使用寿命。

对于工作量规止规,由于它工作时不通过零件,磨损很少,因此不留磨损储量,即止规不规定磨损公差。

综上所述,工作量规通规公差由制造公差 T_1 和磨损公差两部分组成,而工作量规止规公差只由制造公差组成,如图 3.29 所示。

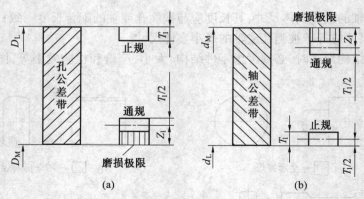

图 3.29　工作量规公差带图

（2）工作量规公差带的位置配置（Position of working gauge tolerance zone）

我国量规国家标准 GB/T 1957—2006 规定，量规公差带采用"内缩方案"，即将量规的公差带全部限制在被测孔、轴公差带之内，它能有效地控制误收，从而保证产品质量与互换性，如图 3.29 所示。

在图 3.29 中，T_1 为量规制造公差，Z_1 为通规尺寸公差带中心到工件最大实体尺寸间的距离，称为位置要素。工作量规通规的制造公差带对称于 Z_1 值，其磨损极限与零件的最大实体尺寸重合。工作量规止规的制造公差带从工件的最小实体尺寸起始，向零件公差带内分布。

测量极限误差一般取为被测孔、轴尺寸公差的 1/10 ～ 1/6。对于标准公差等级相同而公称尺寸不同的孔、轴，这个比值基本相同。随着孔、轴标准公差等级的降低，这个比值逐渐减小。量规尺寸公差带的大小和位置就是按照这一原则规定的。

GB/T 1957—2006 规定了公称尺寸至 500 mm、公差等级 IT6 至 IT16 的孔与轴所用的工作量规的制造公差 T_1 和通规位置要素 Z_1 值，见表 3.21。

（3）工作量规的几何公差（Geometrical tolerance of working gauge）

量规的几何公差与量规的尺寸公差之间的关系，应遵守包容要求，即量规的几何公差应在量规的尺寸公差范围内，并规定量规几何公差为量规尺寸公差的 50%。考虑到制造和测量的困难，当量规尺寸公差小于 0.002 mm 时，其几何公差取为 0.001 mm。

根据工作量规尺寸公差等级的高低和公称尺寸的大小，工作量规测量面的表面粗糙度 Ra 通常为 0.025 ～ 0.4 μm，具体见表 3.22。

表 3.21　IT6～IT12 级工作量制造公差和通规位置要素值（摘自 GB/T 1957—2006）

μm

工作基本尺寸 D、d/mm	IT6			IT7			IT8			IT9			IT10			IT11			IT12		
	孔或轴的公差值	T_1	Z_1	孔或轴的公差值	T_1	Z_1	孔或轴的公差值	T_1	Z_1	孔或轴的公差值	T_1	Z_1	孔或轴的公差值	T_1	Z_1	孔或轴的公差值	T_1	Z_1	孔或轴的公差值	T_1	Z_1
≤3	6	1.0	1.0	10	1.2	1.6	14	1.6	1.6	25	2.0	3	40	2.4	4	60	3	6	100	4	9
3～6	8	1.2	1.4	12	1.4	2.0	18	2.0	2.0	30	2.4	4	48	3.0	5	75	4	8	120	5	11
6～10	9	1.4	1.6	15	1.8	2.4	22	2.4	3.2	36	2.8	5	58	3.6	6	90	5	9	150	6	13
10～18	11	1.6	2.0	18	2.0	2.8	27	2.8	4.0	43	3.4	6	70	4.0	8	110	6	11	180	7	15
18～30	13	2.0	2.4	21	2.4	3.4	33	3.4	5.0	52	4.0	7	84	5.0	9	130	7	13	210	8	18
30～50	16	2.4	2.8	25	3.0	4.0	39	4.0	6.0	62	5.0	8	100	6.0	11	160	8	16	250	10	22
50～80	19	2.8	3.4	30	3.6	4.6	46	4.6	7.0	74	6.0	9	120	7.0	13	190	9	19	300	12	26
80～120	22	3.2	3.8	35	4.2	5.4	54	5.4	8.0	87	7.0	10	140	8.0	15	220	10	22	350	14	30
120～180	25	3.8	4.4	40	4.8	6.0	63	6.0	9.0	100	8.0	12	160	9.0	18	250	12	25	400	16	35
180～250	29	4.4	5.0	46	5.4	7.0	72	7.0	10.0	115	9.0	14	185	10.0	20	290	14	29	460	18	40
250～315	32	4.8	5.6	52	6.0	8.0	81	8.0	11.0	130	10.0	16	210	12.0	22	320	16	32	520	20	45
315～400	36	5.4	6.2	57	7.0	9.0	89	9.0	12.0	140	11.0	18	230	14.0	25	360	18	36	570	22	50
400～500	40	6.0	7.0	63	8.0	10.0	97	10.0	14.0	155	12.0	20	250	16.0	28	400	20	40	630	24	55

表 3.22　工作量规测量面的表面粗糙度 Ra 值　（摘自 GB/T 1957—2006）

工作量规	工件量规的公称尺寸 /mm		
	小于或等于 120	大于 120、小于或等于 315	大于 315,小于或等于 500
	Ra 最大允许值 /μm		
IT6 级孔用工作量规	0.05	0.10	0.20
IT6 ~ IT9 级轴用工作量规	0.10	0.20	0.40
IT7 ~ IT9 级孔用工作量规			
IT10 ~ IT12 级孔、轴用工作量规	0.20	0.40	0.80
IT13 ~ IT16 级孔、轴用工作量规	0.40	0.80	

注:校对工作量规测量面的表面粗糙度值比被校对的工作量规测量面的粗糙度值小 50%。

4. 工作量规设计计算(Design calculation of working gauge)

（1）工作量规设计计算步骤(Design calculation steps for working gauge)

① 查出被检验零件的极限偏差。

② 查出工作量规的制造公差(T_1)和通规制造公差带中心到工件最大实体尺寸的距离 Z_1 值。

③ 确定校对工作量规的制造公差(T_P)。

④ 画工作量规公差带图,计算和标注各种工作量规的极限尺寸。

（2）量规的技术要求(Technical requirements of working gauge)

国家标准 GB/T 1957—2009 规定了 IT6 ~ IT12 工作量规公差。量规的几何公差一般为量规尺寸公差的 50%。考虑到制造和测量的困难,当量规尺寸公差小于或等于 0.002 mm 时,其几何公差为 0.001 mm。

工作量规可用合金工具钢(如 Cr,CrMn,CrMnW,CrMoV)、碳素工具钢(如 $T_{10}A$、$T_{12}A$)、渗碳钢(如 15#、20#)及其他耐磨材料(如硬质合金)等材料制造,手柄一般用 Q235 钢,LY_{11} 铝等材料制造。

工作量规测量表面的硬度为应不小于 700HV(或 60HRC)。

工作量规测量面不应有锈馈、毛刺、黑斑、划痕等明显影响外观和使用质量的缺陷,其他表面也不应有锈蚀和裂纹。

【例 3.7】　计算 $\phi25K8/f7$ 配合中,检验孔与轴的各种量规的极限尺寸,并将其转换成图样标注尺寸。

解　（1）查出孔、轴的标准公差和基本偏差及极限偏差。

（2）由表 3.21 查出量规制造公差 T_1 和位置元素 Z_1。

（3）画量规公差带图,如图 3.30 所示。

（4）计算各种量规的极限尺寸。

按此步骤进行,列于表 3.23。

表 3.23　量规尺寸计算表

零件	量规	量规公差 /μm	Z_1 /μm	量规极限尺寸 /mm		量规尺寸图样标注 /mm
				最大	最小	
$\phi25H8^{+0.033}_{0}$	通规	3.4	5	$\phi25.0067$	$\phi25.0033$	$\phi25^{+0.0067}_{+0.0033}$
	止规	3.4	—	$\phi25.0330$	$\phi25.0296$	$\phi25^{+0.0330}_{+0.0096}$
$\phi25f7^{-0.020}_{-0.041}$	通规	2.4	3.4	$\phi24.9778$	$\phi24.9754$	$\phi25^{-0.0222}_{-0.0246}$
	止规	2.4	—	$\phi24.9614$	$\phi24.9590$	$\phi25^{-0.0386}_{-0.0410}$
校对量规	IT	1.2	—	$\phi24.9766$	$\phi24.9754$	$\phi25^{-0.0234}_{-0.0246}$
	ZT	1.2	—	$\phi24.9602$	$\phi24.9590$	$\phi25^{-0.0398}_{-0.0410}$
	TS	1.2	—	$\phi24.9800$	$\phi24.9788$	$\phi25^{-0.0200}_{-0.0212}$

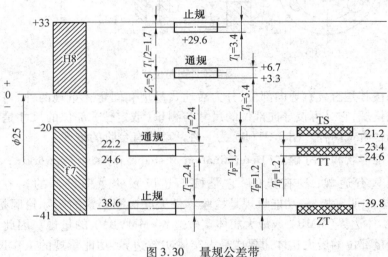

图 3.30　量规公差带

3.5.3　位置量规

（Overview of functional gauge）

功能量规（又称综合量规）是检验被测要素相应的实际轮廓是否超越规定边界的通过件量规，它只有通规没有止规。虽然它不能测量实际尺寸和几何误差的具体数值，但能直接、准确、迅速地反映被测实际轮廓上的尺寸和几何误差的综合效应，判断是否满足设计要求，并能有效地保证零件的装配互换性。测量量规的检验原型是通过模拟零件最大实体状态或实效状态下的理想边界，来控制零件实际几何参数误差，以满足零件装配互换性的要求。

几何公差标注中，若采用了相关要求，则检测时应按控制边界原则进行，功能量规可起一个边界作用，适用于平行度、垂直度、倾斜度、同轴度、对称度和位量度等位置公差项目且采用了相关要求的情形。

1. 功能量规特点（Characteristics of function gauge）

某一端盖类零件，其零件图及其公差要求如图 3.31（a）所示，由于采用了相关要求，要用功能量规检验，图 3.31（b）即为检验该零件位置度要求的量规。由图可见，量规上有测量部位和定位部位,为了便于测量或定位,有时还设有导向部位。其外形与零件的被测要素和基准要素相对应,测量部位是检验零件被测要素的部位,定位部位是模拟体现零件基准的部位,导向部位就是为了便于测量(或定位)所设置的引导部位,这三部分又统称为量规的工作部位。

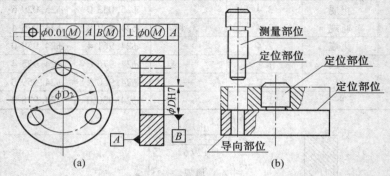

图 3.31　端盖零件图与位置量规

功能量规按其是否具有导向部位,分为活动式量规和固定式量规两种。具有导向部位的为活动式量规,它又可按导向部位的尺寸与测量(或定位)部位的尺寸是否一致,分为无台阶式和台阶式两种。图 3.31(b)为一种活动式有台阶的量规。

2. 工作部位形状和尺寸确定(Determination of shape and size for working area)

功能量规只有通规,没有止规,它是按不超极限的原理设计的。在国家标准 GB 8069—1998 中明确指出:功能量规是检验零件关联被测要素的实际轮廓是否超越规定边界(最大实体边界(MMB)或最大实体实效边界(MMVB))的量规。因此,功能量规的形状体现测量部位的最大实体边界或最大实体实效边界,功能量规的工作尺寸体现测量部位的最大实体尺寸(MMS)或最大实体实效尺寸(MMVS)。

功能量规各工作部位的设计原则如下:

(1)测量部位的形状和尺寸应和被测要素的形状和尺寸相对应。如图 3.31(b)中测量部位相对被测孔为一圆柱销,其基本尺寸是被测要素的最大实体实效尺寸或最大实体尺寸。

(2)定位部位的形状和尺寸应和基准要素的形状和尺寸相对应　如图 3.31 中模拟 A 基准平面的定位部位为平面,模拟 B 基准的定为面为一圆柱销,该定位销的基本尺寸为基准要素的最大实体实效尺寸成最大实体尺寸。

(3)导向部位的形状和尺寸是按量规结构的类型确定的。形状一般与测量(或定位)部位完全一致,对无台阶式,其尺寸等于测量(或定位)部位的尺寸;对台阶式,则由设计者按量规结构确定,一般比测量(或定位)部位尺寸小(或大)2 ~ 4 mm。

3.5.4　在线检测与计算机质量控制

(On-line testing and computer aided quality control)

近年来,由于柔性制造系统(FMS)和计算机集成制造系统(CIMS)的不断开发和应用,计算机辅助质量控制(CAQC)也有了相应的发展,其主要组成部分为计算机辅助检验

（CAI）和计算机辅助试验（CAT）。这是计算机与传感器相结合的产物,使在线检测和控制的应用日益普及。

在线质量控制系统,可以采用具有实时能力的小型或微型计算机作为控制用计算机,如图 3.32 所示。系统将产品或加工过程的特征值或尺寸参数送到计算机与控制标准进行比较,如需要就发出一个新的调整信息给加工过程,以满足质量控制要求。

机械加工零件的质量不论几何参数或表面层的物理性质（如残余应力、硬化层等）都与其加工设备和过程状态有密切关系。传统生产中的质量检测大多是离线进行的,属于事后测量或检验,是一种被动的质量控制。一旦发现问题,不合格品已经造成,不能起到预测和预报作用,不能防止不合格品的发生。而采用质量控制预测可通过检测手段对一系列加工

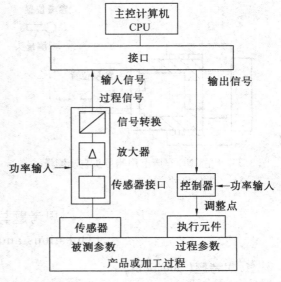

图 3.32　计算机在线质量控制系统

后的零件顺序进行测量和数据处理,使之不仅能判断已完工的零件是否合格,且对下一个即将获得的零件质量进行预测,使系统的控制装置对预测结果作出反应,从而积极主动地防止不合格品的出现。为了进行质量控制预测,必须选择适当和可靠的判据作为评定系统是否正常的依据。在大批量生产中,可采用零件的几何尺寸为判据,而在 CNC 或 FMS 中,由于零件多变,批量不大,一般以刀具耐用度为判据。

1. 以零件的几何尺寸为判据（Criterion based on parts geometrical size）

通常在自动化机床上用三维测头,在 FMS 柔性加工系统中配置坐标测量机或专门的检测工作站进行在线尺寸自动测量等,均以尺寸为判据,同时用计算机进行数据处理以完成质量控制预测工作。在 CNC 车床上用三维测头对零件孔尺寸进行自动测量,此加工系统如图 3.33 所示。测量头在计算机控制下,由参考位置进入测量点,计算机记录测量结果并进行处理,测量头自动复位。图中的箭头为测量头中心移动的方向。

2. 以刀具磨损为判据（Criterion based on amount of tool wear）

在加工中心或柔性制造系统中,加工零件的批量较小,故采用直接测量零件尺寸为质量预测判据来调整机床较困难,较好的办法是以刀具磨损为预测加工质量的评定依据。镗刀磨损直接测量如图 3.34 所示。刀具首先被停在测量位置,然后将测量装置移近刀具,并将与刀具接触,磨损传感器从刀柄的参考表面上测取读数,刀刃与参考表面间两次相邻的读数变化即表示刀具磨损值,测量过程和测量值的计算过程均由计算机控制完成。

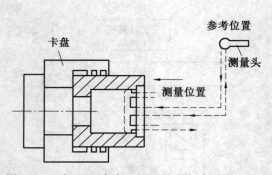

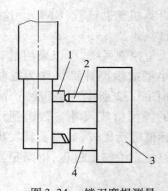

图 3.33　在 CNC 车床上用测量头自动测量
　　　　零件尺寸

图 3.34　镗刀磨损测量
1— 参考表面;2— 磨损传感器;
3— 测量装置;4— 刀具触头

<h2 style="text-align:center">思考题与习题</h2>
<h3 style="text-align:center">(Questions and exercises)</h3>

1.思考题(Questions)

3.1　公称尺寸、极限尺寸、极限偏差和尺寸公差的含义是什么？它们之间的相互关系如何？在公差带图上怎样表示？

3.2　什么是公差因子？在公称尺寸至 500 mm 范围内,IT5 ~ IT8 的标准公差因子是如何规定的？

3.3　什么是标准公差？国家标准中规定了多少个公差等级？怎样表达？

3.4　怎样解释偏差和基本偏差？为什么要规定基本偏差？国家标准中规定了哪些基本偏差？如何表示？孔、轴的基本偏差是如何规定的？

3.5　什么是基孔制配合？什么是基轴制配合？它们各用什么代号表示？选用不同的基准制对使用要求有无影响？为什么？

3.6　什么是配合？有哪几类配合？各类配合是如何定义的？各用于什么场合？

3.7　选用公差与配合主要应解决哪几方面的问题？解决各问题的基本方法和原则是什么？

3.8　为什么要规定一般、常用和优先公差带及常用和优先配合？设计时应如何选用？

3.9　什么是一般公差？线性尺寸的一般公差规定几级精度？在图样上如何表示？

3.10　用量规检验零件时,为什么总是成对使用？被检零件合格的标志是什么？

2.习题(Exercises)

3.1　根据习题 3.1 表中的已知数据填表:

习题 3.1 表   mm

公称尺寸	上极限尺寸	下极限尺寸	上极限偏差	下极限偏差	公差
孔 $\phi 8$	8.040	8.025			
轴 $\phi 60$				− 0.060	0.046
孔 $\phi 30$		30.020			0.130
轴 $\phi 50$			− 0.050	− 0.112	

3.2　根据习题 3.2 表中的已知数据填表：

习题 3.2 表   mm

公称尺寸	孔			轴			X_{max} 或 Y_{min}	X_{min} 或 Y_{max}	X_{av} 或 Y_{av}	T_f
	ES	EI	T_D	es	ei	T_d				
$\phi 25$		0				0.021	+ 0.074		+ 0.057	
$\phi 14$		0				0.010		− 0.012	+ 0.002 5	
$\phi 45$			0.025	0				− 0.050	− 0.029 5	

3.3　已知两根轴，第一根轴直径为 $\phi 10$ mm，公差值为 22 μm，第二根轴直径为 $\phi 70$ mm，公差值为 30 μm，试比较两根轴加工的难易程度。

3.4　用查表法确定下列各配合的孔、轴的极限偏差，计算极限间隙或过盈、平均间隙或过盈、配合公差和配合类别，画出公差带图。

（1）$\phi 20H8/f7$；（2）$\phi 14H7/r6$；（3）$\phi 30M8/h7$；（4）$\phi 45JS6/h5$

3.5　有一孔、轴配合，公称尺寸为 40 mm，要求配合的间隙为（+ 0.025 ~ + 0.066）mm，试用计算法确定孔、轴的公差带代号。

3.6　已知公称尺寸为 80 mm 的一对孔、轴配合，要求过盈为（− 0.025 ~ − 0.110）mm，采用基孔制配合，试确定孔、轴的公差带代号。

3.7　习题 3.7 图所示为钻床夹具简图，1 为钻模板，2 为钻头，3 为定位套，4 为钻套，5 为工件。根据习题 3.7 表列的已知条件选择配合种类，并填入表中。

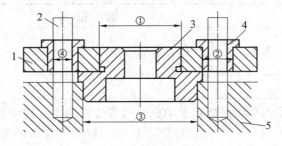

图 3.7

习题 3.7 表

配合部位	已知条件	配合种类
①	有定心要求,不可拆联接	
②	有定心要求,可拆联结(钻套磨损后可更换)	
③	有定心要求,安装和取出定位套时有轴向移动	
④	有导向要求,且钻头能在转动状态下进入钻套	

3.8　习题 3.8 图为一机床传动轴配合图,齿轮 1 与轴 2 用键连接,与轴承 4 内圈配合的轴采用 $\phi50k6$,与轴承外径配合的基座 6 采用 $\phi110J7$,试选用 ①、②、③ 处的配合代号,填入习题 3.8 表中(3 为挡环,5 为端盖)。

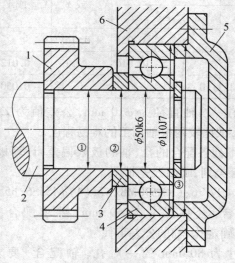

习题 3.8 图
1— 齿轮;2— 轴;3— 挡环;4— 轴承;5— 端盖;6— 基座

习题 3.8 表

配合部位	配合代号	选择理由简述
①		
②		
③		

3.9　习题 3.9 图为车床溜板箱手动机构的部分结构图。转动手轮 3 通过键带动轴 4 及轴 4 上的小齿轮,再通过轴 7 右端的齿轮 1、轴 7 以及其左端的齿轮与床身齿条(未画出)啮合,使溜板箱沿导轨作纵向移动,各配合面的基本尺寸单位为 mm:①$\phi40$;②$\phi28$;③$\phi28$;④$\phi46$;⑤$\phi32$;⑥$\phi32$;⑦$\phi18$。试选择它们的基准制、公差等级及配合种类。

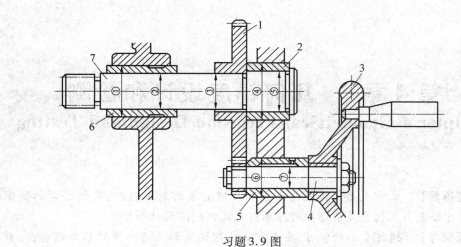

习题 3.9 图
1— 齿轮;2、5、6— 套;3— 手轮;4、7— 轴

3.10 轴类零件 $\phi 60f9$Ⓔ,试确定验收极限和选择计量器具。

3.11 孔类零件 $\phi 100H9$,工艺能力指数 $C_p = 1.3$,试确定验收极限和选择计量器具。

3.12 设计 $\phi 40G7/h6$ 配合孔、轴用工作量规的工作尺寸和偏差,并画出量规公差带图。

第4章 几何精度设计和检测
Chapter 4 Geometrical Precision Design and Testing

【内容提要】 本章主要介绍几何误差和几何公差的基本概念,几何公差的国家标准,处理尺寸公差与几何公差应遵循的原则以及几何精度设计和检测。

【课程指导】 通过本章的学习,要求掌握几何误差和几何公差的基本概念,充分了解和掌握几何公差特征项目、公差带特点和标注方法;重点掌握几何精度设计应遵循的原则和设计方法,并能正确地标注在零件图装配图上;了解几何误差的检测和评定方法。

4.1 概 述
(Overview)

由于加工设备的精度、零件和夹具的安装、切削力与机械振动、零件原材料性能等原因,零件几何要素不但产生尺寸误差,还会产生几何误差。

几何误差对机械产品的装配性能和功能有很大影响。如图4.1(a)所示,间隙配合的圆柱表面有几何误差,会影响间隙的均匀性,局部磨损加快,零件的运动精度降低,工作寿命缩短;图4.1(b)中滑块上下两工作表面是否平行会影响滑块的摩擦寿命等。因此有必要限制几何误差,进行几何精度设计。

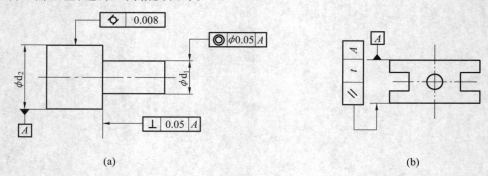

(a)   (b)

图4.1 几何误差

在机械零件图样上,几何精度用几何公差的特征项目及相应的公差值表达。

机械产品设计时,为了限制零件的几何误差,需要给出零件的几何公差,对此我国已发布了一系列几何精度标准。本章涉及的国家标准有:GB/T 18780.1—2002《产品几何量技术规范(GPS) 几何要素 第1部分:基本术语和定义》,GB/T 17851—2010《产品几何量技术规范（GPS）几何公差 基准和基准体系》，GB/T 1182—2008《产品几何量技术规范（GPS）几何公差 形状、方向、位置和跳动公差标注》，GB/T 1184—1996《形状和位置公差未注公差值》，GB/T 4249—2009《产品几何量技术规范（GPS）公差原则》，GB/T 16671—2009《产品几何量技术规范（GPS）几何公差 最大实体要求、最小实体要求和可逆要求》，GB/T 1958—2004《产品几何量技术规范（GPS）形状和位置公差 检测规定》，GB/T 17852—1999《产品几何量技术规范（GPS）形状和位置公差 轮廓尺寸和公差注法》，GB/T 13319—2003《产品几何量技术规范（GPS）几何公差 位置度公差注法》等。

4.1.1　几何要素
（Greometrical features）

几何要素是指构成零件几何特征的点、线、面。其中，点包括圆心、球心、中心点、交点等；线包括直线（平面直线、空间直线）、曲线、轴线、中心线等；面包括平面、曲面、圆柱面、圆锥面、球面、中心面等。

几何要素是对零件规定几何公差的具体对象。无论多么复杂的零件，都是由若干几何要素构成的，如图 4.2 所示的零件，可以分解为球面、球心、圆锥面、圆柱面、圆锥顶点、轴线、表面素线等几何要素。

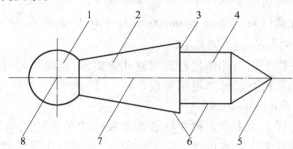

图 4.2　零件的几何要素

1— 球面；2— 圆锥面；3— 端平面；4— 圆柱面；5— 锥顶；6— 素线；7— 轴线；8— 球心

为了方便定义零件的几何公差，需要从不同角度去分析、研究零件的几何要素。

4.1.2　几何要素的分类
（Classifications of geometrical feature）

1. 按结构特征分类（Classifying geometrical feature by structure characteristics）

（1）组成要素（Integral feature）

组成要素是指构成零件外形的几何要素，即构成零件外形的点、线、面。例如图 4.2 中的球面、圆锥面、端平面、圆柱面和圆锥面、圆柱面的素线。

（2）导出要素（Derived feature）

导出要素是指组成要素的对称中心得到的中心点、中心线或中心平面。例如图 4.2 中的球面的球心和圆柱、圆锥面的轴线。

　　组成要素是客观存在的,而导出要素是假想的,导出要素依赖于组成要素的存在而存在。例如没有组成要素的球面,就不会有导出要素的球心;没有组成要素的圆柱、圆锥面,也不会有导出要素的轴线。

　　2. 按存在状态分类(Classifying geometrical feature by existing states)

　　(1) 公称组成(导出)要素 (Nominal integral (derived)feature)

　　公称组成(导出)要素是指零件在几何学意义上的几何要素,即几何的点、线、面。它们不存在任何误差,图样上表示的几何要素均是公称组成(导出)要素。

　　(2) 提取组成(导出)要素 (Extracted integral (derived)feature)

　　提取组成(导出)要素是指零件实际存在的几何要素,由于制造等原因,实际几何要素都存在一定的误差,在测量和评定时,是以实际测得的几何要素来代替提取组成(导出)要素。

　　(3) 拟合组成要素 (Associated integral feature)

　　拟合组成(导出)要素是指按规定的方法,由提取要素形成的并具有理想形状的组成要素。

　　(4) 拟合导出要素 (Associated derived feature)

　　拟合导出要素是指由一个或几个拟合组成要素导出的中心点、中心线或中心面。

　　3. 按检测关系分类(Classifying geometrical feature by testing relationship)

　　(1) 被测要素 (Toleranced feature)

　　被测要素是指图样上给出几何公差要求的几何要素,是检测的对象。在图样上,公差框格的指引线所指的几何要素即为被测要素。

　　(2) 基准要素 (Datum feature)

　　基准要素是指图样上用来确定被测要素方向或位置关系的几何要素。在检测时,基准则是用来确定被测要素方向或位置的参考对象,它是理想几何要素。在图样上,基准符号对应的几何要素即为基准要素。

　　4. 按功能关系分类(Classifying geometrical feature by function relationship)

　　(1) 单一要素(Single feature)

　　单一要素是指按本身功能要求而给出形状公差要求的被测要素。

　　(2) 关联要素 (Associated feature)

　　关联要素是指对基准要素有功能要求而给出方向、位置、跳动公差要求的被测要素。

4.1.3　几何要素定义间的相互关系
(Relationship between definitions of geometrical feature)

　　正确理解几何要素定义间的相互关系对理解和掌握几何公差相关标准以及正确进行零件几何精度设计具有非常重要的意义。

　　几何要素存在于以下三个范畴中。

　　1. 设计的范畴(Scope of design)

　　设计的范畴是指设计者对未来零件的设计意图的一些表达,包括公称组成要素、公称导出要素等。

2. 零件的范畴(Scope of workpiece)

零件的范畴是指物质和实物的范畴,包括实际组成要素、零件实际表面。

3. 检验和评定的范畴(Scope of inspection and evaluation)

通过用计量器具进行检验来表示,以提取足够的点来代表实际零件,并通过滤波、拟合、构建等操作后对照规范进行评定,包括提取组成要素、提取导出要素、拟合组成要素和拟合导出要素。

几何要素定义间的相互关系的结构如图 4.3 所示,相互关系如图 4.4 所示。

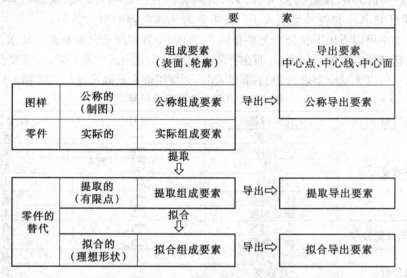

图 4.3 几何要素定义间相互关系的结构框图

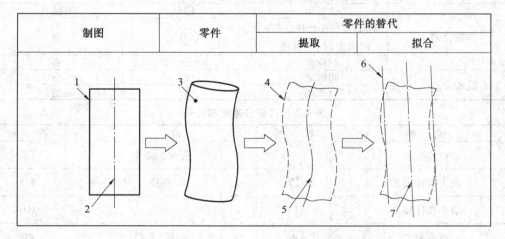

图 4.4 圆柱形表面各种要素间的关系

1— 公称组成要素;2— 公称导出要素;3— 实际要素;4— 提取组成要素;

5— 提取导出要素;6— 拟合组成要素;7— 拟合导出要素

4.2　几何公差的图样表示
(Indication of geometrical tolerance on drawing)

4.2.1　几何公差项目及其符号
(Items and symbols of geometrical tolerance)

国家标准 GB/T 1182—2008 中规定了 14 项几何公差项目,其中包括形状公差项目 6 项,方向公差项目 3 项,位置公差项目 3 项,方向和位置公差项目 2 项,跳动公差项目 2 项。几何公差项目的名称和符号见表 4.1。表 4.2 为几何公差的附加符号。

从表 4.1 中可以看出形状公差无基准要求,方向、位置和跳动公差有基准要求,线、面轮廓度公差在无基准要求时为形状公差,而在有基准要求时为方向或位置公差,位置度公差既可以有基准要求又可以无基准要求,当无基准要求时,必须用理论正确尺寸加以限制。

表 4.1　几何公差项目及符号

公差类型	几何特征	符号	有无基准
形状公差	直线度	—	无
	平面度	▱	无
	圆度	○	无
	圆柱度	⌭	无
	线轮廓度	⌒	无
	面轮廓度	⌓	无
方向公差或位置公差	线轮廓度	⌒	有
	面轮廓度	⌓	有
方向公差	平行度	∥	有
	垂直度	⊥	有
	倾斜度	∠	有
位置公差	位置度	⊕	有或无
	同心度(用于中心点) 同轴度(用于轴线)	◎	有
	对称度	⚌	有
跳动公差	圆跳动	↗	有
	全跳动	⤢	有

表 4.2　几何公差附加符号

说　明	符　号	说　明	符　号
包容要求	Ⓔ	公共公差带	CZ
最大实体要求	⌶	小径	LD
最小实体要求	Ⓛ	大径	MD
可逆要求	Ⓡ	中径、节径	PD
延伸公差带	Ⓟ	线素	LE

续表 4.2

说　明	符　号	说　明	符　号
自由状态条件(非刚性零件)	Ⓕ	不凸起	NC
全周(轮廓)	⌀⟋	任意横截面	ACS

4.2.2　几何公差的图样表示

（Indication of Geometrical tolerance on drawing）

　　一般情况下在图样上,几何公差用框格的形式标注,必要时也允许在技术要求中用文字说明。框格标注形式如图 4.5 所示,图中标注的读法如下:

同轴度:以 $\phi 28^{-0.020}_{-0.040}$ 轴线为基准,$\phi 25^{+0.013}_{-0.008}$ 与 $\phi 28^{-0.020}_{-0.040}$ 的同轴度误差 $\leqslant \phi 0.01$ mm。

圆跳动:以 $\phi 28^{-0.020}_{-0.040}$ 轴线为基准,$\phi 40$ 左端面的圆跳动误差 $\leqslant 0.02$ mm。

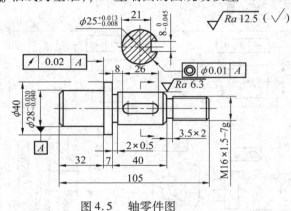

图 4.5　轴零件图

1. 几何公差框格（Geometrical tolerance frame）

　　形状公差框格由两格组成,位置公差框格由三格或多格组成,在图样中只能水平或垂直绘制。如图 4.6 所示,几何公差标注的内容包括:几何公差特征项目符号、公差值、基准符号和其他附加符号。框格中从左到右(框格垂直放置时为从下到上) 依次填写下述内容:

第 1 格　　几何公差特征项目符号。

第 2 格　　几何公差值(单位为 mm,省略不写) 和与公差数值有关的符号。如果是圆形或圆柱形公差带,在公差值前加注 ϕ;如果是球形公差带,在公差值前加注 $S\phi$。

第 3、4、5 格　　基准符号及其附加符号。

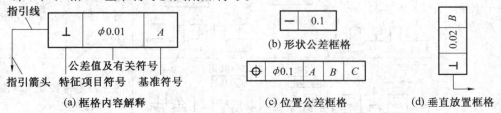

图 4.6　几何公差框格

2. 被测要素的标注 (Indication of toleranced feature)

根据被测要素的不同情况,国家标准 GB/T 1182—2008 规定了不同的标注形式,见表 4.3。

表 4.3　被测要素的标注

标注方法	举例	说明
指引线与框格的连法	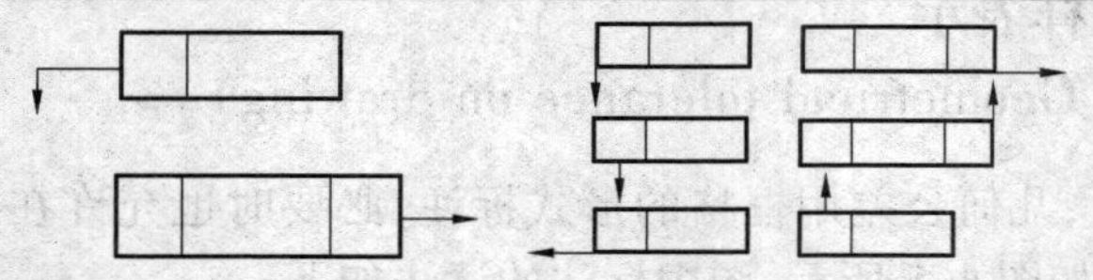	指引线一般与框格左端连接,可以曲折,但不得多于两次。右图为允许画法
被测要素是轮廓线、表面等轮廓要素	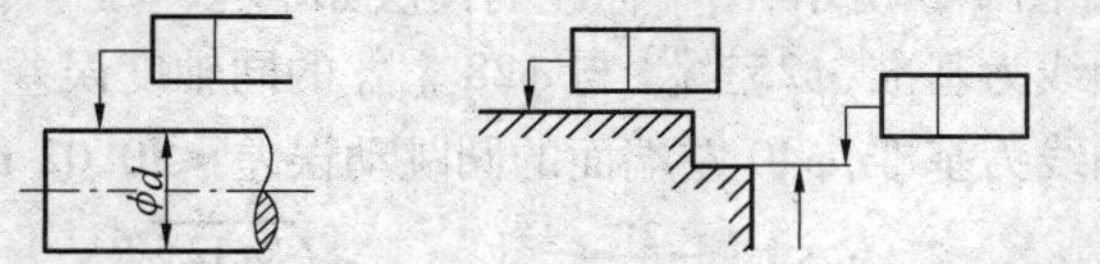	箭头必须与尺寸线明显错开,指在轮廓线或其延长线上
被测要素是轴线、中心平面等中心要素	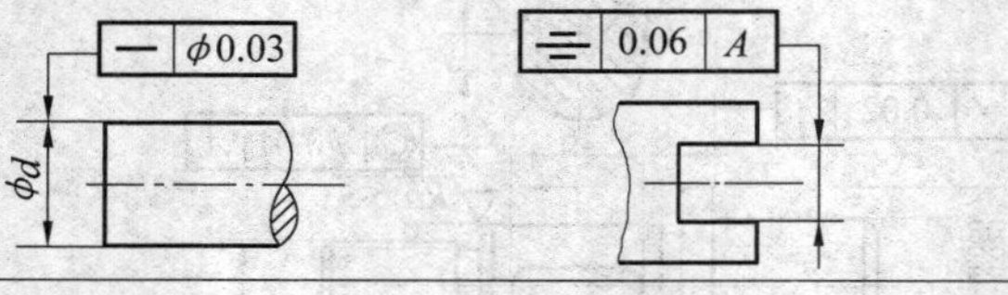	带箭头的引线必须与相关的尺寸线对齐
局部被测要素	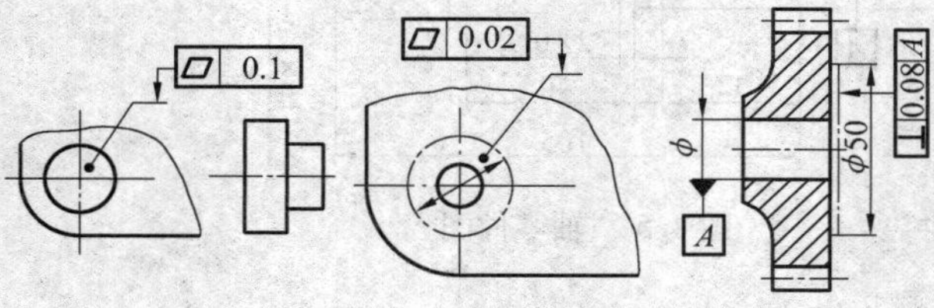	被测要素为局部实际表面,箭头可置于带点的指引线上,该点指在实际表面内 被测局部表面在图上积聚成线,用粗点划线加尺寸表示范围,箭头指向粗点划线
多个相同被测要素,有相同公差要求或一个被测要素的多项公差要求	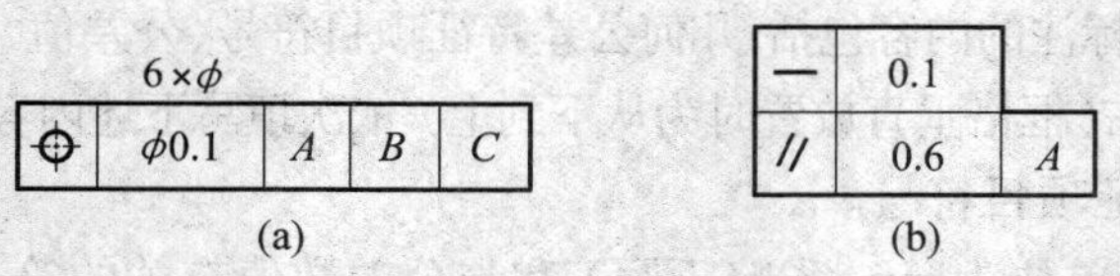	(a) 几个相同的被测要素,在框格上方标明如"6 ×"、"6 槽"等 (b) 同一要素有多项形位公差要求时,可以将两框格重叠
	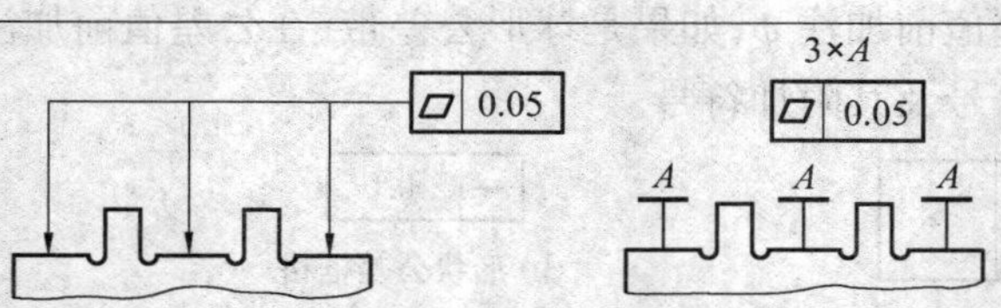	几个表面有相同数值、相同项目的公差带要求的注法
	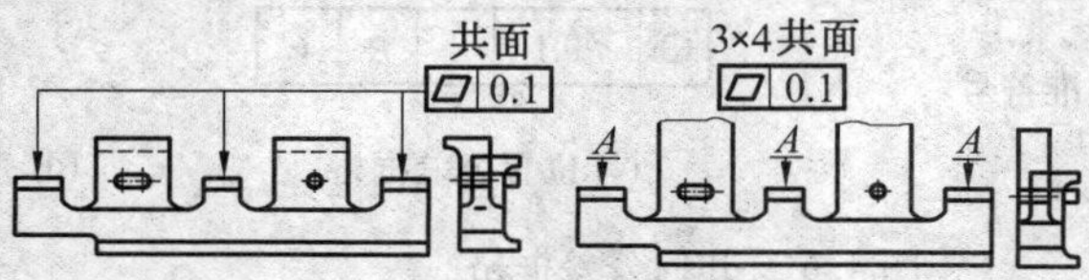	同一公差带控制几个被测要素的注法

3. 基准(Datum)

基准是确定被测要素方向或位置的依据,在图样上由相应的实际要素来体现,通常有以下几种情况。

(1) 单一基准(Single datum)

单一基准是指由一个要素确定的基准。如以一个平面、一个圆柱面的轴线作为基准,如图 4.7 所示。

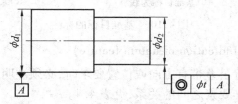

图 4.7　单一基准

(2) 公共基准(组合基准)(Commonality datum(combination dalum))

公共基准是指由两个或两个以上要素共同建立但作为一个基准使用的基准。如公共轴线、公共平面等,其表示是在几何公差框格中,将两个基准字母用短横线相连置于同一格内,如图 4.8 所示。

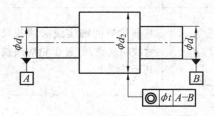
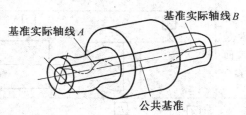

图 4.8　公共基准

(3) 三基面体系(Datum system)

当单一基准或一个独立的公共基准不能对被测要系提供完整而正确的定向或定位时,就必须引用基准体系。为了与空间直角坐标系一致,规定以 3 个相到垂直的基准平面构成一个基准体系——三基面体系。三基面体系通常用于位置度公差中,三个基准的先后顺序对于保证零件的质量非常重要,设计时应选择最重要的要素作为第一基准,如图 4.9 所示。

(4) 基准目标(Datum target)

基准目标是指在有关要素上选定某些点、线或局部表面作为基准,而不是以整个要素作为基准。

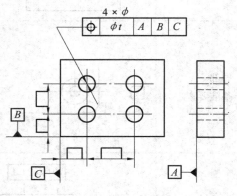

图 4.9　三基面体系

基准目标为点时,用"×"表示,如图 4.10(a) 所示;基准目标为线时,用细实线表示,并在两端标"×",如图 4.10(b) 所示;基准目标为局部表面时,用双点划线给出局部表面的轮廓,轮廓中画上45°的细实线,如图4.10(c)所示。基准目标一般在大型零件上采用。

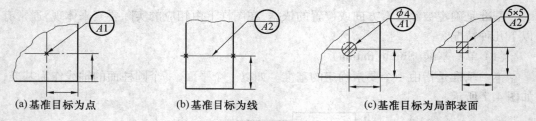

(a)基准目标为点　　　　　　(b)基准目标为线　　　　　　(c)基准目标为局部表面

图4.10　基准目标的标注

4. 基准要素的标注(Indication of datum feature)

关联被测要素的位置公差带有方向或位置要求时,必须注明基准,并在框格中用基准代号示出被测要素与基准要素之间的关系,见表4.4。

表4.4　基准要素的标注

标注方法	举例	说明
基准要素符号的画法		基准代号用空心或实心三角、细实线带大写字母的方框组成,字母和方框应水平书写
基准要素是轮廓线、表面等轮廓要素		基准代号的细实线必须与尺寸线明显错开,置于轮廓线或其延长线上
基准要素是轴线、中心平面等中心要素		基准代号的细实线必须与相关的尺寸线对齐。尺寸线的箭头可以只画一个
局部基准要素		基准要素为局部实际表面,基准代号可置于用圆点指在实际表面内的指引线上 如仅要求要素的某一部分作基准,则用粗点划线和尺寸标明范围,基准代号注在粗点划线上
任选基准		对称形状的被测要素与基准要素无法区分,按任选基准标注,用指示箭头代替空心或实心三角

4.3 几何公差带
(Geometrical tolerance zone)

4.3.1 几何公差及几何公差带的含义
(Definitions of geometical tolerance and geometrical tolerance zone)

几何公差是指实际被测要素对图样上给定的公称要素的允许变动量。它是对零件上某些要素的形状、方向、位置的技术要求,并以此来控制该要素的实际形状、方向、位置的变化,该要求是由零件的功能所决定的。因此,可以说几何公差是对要素的形状、方向、位置误差的一种控制方法,并以公差带的形式予以直接体现。

所谓公差带,即是用来控制实际要素变动的范围或区域,只要该要素的实际要素在此范围或区域内即为合格。这个区域可以是平面区域,也可以是空间区域。

几何公差带具有形状、大小、方向和位置 4 个特性,其形状取决于被测要素的理想形状、给定的几何公差特征项目和标注形式。图 4.11 给出了 3 类 9 种几何公差带的主要形状,它们都是几何图形。几何公差带的大小用它的宽度或直径来表示,由给定的公差值决定。几何公差带的方向和位置则由给定的几何公差特征项目和标注形式确定。

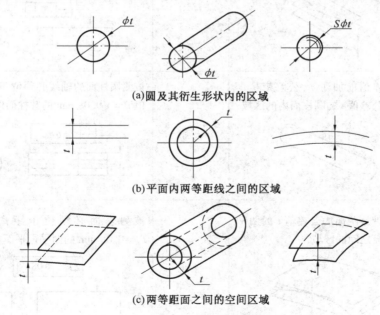

(a)圆及其衍生形状内的区域

(b)平面内两等距线之间的区域

(c)两等距面之间的空间区域

图 4.11 常用的形位公差带形状

4.3.2 形状公差带
(Form tolerance zone)

形状公差是对零件上单一实际被测要素的形状精度要求,可具体体现于形状公差带。形状公差带是指零件上单一实际被测要素允许变动的区域,它限定了零件上单一实际被测要素的形状误差。由于形状公差带不涉及基准,所以它的方向和位置都是浮动的,只有形状和大小的要求。

形状公差的项目共有 6 种:直线度、平面度、圆度、圆柱度、无基准要求的线轮廓度和无基准要求的面轮廓度,其典型形状公差带的定义和标注示例见表 4.5。

表 4.5   形状公差带定义、标注和解释

项目		公差带定义	公差带位置	图样标注和解释
直线度	给定平面	在给定平面内,公差带是距离为公差值 t 的两平行直线之间的区域	浮动	被测表面的素线必须位于平行于投影面,且距离为公差值 $t = 0.1$ mm 的两平行直线内
	给定方向	在给定方向上,公差带是距离为公差值 t 的两平行平面之间的区域	浮动	被测圆柱面的任一素线必须位于距离为公差值 $t = 0.1$ mm 的两平行平面之间
	任意方向	在公差值前加注 ϕ,公差带是直径为公差值 t 的圆柱面内的区域	浮动	被测圆柱面的轴线必须位于直径为公差值 $t = \phi 0.08$ mm 的圆柱面内
平面度		公差带是距离为公差值 t 的两平行平面之间的区域	浮动	被测表面必须位于距离为公差值 $t = 0.08$ mm 的两平行平面内

续表 4.5

项目		公差带定义	公差带位置	图样标注和解释
圆度		公差带是在任一正截面上, 半径差为公差值 t 的两同心圆之间的区域	浮动	被测圆柱面任一正截面的圆周必须位于半径差为公差值 $t = 0.03$ mm 的两同心圆之间 被测圆锥面任一正截面的圆周必须位于半径差为公差值 $t = 0.1$ mm 的两同心圆之间
圆柱度		公差带是半径差为公差值 t 的两同轴圆柱面之间的区域	浮动	被测圆柱面必须位于半径差为公差值 $t = 0.1$ mm 的两同轴圆柱面之间
线轮廓度	无基准	公差带是包络一系列直径为公差值 t 的圆的两包络线之间的区域。诸圆的圆心位于具有理论正确几何形状的线上	浮动	在平行于投影面的任一截面上, 被测轮廓线必须位于包络一系列直径为公差值 $t = \phi0.04$ mm, 且圆心位于具有理论正确几何形状的线上的两包络线之间
	有基准	无基准要求的线轮廓度公差属于形状公差 有基准要求的线轮廓度公差属于位置公差	固定	

续表 4.5

项目	公差带定义	公差带位置	图样标注和解释
面轮廓度 (无基准)	公差带是包络一系列直径为公差值 St 的球的两包络面之间的区域。诸球的球心应位于具有理论正确几何形状的面上	浮动	被测轮廓面必须位于包络一系列球的两包络面之间,诸球的直径为公差值 $t = S\phi0.02$ mm,且球心位于具有理论正确几何形状的面上的两包络面之间
面轮廓度 (有基准)	无基准要求的面轮廓度公差属于形状公差, 有基准要求的面轮廓度公差属于位置公差,	固定	

注:线、面轮廓度例图中带方框的尺寸为理论正确尺寸。理论正确尺寸是为了建立线、面轮廓度、倾斜度、位置度的公差带,用到的围以方框、不带公差的尺寸,由它确定理想的位置、轮廓或角度,零件实际尺寸仅由位置度、轮廓度、倾斜度的公差来限定。

4.3.3 方向公差带
（Orientation tolerance zone）

方向公差是对零件上关联实际被测要素对基准要素在规定方向上的精度要求。理想被测要素的方向由基准和理论正确尺寸（角度）确定,当理论正确角度 $\alpha = 0°$ 时,称为平行度公差;当理论正确角度 $\alpha = 90°$ 时,称为垂直度公差;当理论正确角度 $0° < \alpha < 90°$ 时,称为倾斜度公差。

方向公差带是指零件上关联实际被测要素允许变动的区域,由于方向公差带具有形状、大小和方向的要求,并且其位置是浮动的,因此它具有综合控制关联实际被测要素的方向和形状的职能。

如图 4.12 所示,关联实际被测要素给出方向公差后仅在对其形状精度有进一步要求时,才另行给出形状公差,而形状公差值必须小于方向公差值。

典型方向公差带的定义和标注示例见表 4.6。

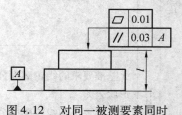

图 4.12 对同一被测要素同时给出方向公差和形状公差示例

表 4.6　定向公差公差带定义、标注和释义

项目		公差带定义	公差带位置	图样标注和解释
平行度	线对线给定方向	公差带是距离为公差值 t 且平行于基准线,位于给定方向上的两平行平面之间的区域	位置浮动方向确定	被测轴线必须位于距离为公差值 $t = 0.1$ mm,且在给定方向上平行于基准轴线 A 的两平行平面之间
	线对线任意方向	如在公差值前加注 ϕ,公差带是直径为公差值 t 且平行于基准线的圆柱面内的区域	位置浮动方向确定	被测轴线必须位于直径为公差值 $t = \phi0.03$ mm,且平行于基准轴线 A 的圆柱面内
	面对线	公差带是距离为公差值 t,且平行于基准轴线的两平行平面之间的区域	位置浮动方向确定	被测表面必须位于距离为公差值 $t = 0.05$ mm,且平行于基准轴线 A(基准轴线)的两平行平面之间
	面对面	公差带是距离为公差值 t 且平行于基准平面的两平行平面之间的区域	位置浮动方向确定	被测表面必须位于距离为公差值 $t = 0.01$ mm,且平行于基准平面 D 的两平行平面之间

续表 4.6

项目		公差带定义	公差带位置	图样标注和解释
垂直度	线对面给定方向	在给定方向上,公差带是距离为公差值 t 且垂直于基准面的两平行平面之间的区域	位置浮动方向确定	在给定方向上被测轴线必须位于距离为公差值 $t = 0.1$ mm,且垂直于基准平面 A 的两平行平面之间
	线对面任意方向	如公差值前加注 ϕ,则公差带是直径为公差值 t 且垂直于基准面的圆柱面内的区域	位置浮动方向确定	被测轴线必须位于直径为公差值 $t = \phi0.01$ mm,垂直于基准平面 A(基准平面)的圆柱面内
	面对线	公差带是距离为公差值 t 且垂直于基准线的两平行平面之间的区域	位置浮动方向确定	被测面必须位于距离为公差值 $t = 0.08$ mm,且垂直于基准线 A(基准轴线)的两平行平面之间
	面对面	公差带是距离为公差值 t 且垂直于基准面的两平行平面之间的区域	位置浮动方向确定	被测面必须位于距离为公差值 $t = 0.08$ mm,且垂直于基准平面 A 的两平行平面之间

续表 4.6

项目		公差带定义	公差带位置	图样标注和解释
倾斜度	线对线	被测线和基准线在同一平面内,公差带是距离为公差值 t 且与基准线成一给定角度的两平行平面之间的区域	位置浮动方向确定	被测轴线必须位于距离为公差值 $t = 0.08$ mm,且与 A、B 公共基准线成一理论正确角度的两平行平面之间
	线对面	如在公差值前加注 ϕ,则公差带是直径为公差值 t 的圆柱面内的区域,该圆柱面的轴线应与基准平面呈一给定的角度并平行于另一基准平面	位置浮动方向确定	被测轴线必须位于直径为公差值 $t = \phi 0.1$ mm 的圆柱面公差带内,该公差带的轴线应与基准表面 A(基准平面)呈理论正确角度 $60°$ 并平行于基准平面 B

4.3.4 位置公差带

(Location tolerance zone)

位置公差是对零件上关联实际被测要素相对基准要素在位置上的精度要求。理想被测要素的位置由基准及理论正确尺寸(长度或角度)确定;当理论正确尺寸为零,且基准要素和被测要素均为轴线时,称为同轴度公差;若基准要素和被测要素的轴线足够短,或均为中心点时称为同心度公差;当理论正确尺寸为零,基准要素或(和)被测要素为其他中心要素(中心平面)时,称为对称度公差;在其他情况下,均统称为位置度公差。

位置公差带是指零件上关联实际被测要素允许变动的区域,它一般不仅有形状和大小的要求,而且相对于基准的定位尺寸为理论正确尺寸,因此还有特定方向和位置的要求,即位置公差带的中心具有确定的理想位置,且以该理想位置来对称配置公差带。

位置公差带能自然地把同一被测要素的形状误差和方向误差控制在位置公差带范围内。例如图 4.13 所示,被测平

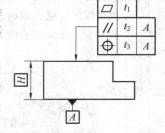

图 4.13 对同一被测要素同时给出位置、方向和形状公差

面位置度公差带,既控制实际被测平面距基准平面 A 的位置度误差,同时又自然地控制了被测平面相对于基准平面的平行度误差和被测平面的平面度误差。因此,对某一被测要素给出位置公差后,仅在对其方向精度或(和)形状精度有进一步要求时,才另行给出方向公差或(和)形状公差,而方向公差值必须小于位置公差值,形状公差值必须小于方向公差值,即对被测平面同时给出的位置度公差值 t_3、平行度公差值 t_2 和平面度公差值 t_1 之间应满足条件:$t_1 < t_2 < t_3$。

典型位置公差带的定义和标注示例见表 4.7。

表 4.7　定位公差公差带定义、标注和释义

项目		公差带定义	公差带位置	图样标注和解释
位置度	点位置度	公差带是直径为公差值 t 的圆内的区域,圆公差带的中心点的位置由相对于基准 A、B 的理论正确尺寸确定 	位置固定由基准和理论正确尺寸确定	被测圆的圆心必须位于直径为公差值 $t = \phi 0.03$ mm 的圆内,该圆的圆心位于相对基准 A、B 所确定的理想位置上
	线位置度	公差带是直径为公差值 t 的圆柱面内的区域,公差带的轴线的位置由相对于三基平面体系的理论正确尺寸确定 	位置固定由基准和理论正确尺寸确定	被测轴线必须位于直径为公差值 $t = \phi 0.08$ mm,且以相对于 A、B、C 基准表面(基准平面)的理论正确尺寸所确定的理想位置为轴线的圆柱面内
	面位置度	公差带是距离为公差值 t 且以面的理想位置为中心对称配置的两平行平面之间的区域。面的理想位置是由相对于三基面体系的理论正确尺寸确定的 	位置固定由基准和理论正确尺寸确定	被测表面必须位于距离为公差值 $t = 0.05$ mm,由以相对于基准线 A(基准轴线)和基准表面 B(基准平面)的理论正确尺寸所确定的理想位置对称配置的两平行平面之间

续表 4.7

项目	公差带定义	公差带位置	图样标注和解释
同轴度	公差带是直径为公差值 t 的圆柱面内的区域,该圆柱面的轴线与基准轴线同轴	位置固定由基准和理论正确尺寸确定	大圆柱面的轴线必须位于直径为公差值 $t = \phi 0.08$ mm 且与公共基准线 $A—B$(公共基准轴线)同轴的圆柱面内
同心度	公差带是直径为公差值 t 的圆的区域,该圆的中心在基准轴线上,并与基准轴线垂直	位置固定由基准和理论正确尺寸确定	在任意横截面内,内圆的提取(实际)中心应限定在直径等于 $\phi 0.1$,以基准点 A 为圆心的圆周内
对称度	公差带是距离为公差值 t 且相对基准的中心平面对称配置的两平行平面之间的区域	位置固定由基准和理论正确尺寸确定	被测中心平面必须位于距离为公差值 $t = 0.08$ mm,且相对于基准中心平面 A 对称配置的两平行平面之间

4.3.5 跳动公差与公差带
(Run-out and run-out tolerance zone)

跳动公差是对零件上关联实际被测要素绕基准轴线回转一周或连续回转时所允许的最大跳动量的精度要求,也就是说是基于特定的测量方法规定的具有综合性质的几何公差项目,它包括圆跳动和全跳动。

圆跳动和全跳动公差带的位置既有固定的特性,又有浮动的特性。径向圆跳动的两同心圆公差带必须在垂直于基准轴线的测量平面内,且其圆心必须在基准轴线上,但其直径可以在保持半径差等于圆跳动公差值的条件下随实际被测要素而变动;轴向(端面)圆跳动的圆柱面公差带的轴线必须在基准轴线上,但其轴向位置可以在保持其轴向宽度等于圆跳动公差值的条件下随实际被测要素而变动;径向全跳动的两同轴圆柱面公差带的轴线必须在基准轴线上,但其直径可以在保持其半径差等于全跳动公差值的条件下随实际被测要素而变动;轴向(端面)全跳动的两平行平面公差带必须垂直于基准轴线,但其轴向位置可以在保持宽度等于全跳动公差值的条件下随实际被测要素而变动。

必须注意,径向圆跳动公差带和圆度公差带虽然都是半径差等于公差值的两同心圆之间的区域,但前者的圆心必须在基准轴线上,而后者的圆心位置可以浮动;径向全跳动公差带和圆柱度公差带虽然都是半径差等于公差值的两同轴圆柱面之间的区域,但前者的轴线必须在基准轴线上,而后者的轴线位置可以浮动;端面全跳动公差带和平面度公差带虽然都是宽度等于公差值的两平行平面之间的区域,但前者必须垂直于基准轴线,而后者的方向和位置都可以浮动。

由此可见,公差带形状相同的各几何公差项目,其设计要求不一定都是相同的。只有公差带的4项特征完全相同的几何公差项目,才具有完全相同的设计要求。例如,平面度公差带和面对面的平行度公差带,虽然它们都是两平行平面之间的区域,但前者方向和位置均可浮动,后者方向固定、位置浮动。因此,它们的设计要求、加工定位、检测方法和结果处理等都是不相同的。轴向(端面)全跳动公差带和端面对轴线的垂直度公差带,不仅形状相同,而且都有垂直于基准轴线的要求,并允许其位置浮动,所以只要给定的公差值相同,则无论在图样上标注哪一个项目,都体现同样的设计要求,因而可以采取相同的加工、检测和结果处理方法。

典型跳动公差带的定义和标注示例见表4.8。

表4.8　跳动公差公差带定义、标注和释义

项目		公差带定义	公差带位置	图样标注和解释
圆跳动	端面圆跳动	公差带是在与基准轴线同轴的任一半径位置的测量圆柱面上距离为 t 的两圆之间的区域	固定	被测面围绕基准轴线 D 旋转一周时,在任一测量圆柱面内轴向的跳动量必须位于测量圆柱面上距离为公差值 $t = 0.1$ mm 的两圆之间

续表 4.8

项目		公差带定义	公差带位置	图样标注和解释
圆跳动	径向圆跳动	公差带是在垂直于基准轴线的任一测量平面内,半径差为公差值 t 且圆心在基准轴线上的两个同心圆之间的区域	固定	当被测要素围绕基准线轴 A 并同时受基准平面 B 的约束旋转一周时,在任一测量平面内的径向圆跳动量必须位于半径差为公差值 $t = 0.1$ mm 的两同心圆之间 当被测要素围绕公共基准轴线 $A—B$ 旋转一周时,在任一测量平面内的径向圆跳动量必须位于半径差为公差值 $t = 0.1$ mm 的两同心圆之间
	斜向圆跳动	公差带是在与基准同轴的任一测量圆锥面上距离为 t 的两圆之间的区域. 除另有规定,其测量方向应与被测面垂直	固定	被测面绕基准轴线 C 旋转一周时,在任一测量圆锥面上的跳动量必须位于测量圆锥面上距离为公差值 $t = 0.1$ mm 的两圆之间
全跳动	径向全跳动	公差带是半径差为公差值 t 且与基准轴线同轴的两圆柱面之间的区域	固定	被测要素围绕公共基准线 $A—B$ 做若干次旋转,并在测量仪器与工件间同时做轴向的相对移动时,被测要素上各点间的跳动量必须位于与公共基准轴线 $A—B$ 同轴距离为公差值 $t = 0.1$ mm 的两圆柱面之间。测量仪器或工件必须沿着其准轴线方向并相对于公共基准轴线 $A—B$ 移动

续表 4.8

项目		公差带定义	公差带位置	图样标注和解释
全跳动	端面全跳动	公差带是距离为公差值 t 且与基准垂直的两平行平面之间的区域 基准轴线 t	固定	被测要素围绕基准轴线 D 做若干次旋转，并在测量仪器与工件间做径向相对移动时，在被测要素上各点间的跳动量必须位于与基准轴线 D 垂直的距离为公差值 $t = 0.1$ mm 的两平行平面之间。测量仪器或工件必须沿着轮廓具有理想正确形状的线和相对于基准轴线 D 的正确方向移动 $\swarrow$ 0.1 D D

4.4   公差原则
(Tolerance principle)

公差原则就是表达尺寸(线性尺寸和角度尺寸) 公差和几何公差之间相互关系的原则。基本的公差原则是独立原则。遵循独立原则时的尺寸和几何公差均是独立的,应分别满足各自的要求。当组成(轮廓) 要素的尺寸公差与其相应的导出(中心) 要素的几何公差之间的关系有特定要求时,称为采用相关要求。采用相关要求的几何公差和尺寸公差应按规定在图样上标明。相关要求可以分为包容要求、最大实体要求和最小实体要求等。

4.4.1   有关术语和定义
(Terminology and definitions for tolerance principle)

1. 提取组成要素的局部尺寸(Local size of extracted integral featune)

一切提取组成要素上两对应点之间距离的尺寸统称为提取组成要素的局部尺寸,简称提取要素的局部尺寸,如图 4.14 所示。

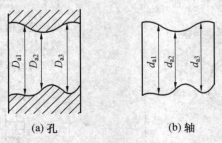

(a)孔   (b)轴

图 4.14   提取组成要素的局部尺寸

2.最大实体状态和最大实体尺寸(Maximum material condition(MMC) and maximum material size(MMS))

最大实体状态是指提取组成要素的局部尺寸处处位于极限尺寸且使其具有实体最大(即材料量最多)的状态。确定要素最大实体状态的尺寸称为最大实体尺寸。外尺寸要素(轴)的最大实体尺寸用符号 d_M 表示,它等于轴的上极限尺寸 d_{max};内尺寸要素(孔)的最大实体尺寸用符号 D_M 表示,它等于孔的下极限尺寸 D_{min}。图 4.15 和图 4.16 分别是外尺寸要素(轴)和内尺寸要素(孔)的最大实体状态及其相应的最大实体尺寸的示例。按照最大实体状态的定义,并不要求提取组成要素具有理想形状,也就是允许内、外尺寸的导出要素(中心要素)具有形状误差。

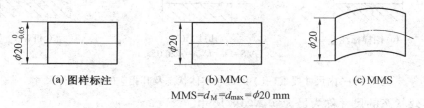

(a) 图样标注 (b) MMC (c) MMS

MMS=d_M=d_{max}=ϕ20 mm

图 4.15　外尺寸要素(轴)的最大实体状态及其相应的最大实体尺寸

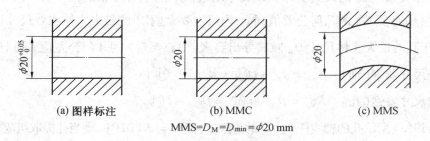

(a) 图样标注 (b) MMC (c) MMS

MMS=D_M=D_{min}=ϕ20 mm

图 4.16　内尺寸要素(孔)的最大实体状态及其相应的最大实体尺寸

3.最小实体状态和最小实体尺寸(Least material condition(LMC) and least material size(LMS))

最小实体状态是指提取组成要素的局部尺寸处处位于极限尺寸且使其具有实体最小(即材料量最少)的状态。确定要素最小实体状态的尺寸称为最小实体尺寸。外尺寸要素(轴)的最小实体尺寸用符号 d_L 表示,它等于轴的下极限尺寸 d_{min};内尺寸要素(孔)的最小实体尺寸用符号 D_L 表示,它等于孔的上极限尺寸 D_{max}。图 4.17 和图 4.18 分别是外尺寸要素(轴)和内尺寸要素(孔)的最小实体状态及其相应的最小实体尺寸的示例。按照最小实体状态的定义,并不要求提取组成要素具有理想形状,也就是允许内、外尺寸的导出要素(中心要素)具有形状误差。

4. 最大实体实效状态和最大实体实效尺寸(Maximum material conolition(MMVC) and maximum material virtual size(MMVS))

在给定长度上,提取组成要素的局部尺寸处于最大实体状态,且其导出要素(中心要素)的几何误差等于给出公差值时的综合极限状态,称为最大实体实效状态;确定要素最

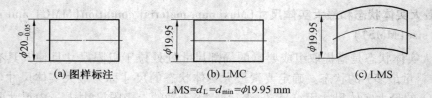

图 4.17　外尺寸要素(轴)的最小实体状态及其相应的最小实体尺寸

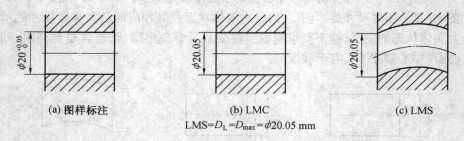

图 4.18　内尺寸要素(孔)的最小实体状态及其相应的最小实体尺寸

大实体实效状态的尺寸称为最大实体实效尺寸。

外尺寸要素(轴)的最大实体实效尺寸以 d_{MV} 表示,它等于轴的最大实体尺寸 d_M 加其导出要素(中心要素)的几何公差值 $t \circledM$;内尺寸要素(孔)的最大实体实效尺寸以 D_{MV} 表示,它等于孔的最大实体尺寸 D_M 减其导出要素(中心要素)的几何公差值 $t \circledM$,即:

对外尺寸要素(轴)　$d_{MV} = d_M + t \circledM = d_{max} + t \circledM$

对内尺寸要素(孔)　$D_{MV} = D_M - t \circledM = D_{min} - t \circledM$

图 4.19(a)所示孔的轴线任意方向的直线度公差 $t = \phi 0.02 \circledM$,则当孔提取组成要素的局部尺寸处处等于最大实体尺寸 $\phi 20$ mm(即孔处于最大实体状态),且轴线的直线度误差等于给出的公差值,即 $f = \phi 0.02$ mm 时,则该孔处于最大实体实效状态,如图 4.19(b)所示,其最大实效尺寸为:$D_{MV} = D_M - t \circledM = D_{min} - t \circledM = \phi 20 - \phi 0.02 = \phi 19.98$ mm。

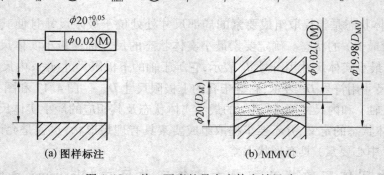

图 4.19　单一要素的最大实体实效尺寸

又如,图 4.20(a)所示 $\phi 15_{-0.05}^{\ 0}$ 轴的轴线对基准平面 A 的任意方向的垂直度公差 $t = \phi 0.02 \circledM$,轴提取组成要素的局部尺寸处处等于其最大实体尺寸 $\phi 15$ mm(即轴处于最大实体状态），且其轴线对基准 A 的垂直度误差等于给出的公差值，即 $f = \phi 0.02$ mm 时，则该轴处于最大实体实效状态，如图 4.20(b) 所示，其最大实体实效尺寸 $d_{MV} = d_M + t \circledM = d_{max} + t \circledM = 15 + 0.02 = 15.02$ mm。

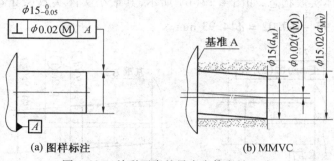

(a) 图样标注　　　(b) MMVC

图 4.20　关联要素的最大实体实效尺寸

5. 最小实体实效状态和最小实体实效尺寸（Least material virtual condition(LMVC) and least material virtual size(LMVS)）

在给定长度上，提取组成要素的局部尺寸处于最小实体状态，且其导出要素（中心要素）的几何误差等于给出公差值时的综合极限状态，称为最小实体实效状态；确定要素最小实体实效状态的尺寸称为最小实体实效尺寸。

外尺寸要素（轴）的最小实体实效尺寸以 d_{LV} 表示，它等于轴的最小实体尺寸 d_L 减其导出要素（中心要素）的几何公差值 $t \circledL$；内尺寸要素（孔）的最小实体实效尺寸以 D_{LV} 表示，它等于孔的最小实体尺寸 D_L 加其导出要素（中心要素）的几何公差值 $t \circledL$，即

对外尺寸要素（轴）　$d_{LV} = d_L - t \circledL = d_{min} - t \circledL$

对内尺寸要素（孔）　$D_{LV} = D_L + t \circledL = D_{max} + t \circledL$

图 4.21(a) 所示孔的轴线任意方向的直线度公差 $t = \phi 0.02 \circledL$，则当孔提取组成要素的局部尺寸处处等于最小实体尺寸 $\phi 20.05$ mm（即孔处于最小实体状态），且轴线的直线度误差等于给出的公差值，即 $f = \phi 0.02$ mm 时，则该孔处于最小实体实效状态，如图 4.21(b) 所示，其最小实效尺寸为：$D_{LV} = D_L + t \circledL = D_{max} + t \circledL = \phi 20.05 + \phi 0.02 = \phi 20.07$ mm。

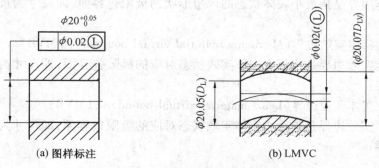

(a) 图样标注　　　(b) LMVC

图 4.21　单一要素的最小实体实效尺寸

又如,图 4.22(a) 所示 $\phi15_{-0.05}^{0}$ 轴的轴线对基准平面 A 的任意方向的垂直度公差 $t = \phi0.02①$,轴提取组成要素的局部尺寸处处等于其最小实体尺寸 $\phi14.95$ mm(即轴处于最小实体状态),且其轴线对基准 A 的垂直度误差等于给出的公差值,即 $f = \phi0.02$ mm 时,则该轴处于最小实体实效状态,如图 4.22(b) 所示,其最小实体实效尺寸 $d_{LV} = d_L - t① = d_{\min} - t① = \phi14.95 - \phi0.02 = \phi14.93$ mm。

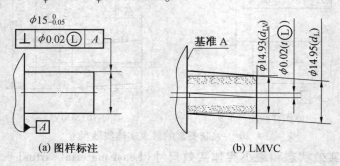

图 4.22　关联要素的最小实体实效尺寸

6. 边界(Boundary)

精度设计时,为了控制提取组成要素的局部尺寸和几何误差的综合结果,需要对该综合结果规定允许的极限,该极限用边界的形式表示。边界是由设计给定的具有理想形状的极限包容面(极限圆柱面或两平行平面)。单一要素的边界没有方向和位置的约束,而关联要素的边界应与基准保持图样上给定的几何关系。该极限包容面的直径或宽度称为边界尺寸。对于外尺寸要素(轴)来说,它的边界相当于一个具有理想形状的内尺寸要素(孔);对于内尺寸要素(孔)来说,它的边界相当于一个具有理想形状的外尺寸要素(轴)。

根据设计要求,可以给出不同的边界。当要求某要素遵守特定的边界时,该要素的实际轮廓不得超出该特定的边界。

(1)最大实体边界(Maximum material boundary,MMB)

最大实体边界是指最大实体状态的理想形状的极限包容面,即尺寸为最大实体尺寸的边界。

(2)最小实体边界(Least material boundary,LMB)

最小实体边界是指最小实体状态的理想形状的极限包容面,即尺寸为最小实体尺寸的边界。

(3)最大实体实效边界(Maximum material virtual boundary,MMVB)

最大实体实效边界是指最大实体实效状态对应的极限包容面,即尺寸为最大实体实效尺寸的边界。

(4)最小实体实效边界(Least material virtual boundary,LMVB)

最小实体实效边界是指最小实体实效状态对应的极限包容面,即尺寸为最小实体实效尺寸的边界。

4.4.2 独立原则
(Principle of independency)

独立原则就是图样上给定的每一个尺寸和几何(形状、方向或位置)要求均是独立的,应分别满足要求。此时,图样上凡是要素的尺寸公差和几何公差没有用特定的关系符号或文字说明它们有联系时,就表示它们遵守独立原则。由于图样上所有的公差中的绝大多数遵守独立原则,故独立原则是尺寸公差与几何公差相互关系遵循的基本原则。

采用独立原则时,尺寸公差仅控制提取要素的局部尺寸的变动量(把实际尺寸控制在给定的极限尺寸范围内),不控制该提取要素本身的几何误差(如圆柱要素的圆度和轴线直线度误差、平行平面要素的平面度误差)。几何公差控制实际被测要素对其理想形状、方向或位置的变动量,而与该提取要素的局部尺寸的大小无关。因此,不论提取要素的局部尺寸的大小如何,该提取要素应能全部落在给定的几何公差带内,几何误差值应不大于图样上标注的几何公差值。图 4.23 为按独立原则注出尺寸公差和圆度公差、直线度公差的示例。零件加工后,其提取要素的局部尺寸应为 φ29.979 ~ φ30 mm,任一横截面的圆度误差应不大于 0.05 mm,素线直线度误差应不大于 0.01 mm。圆度和直线度误差的允许值与零件提取要素的局部尺寸的大小无关。提取要素的局部尺寸和圆度误差、素线直线度误差皆合格,该零件才合格,其中只要有一项不合格,则该零件就不合格。

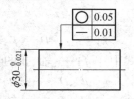

图 4.23 按独立原则注出公差的示例

被测要素采用独立原则时,其提取要素的局部尺寸用两点法测量,其几何误差使用普通计量器具来测量。

4.4.3 包容要求
(Envelope requirment)

1. 包容要求的含义和图样上的标注方法(Definition of envelope requirement and drawing indication)

包容要求适用于单一要素(如圆柱面、两平行对应面),它是指设计时应用边界尺寸为最大实体尺寸的边界(MMB),来控制单一提取要素的局部尺寸和形状误差的综合结果,要求该要素的实际轮廓不得超出这个边界,并且提取要素的局部尺寸不得超出最小实体尺寸。

图 4.24 为轴和孔的最大实体边界示例。要求轴或孔遵守包容要求时,其实际轮廓 S 应控制在最大实体边界(MMB)范围内,且其提取要素的局部尺寸 d_a 或 D_a 不应超出最小实体尺寸。

按包容要求给出尺寸公差时,需要在公称尺寸的上、下极限偏差后面或尺寸公差带代号后面标注符号 Ⓔ,如 $\phi 40^{+0.018}_{+0.002}$Ⓔ、$\phi 100H7$Ⓔ、$\phi 40k6$Ⓔ、$\phi 100H7(^{+0.035}_{0})$Ⓔ。图样上孔或轴标注了 Ⓔ,就应满足下列要求:

对于轴　　$d_a + f \leqslant d_M = d_{max}$ 　且　$d_a \geqslant d_{min}$

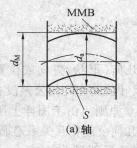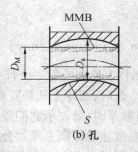

图 4.24　轴和孔的最大实体边界

对于孔　　$D_a - f \geq D_M = D_{min}$　　且　　$D_a \leq D_{max}$

式中　　f—— 轴、孔的实际几何误差；

　　　　d_a、D_a—— 轴、孔提取要素的局部尺寸；

　　　　d_M、D_M—— 轴、孔的最大实体尺寸；

　　　　D_{max}、d_{min} 和 D_{max}、d_{min}—— 轴、孔的上、下极限尺寸。

2. 按包容要求标注的图样解释(Interpretation of envelope requirement)

　　单一要素采用包容要求时,在最大实体边界范围内,该提取要素的局部尺寸和几何误差相互依赖,所允许的几何误差值完全取决于局部尺寸的大小。因此,若轴或孔提取要素的局部尺寸处处皆为最大实体尺寸,则其几何误差必须为零,才能合格。

　　例如,图 4.25(a) 的图样标注表示单一要素轴的实际轮廓不得超过最大实体边界 MMB,其尺寸为 $\phi20$ mm,即轴的最大实体尺寸(轴的上极限尺寸)。轴的局部尺寸应不小于 $\phi19.979$ mm 的最小实体尺寸(轴的下极限尺寸)。由于轴受到最大实体边界 MMB 的限制,当轴处于最大实体状态时,不允许存在形状误差(见图 4.25(b));当轴处于最小实体状态时,其轴线直线度误差允许值可达到 0.021 mm(见图 4.25(c),设轴横截面形状正确)。图 4.25(d) 给出了表达上述关系的动态公差图,该图表示直线度误差允许值 t 随轴的局部尺寸 d_a 变化的规律。

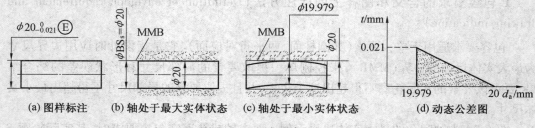

図 4.25　包容要求的解释

3. 包容要求的主要应用范围(Main application range of envelope requirment)

　　包容要求常用于保证孔、轴的配合性质,特别是配合公差较小的精密配合要求,所需的最小间隙或最大过盈通过各自的最大实体边界来保证。

4.4.4 最大实体要求
（Maximum material requirement）

最大实体要求适用于提取导出要素（中心要素），是指设计时应用边界尺寸为最大实体实效尺寸的边界（MMVB），来控制被测要素的局部尺寸和几何误差的综合结果，要求该要素的实际轮廓不得超出这个边界，并且局部尺寸不得超出极限尺寸。

图 4.26（a）为轴和孔的最大实体实效边界的示例。关联要素的最大实体实效边界应与基准保持图样上给定的几何关系，图 4.26（b）所示关联要素的最大实体实效边界垂直于基准平面 A。

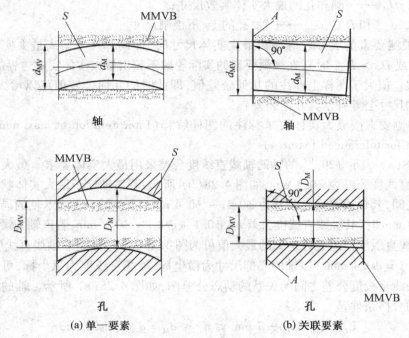

图 4.26 最大实体实效边界

当要求轴线、中心平面等提取导出要素（中心要素）的几何公差与其对应的轮廓要素（圆柱面、两平行平面等）的尺寸公差相关时，可以采用最大实体要求。

1. 最大实体要求应用于被测要素（Maximum material requirement for toteranced features）

（1）最大实体要求应用于被测要素的含义和在图样上的标注方法（Definition of Maximum material requirement for toleranced features and drawing indication method）

最大实体要求应用于被测要素时，应在被测要素几何公差框格中的公差值后面标注符号 Ⓜ，如图 4.27 所示。

图 4.27 最大实体要求在图样上的标注方法

最大实体要求主要包含下列 3 项内容：

① 图样上标注的几何公差值是被测要素处于最大实体状态时给出的公差值,并且给出控制该要素局部尺寸和几何误差的综合结果(实际轮廓)的最大实体实效边界。

② 被测要素的实际轮廓在给定长度上不得超出最大实体实效边界,且其局部尺寸不得超出极限尺寸,可用下面公式表示:

对于轴:$d_a + f \leq d_{MV} = d_{max} + t \, ⓂＭＭ$ 且 $d_{min} \leq d_a \leq d_{max}$

对于孔:$D_a - f \geq D_{MV} = D_{min} - t \, Ⓜ$ 且 $D_{min} \leq D_a \leq D_{max}$

式中 f——轴、孔的实际几何误差;

$\quad\quad d_a$、D_a——轴、孔提取要素的局部尺寸;

$\quad\quad d_{MV}$、D_{MV}——轴和孔的最大实体实效尺寸;

$\quad\quad d_{max}$、d_{min} 和 D_{max}、D_{min}——轴、孔的上、下极限尺寸。

③ 当被测要素的实际轮廓偏离最大实体尺寸时,即局部尺寸偏离最大实体尺寸时($d_a < d_{max}$ 或 $D_a > D_{min}$ 时),在被测要素的实际轮廓不超出最大实体实效边界的条件下,允许几何误差值大于图样上标注的几何公差值,即此时的几何公差值可以增大(允许用被测要素的尺寸公差补偿其几何公差)。

(2) 被测要素按最大实体要求标注的图样解释(Interpretation of maximum material requirement for toleranced features)

图 4.28(a) 表示 $\phi 20_{-0.3}^{\ 0}$ 的轴的轴线直线度公差采用最大实体要求。最大实体状态时,其轴线直线度公差为 $\phi 0.1$ mm,如图 4.28(b) 所示;若该轴处于最大实体状态与最小实体状态之间,其轴线直线度公差为 $\phi 0.1 \sim \phi 0.4$ mm,图 4.28(c) 表示轴的局部尺寸处处为 $\phi 19.9$ mm 时,其轴线直线度公差 $t = \phi 0.1 + \phi 0.1 = \phi 0.2$ mm;若该轴为最小实体状态时,其轴线直线度误差允许达到的最大值可为图 4.28(d) 中给定的轴线直线度公差 $t = \phi 0.3 + \phi 0.1 = \phi 0.4$ mm。以轴的局部尺寸为横坐标,轴线直线度为纵坐标,可以画出局部尺寸与轴线直线度公差之间的关系的动态公差图,如图 4.28(e) 所示。轴的尺寸与轴线直线度的合格条件是

$$d_L = d_{min} = \phi 19.7 \text{ mm} \leq d_a \leq d_M = d_{max} = \phi 20 \text{ mm}$$

且

$$d_a + f \leq d_{MV} = d_M + t \, Ⓜ = d_{max} + t \, Ⓜ = \phi 20.1 \text{ mm}$$

图 4.29(a) 表示 $\phi 50_{\ 0}^{+0.13}$ 孔的轴线对基准平面 A 的任意方向垂直度公差采用最大实体要求($\phi 0.08 \, Ⓜ$)。若该孔处于最大实体状态时,其轴线对基准平面 A 的任意方向垂直度公差为 $\phi 0.08$ mm,如图 4.29(b) 所示;若该孔处于最大实体状态与最小实体状态之间,其轴线对基准平面 A 的垂直度公差为 $\phi 0.08 \sim \phi 0.21$ mm,图 4.29(c) 表示轴的局部尺寸处处为 $\phi 50.07$ mm 时,其轴线对基准平面 A 的垂直度公差 $t = \phi 0.08 + \phi 0.07 = \phi 0.15$ mm;若该孔为最小实体状态(LMC) 时,其轴线对基准平面 A 的垂直度公差可达最大值,且等于其尺寸公差与给出的垂直度公差之和,即 $t = \phi 0.08 + \phi 0.13 = \phi 0.21$ mm,如图 4.29(d) 所示。图 4.29(e) 为其动态公差图,横坐标为孔的局部尺寸,纵坐标为轴线对基准平面 A 的垂直度。图 4.29(a) 所示孔的尺寸与轴线对基准平面 A 的任意方向垂直度的合格条件是

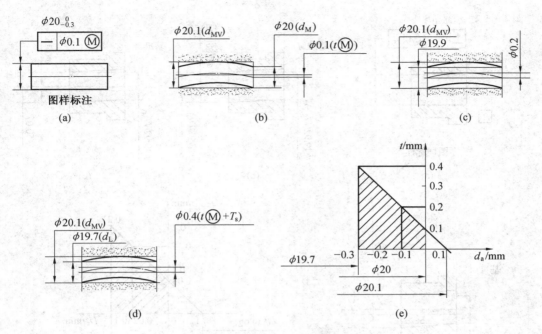

图 4.28   最大实体要求用于单一要素

$$D_L = D_{max} = \phi50.13 \text{ mm} \geqslant D_a \geqslant D_M = D_{min} = \phi50 \text{ mm}$$

且

$$D_a - f \geqslant D_{MV} = D_M - t\text{Ⓜ} = D_{min} - t\text{Ⓜ} = \phi50 - \phi0.08 = \phi49.92 \text{ mm}$$

图 4.30 为关联要素采用最大实体要求并限制最大方向误差值的示例。图 4.30(a) 的图样标注表示,上公差框格中按最大实体要求标注孔的轴线垂直度公差值 $\phi0.08$ mm,下公差框格中规定孔的轴线垂直度误差允许值应不大于 $\phi0.12$ mm。因此,无论孔的局部尺寸偏离其最大实体尺寸到什么程度,即使孔处于最小实体状态,其轴线垂直度误差值也不得大于 $\phi0.12$ mm。图 4.30(b) 给出了轴线垂直度误差允许值随孔的局部尺寸 D_a 变化的规律的动态公差图。

(3)最大实体要求的零几何公差(0 geometrical tolerance for maxcmun requirement material)

最大实体要求应用于关联要素而给出的最大实体状态下的方向公差值为零,则在方向公差框格第二格中的公差值用"$\phi0$Ⓜ"的形式注出(见图 4.31(a)),称为最大实体要求的零几何公差。在这种情况下,提取要素(被测要素)的最大实体实效边界就是最大实体边界,其最大实体实效尺寸等于最大实体尺寸。图 4.31(b) 给出了轴线垂直度误差允许值随孔的局部尺寸 D_a 变化的规律的动态公差图。

2. 最大实体要求应用于基准要素(Maximum material requirement for datum features)

最大实体要求应用于基准要素时,基准要素应遵守相应的边界。若基准要素的实际轮廓偏离其相应的边界,则允许基准要素在一定范围内浮动。

最大实体要求应用于基准要素的概念与最大实体要求应用于被测要素的概念是完全

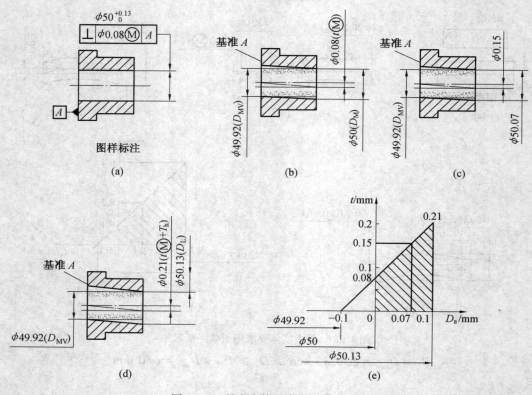

图 4.29　最大实体要求用于关联要素

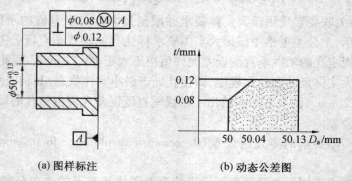

图 4.30　采用最大实体要求并限制最大位置误差值

不同的。前者是当基准要素的实际轮廓偏离相应的边界时,允许实际基准要素在理想基准要素的一定范围内浮动。从相对运动的观点来看,这也可以理解为理想基准要素相对于实际基准要素的浮动,从而允许被测要素的边界相对于实际基准要素在一定范围内浮动。由于边界尺寸没有改变,因此这种允许浮动并不相应地允许增大被测要素的几何公差值 t。在最大实体要求应用于被测要素时,如前已述,被测要素对最大实体状态的偏离,将允许几何公差值增大。

最大实体要求应用于基准要素时,基准要素应遵守的边界有两种情况。

（1）基准要素本身采用最大实体要求时（When maximum material requirement is

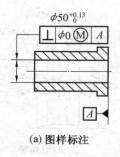

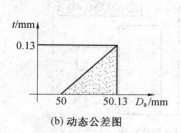

(a) 图样标注　　　　　(b) 动态公差图

图 4.31　最大实体要求的零几何公差

applied to datum feature)

基准要素本身采用最大实体要求时,应遵守最大实体实效边界。此时,基准代号应直接标注在形成该最大实体实效边界的形位公差框格下面。

所谓基准要素本身采用最大实体要求,是指基准要素本身的形状公差,或它作为第二基准或第三基准对第一基准或第一和第二基准的位置公差采用最大实体要求。

图 4.32(a) 表示最大实体要求应用于轴 $\phi 35_{-0.1}^{0}$ 的轴线相对于基准要素轴线的同轴度公差($\phi 0.1$Ⓜ)),而且最大实体要求也应用于基准要素 $A(A$Ⓜ),基准要素 A 本身的轴线直线度公差采用最大实体要求($\phi 0.2$Ⓜ))。因此,对于轴 $\phi 35_{-0.1}^{0}$ 轴线的同轴度公差,基准要素 A 应该遵守由直线度公差($\phi 0.2$Ⓜ))确定的最大实体实效边界。其边界尺寸为基准要素 A 的最大实体尺寸($\phi 70$ mm)加上采用最大实体要求的直线度公差($\phi 0.2$Ⓜ),即 $d_{MV} = d_M + t$Ⓜ$= \phi 70 + \phi 0.2 = \phi 70.2$ mm。同时,基准代号应标注在直线度公差($\phi 0.2$Ⓜ))的框格下方。

图 4.32(a) 中轴 $\phi 35_{-0.1}^{0}$ 的轴线相对于基准要素轴线的同轴度公差($\phi 0.1$Ⓜ))是该轴线及其基准要素均为其最大实体状态时给定的,当基准要素的轴线为其理论正确位置时的情况如图 4.32(c) 所示。

若该轴处于最大实体状态,基准要素也处于最大实体状态,但由于它的最大实体实效状态大于最大实体状态,因此,其轴线相对于理论正确位置可以有一些浮动,在此条件下基准轴线相对于理论正确位置具有最大浮动量($\phi 0.2$ mm),如图 4.32(d) 所示。

若该轴处于最小实体状态,基准要素也处于最小实体状态,此时,基准轴线相对于理论正确位置的浮动量可为 $\phi 0.3$ mm(基准要素的尺寸公差 $\phi 0.1$ mm 与基准轴线的直线度公差 $\phi 0.2$ mm 之和),如图 4.32(e) 所示,在此情况下同轴度误差为最大,具体数值可以根据零件的具体结构尺寸近似算出。

(2) 基准要素本身不采用最大实体要求时(When maximum material requirement is not applied to datum feature)

基准要素本身不采用最大实体要求时,应遵守最大实体边界。此时,基准代号应标注在基准的尺寸线处,其连线与尺寸线对齐。

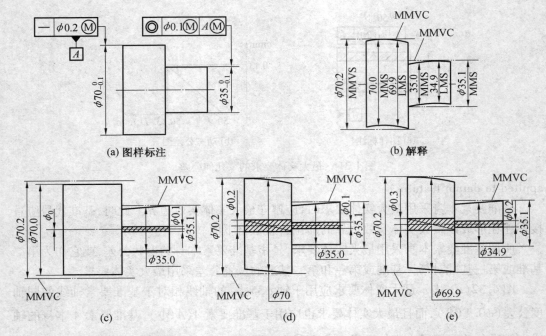

图 4.32　最大实体要求应用于基准要素(基准要素本身采用最大实体要求)

基准要素不采用最大实体要求可能有两种情况:遵循独立原则或采用包容要求。当最大实体要求应用于第一基准要素时,无论基准要素本身采用包容要求还是遵循独立原则,都应遵守其最大实体边界。因此,基准要素的尺寸极限偏差或公差带代号后面可以省略标注表示包容要求的符号 Ⓔ。

图 4.33(a) 表示最大实体要求应用于轴 $\phi35_{-0.1}^{0}$ 的轴线相对于基准要素轴线的同轴度公差($\phi0.1$ Ⓜ),而且最大实体要求也应用于基准要素 A(A Ⓜ),基准要素 A 本身遵循独立原则(未注几何公差)。因此,对于轴 $\phi35_{-0.1}^{0}$ 的轴线相对于基准要素轴线的同轴度公差,基准要素 A 应该遵守其最大实体边界,其边界尺寸为基准要素 A 的最大实体尺寸 $d_{M}=\phi70$ mm。

图 4.33(a) 中轴 $\phi35_{-0.1}^{0}$ 的轴线相对于基准要素轴线的同轴度公差($\phi0.1$ Ⓜ)是该轴线及其基准要素均为其最大实体状态时给定的,如图 4.33(c) 所示;若该轴为其最小实体状态,基准要互仍为其最大实体状态时,轴线的同轴度误差允许达到的最大值可为图 4.33(a) 中给定的同轴度公差($\phi0.1$ mm)与其尺寸公差($\phi0.1$ mm)之和 $\phi0.2$ mm,如图 4.33(d) 所示;若该轴处于最大实体状态与最小实体状态之间,基准要素仍为其最大实体状态,其轴线同轴度公差为 $\phi0.1 \sim \phi0.2$ mm。

若基准要素偏离其最大实体状态,由此可使其轴线相对于其理论正确位置有一些浮动(偏移、倾斜或弯曲);若基准要素为其最小实体状态时,其轴线相对于其理论正确位置的最大浮动量可以达到的最大值为 $\phi0.1$ mm,即 $\phi70-\phi69.9$,如图 4.32(e) 所示,在此情况下,若轴也为其最小实体状态,其轴线与基准要素轴线的同轴度误差可能会超过 $\phi0.3$ mm(图 4.33(a) 中给定的同轴度公差 $\phi0.1$ mm、轴的尺寸公差 $\phi0.1$ mm 与基准要

素的尺寸公差 $\phi0.1$ mm 三者之和），同轴度误差的最大值可以根据零件具体的结构尺寸近似估算。

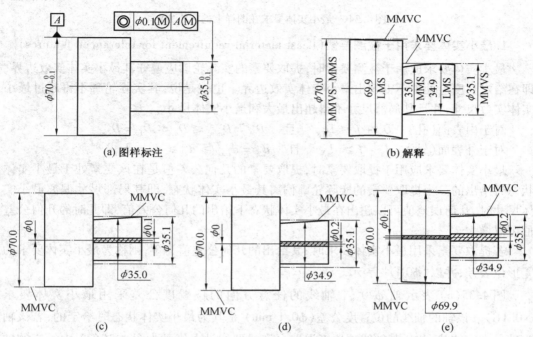

图 4.33　最大实体要求应用于基准要素（基准要素本身不采用最大实体要求）

最大实体要求应用于被测要素时，提取要素的实际轮廓是否超出最大实体实效边界，应该使用功能量规的检验部分（它模拟体现该最大实体实效边界）来检验；其局部尺寸是否超出极限尺寸，用两点法测量。最大实体要求应用于被测要素对应的基准要素时，可以使用同一功能量规的定位部分（它模拟体现基准要素应遵守的边界），来检验基准要素的实际轮廓是否超出这边界；或者使用光滑极限量规通规或另一功能量规，来检验基准要素的实际轮廓是否超出这边界。

4.4.5　最小实体要求
（Least material requirement）

最小实体要求（LMR）是与最大实体要求相对应的另一种相关要求，它既可以应用于被测要素，也可以应用于基准要素。

最小实体要求应用于被测要素时，应在提取要素的几何公差框格中的公差值后标注符号"Ⓛ"；最小实体要求应用于基准要素时，应在提取要素的几何公差框格内相应的基准字母代号后标注符号"Ⓛ"，如图 4.34 所示。

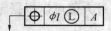 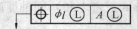

图 4.34   最小实体要求在图样上的标注方法

1. 最小实体要求用于被测要素(Least material requirement for toleranced features)

最小实体要求应用于被测要素时,提取要素的实际轮廓应遵守其最小实体实效边界,即在给定长度上处处不得超出最小实体实效边界。也就是说,其实际轮廓不得超过最小实体实效尺寸,并且其局部尺寸不得超出最大和最小实体尺寸。

对于内表面(孔) $D_a + f \leqslant D_{LV}$ 且 $D_M = D_{min} \leqslant D_a \leqslant D_L = D_{max}$

对于外表面(轴) $d_a - f \geqslant d_{LV}$ 且 $d_M = d_{max} \geqslant d_a \geqslant d_L = d_{min}$

最小实体要求应用于提取要素时,提取要素的几何公差值是在该要素处于最小实体状态时给出的。当提取要素的实际轮廓偏离其最小实体状态,即其局部尺寸偏离最小实体尺寸时,几何误差值可以超出在最小实体状态下给出的几何公差值,即此时的几何公差值可以增大。

若提取要素采用最小实体要求时,其给出的几何公差值为零,则称为最小实体要求的零形位公差,并以"$\phi 0 \text{Ⓛ}$"表示。

图 4.35(a) 表示轴 $\phi 70_{-0.1}^{0}$ 轴线的任意方向的位置度公差采用最小实体要求 $\phi 0.1 \text{Ⓛ}$。该轴的轴线的位置度公差($\phi 0.1$ mm)是其为最小实体状态时给定的;若该轴为其最大实体状态时,其轴线位置度误差允许达到的最大值可为图 4.35(a) 中给定的轴线位置度公差($\phi 0.1$ mm)与该轴的尺寸公差(0.1 mm)之和 $\phi 0.2$ mm;若该轴处于最小实体状态与最大实体状态之间,其轴线位置度公差为 $\phi 0.1 \sim \phi 0.2$ mm。图 4.35(c) 给出了表述上述关系的动态公差图。该轴的尺寸与轴线的任意方向位置度的合格条件是

$$d_M = d_{max} = \phi 70 \text{ mm} \geqslant d_a \geqslant d_L = d_{min} = \phi 69.9 \text{ mm}$$

且

$$d_a - f \geqslant d_{LV} = d_L - t\text{Ⓛ} = d_{min} - t\text{Ⓛ} = \phi 69.8 \text{ mm}$$

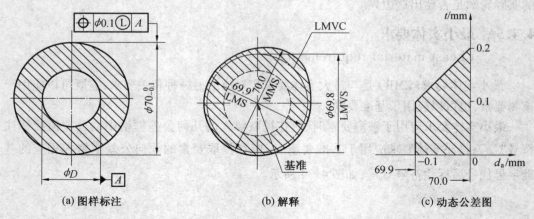

(a) 图样标注   (b) 解释   (c) 动态公差图

图 4.35   最小实体要求用于提取要素(被测要素)

2. 最小实体要求用于基准要素(Least material requirement for datum features)

最小实体要求用于基准要素,是指基准要素的尺寸公差与被测要素的位置公差的关系采用最小实体要求。这时必须在提取要素公差框格中基准字母的后面标注符号 ⓛ,以表示提取要素的位置公差与基准要素的尺寸公差相关。这表示在基准要素遵守的边界的范围内,当实际基准要素的实际轮廓尺寸偏离边界的尺寸时,允许基准要素的尺寸公差补偿提取要素的位置公差,前提是基准要素和提取要素的实际轮廓都不得超出各自应遵守的边界,并且基准要素的局部尺寸应在其极限尺寸范围内。与最大实体要求用于基准要素类似,当基准要素本身采用最小实体要求时,基准要素应遵守的边界为最小实体实效边界;当基准要素本身不采用最小实体要求时,基准要素应遵守的边界为最小实体边界。

4.5 几何精度设计
(Geometrical precision design)

绘制零件图并确定该零件的几何精度时,对于那些对几何精度有特殊要求的要素,应在图样上注出它们的几何公差。一般来说,零件上对几何精度有特殊要求的要素只占少数,而零件上对几何精度没有特殊要求的要素则占大多数,它们的几何精度用一般加工工艺就能够达到,因此在图样上不必单独注出它们的几何公差,以简化图样标注。几何精度设计包括几何公差特征项目及基准要素的选择、公差原则的选择和几何公差值的选择3 方面内容。

4.5.1 几何公差特征项目及基准要素的选择
(Selection of geometrical tolerance items and datum features)

几何公差特征项目的选择主要从被测要素的几何特征、功能要求、测量的方便性和特征项目本身的特点等几方面来考虑。例如,对圆柱面的形状精度,根据其几何特征,可以规定圆柱度公差或者圆度公差、素线直线度公差和相对素线间的平行度公差。对减速器转轴的两个轴颈的几何精度,由于在功能上它们是转轴在减速器箱体上的安装基准,因此要求它们同轴线,可以规定它们分别对它们的公共轴线的同轴度公差或径向圆跳动公差。考虑到测量径向圆跳动比较方便,而轴颈本身的形状精度颇高,通常都规定两个轴颈分别对它们的公共轴线的径向圆跳动公差。

在确定被测要素的方向、位置及跳动公差的同时,必须确定基准要素。根据需要,可以采用单一基准、公共基准或三基面基准体系。基准要素的选择主要根据零件在机器上的安装位置、作用、结构特点以及加工和检测要求来考虑。基准要素通常应具有较高的形状精度,它的长度较大、面积较大、刚度较大。在功能上,基准要素应该是零件在机器上的安装基准或工作基准。

下面以常见的几种典型零件为例,简述其几何公差项目的选择与应用。

1. 轴类零件几何公差项目的选择(Selection of geometrical tolerance items for shaft parts)

轴类零件的几何精度主要应从两个方面考虑:一是与支承件结合的部位;二是与传

动件结合的部位。

（1）与支承件结合的部位（Location combined with support parts）

① 与滚动轴承相配合的轴颈的圆度或圆柱度（主要影响轴承与轴配合的松紧程度及对中性，从而影响轴承的工作性能和寿命）。

② 与滚动轴承相配合的轴颈对其（公共）轴线的圆跳动或同轴度（主要影响传动件及轴承的旋转精度）。

③ 与滚动轴承结合的轴肩（轴承定位端面）对其轴线的端面圆跳动（轴肩对轴线的位置精度将影响轴承的定位，造成轴承套圈歪斜，改变滚道的几何形状，恶化轴承的工作条件）。

（2）与传动件结合的部位（Location combined with transmission parts）

① 与传动件（如齿轮）相配合表面的圆度或圆柱度（主要影响传动件与轴配合的松紧程度及对中性）。

② 与传动件（如齿轮）相配合表面（或轴线）对其公共支承轴线的圆跳动或同轴度（与传动件配合的同段轴心线若与支承轴线不同轴，则会直接影响传动件的传动精度）。

③ 齿轮等传动零件的定位端面（轴肩）对其轴线的垂直度或端面圆跳动（轴肩对轴线的位置误差将影响传动零件的定位及载荷分布的均匀性）。

④ 键槽对其轴线的对称度（主要影响键受载的均匀性及装拆的难易）。

2. 箱体类零件几何公差项目的（Selection of geometrical tolerance items for box parts）

箱体类零件的几何精度主要是孔系（轴承座孔）的几何精度，其次是箱体的结合面（分箱面）的形状精度，可考虑选择下列几何公差项目：

① 轴承座孔的圆度或圆柱度（主要影响箱体与轴承配合的性能及对中性）。

② 轴承座孔轴线之间的平行度（主要影响传动零件的接触精度及传动平稳性）。

③ 两轴承座孔轴线的同轴度（主要影响传动零件的载荷分布均匀性及传动精度）。

④ 轴承座孔端面对其轴线的垂直度（主要影响轴承固定及轴向受载的均匀性）。

⑤ 若是圆锥齿轮减速器，还要考虑轴承座孔轴线相互间的垂直度（主要影响传动零件的传动平稳性及载荷分布均匀性）。

⑥ 分箱面的平面度（主要影响箱体剖分面的密合性和防漏性能）。

3. 齿轮的几何公差项目选择（Selection of geometrical tolerance items for gear）

齿轮坯在加工、测量及装配过程中，往往需要以内孔（或轴）、端面或顶圆作为定位基准，所以对这三个部位的尺寸、几何精度要提出一定的要求，对此，GB/T 10095—2008 有专门的规定，其中几何公差项目选择如下：

① 齿轮孔（或轴）的圆度或圆柱度（主要影响配合的性质及稳定性）。

② 齿轮键槽对其轴线的对称度（主要影响键受载的均匀性及装拆难易性）。

③ 齿轮基准端面对轴线的垂直度（主要影响传动件的传动精度及加工质量）。

④ 齿顶圆对轴线的圆跳动（仅对需要检测齿厚来保证侧隙要求时选用）。

4.5.2　公差原则的选择
（Selection of tolerance principle）

公差原则主要根据被测要素的功能要求、零件尺寸大小和检测方便来选择,并应考虑充分利用给出的尺寸公差带,还应考虑用被测要素的几何公差补偿其尺寸公差的可能性。

按独立原则给出的几何公差值是固定的,不允许几何误差值超出图样上标注的几何公差值。而按相关要求给出的几何公差是可变的,在遵守给定边界的条件下,允许几何公差值增大。如果独立原则、包容要求和最大实体要求都能满足某一功能要求,在选用它们时应注意到它们的经济性和合理性。

下面就单一要素孔、轴配合的几个方面来分析独立原则与包容要求的选择。

1.从尺寸公差带的利用分析（Analysis from application of size tolerance zone）

孔或轴采用包容要求时,它的局部尺寸与几何误差之间可以相互调整(补偿),从而使整个尺寸公差带得到充分利用,技术经济效益较高。但另一方面,包容要求所允许的几何误差的大小,完全取决于局部尺寸偏离最大实体尺寸的数值。如果孔或轴的局部尺寸处处皆为最大实体尺寸或者趋近于最大实体尺寸,那么,它必须具有理想形状或者接近于理想形状才合格,而实际上极难加工出这样精确的形状。

2.从配合均匀性分析（Analysis from uniformity of fit）

按独立原则对孔或轴给出一定的尺寸公差和几何公差。后者的数值小于按包容要求给出的尺寸公差数值,使按独立原则加工的该孔或轴的实际轮廓允许值等于按包容要求确定的孔或轴最大实体边界尺寸(即最大实体尺寸),以使独立原则和包容要求都能满足指定的同一配合性质。由于采用独立原则时不允许几何误差值大于某个确定的几何公差值,采用包容要求时允许几何误差值达到尺寸公差数值,而孔与轴的配合均匀性与它们的几何误差的大小有着密切的关系,因此从保证配合均匀性来看,采用独立原则比采用包容要求好。

3.从零件尺寸大小和检测方便分析（Analysis from part size and testing convenience）

按包容要求用最大实体边界控制几何误差,对于中、小型零件,便于使用光滑极限量规检验。但是,对于大型零件,就难于使用笨重的光滑极限量规检验。在这种情况下,按独立原则的要求进行检测,就比较容易实现。

以上对包容要求的分析也适用于最大实体要求。

4.5.3　几何公差值的选择
（Selection of the geometrical tolerance values）

几何公差值主要根据被测要素的功能要求和加工经济性等来选择。在零件图上,被测要素的几何精度要求有两种表示方法:一种是用公差框格的形式单独注出几何公差值;另一种是按 GB/T 1184—1996 的规定,统一给出未注几何公差(在技术要求中用文字说明)。

1. 注出几何公差的确定(Determination for features individual tolerance indications)

几何公差值可以采用计算法或类比法确定。

计算法是指对于某些位置公差值,可以用尺寸链分析计算来确定,如对于用螺栓或螺钉连接两个零件或两个以上的零件上孔组的各个孔位置度公差,可以根据螺栓或螺钉与通孔间的最小间隙确定。

类比法是指将所设计的零件与具有同样功能要求且经使用表明效果良好而资料齐全的类似零件进行对比,经分析后确定所设计零件有关要素的几何公差值。

对已有专门标准规定的几何公差,例如与滚动轴承配合的轴颈和箱体孔(外壳孔)的几何公差、矩形花键的位置度公差、对称度公差以及齿轮坯的几何公差和齿轮箱体上两对轴承孔的公共轴线之间的平行度公差等,分别按各自的专门标准确定。

GB/T 1184—1996 中,对直线度、平面度、圆度、圆柱度、平行度、垂直度、倾斜度、同轴度、对称度、圆跳动和全跳动公差 11 个特征项目分别规定了若干公差等级及对应的公差值,见表4.9 至表4.12。这11 个特征项目中,GB/T 1184—1996 将圆度和圆柱度的公差等级分别规定了 13 个等级,它们分别用阿拉伯数字 0、1、2、…、12 表示,其中 0 级最高,等级依次降低,12 级最低。其余 9 个特征项目的公差等级分别规定了 12 个等级,它们分别用阿拉伯数字 1、2、…、12 表示,其中 1 级最高,等级依次降低,12 级最低。

表4.9　直线度、平面度公差值　　　　(摘自 GB/T 1184—1996)

主参数 /mm	公　差　等　级											
	1	2	3	4	5	6	7	8	9	10	11	12
	公差值 /μm											
≤ 10	0.2	0.4	0.8	1.2	2	3	5	8	12	20	30	60
10 ~ 16	0.25	0.5	1	1.5	2.5	4	6	10	15	25	40	80
16 ~ 25	0.3	0.6	1.2	2	3	5	8	12	20	30	50	100
25 ~ 40	0.4	0.8	1.5	2.5	4	6	10	15	25	40	60	120
40 ~ 63	0.5	1	2	3	5	8	12	20	30	50	80	150
63 ~ 100	0.6	1.2	2.5	4	6	10	15	25	40	60	100	200
100 ~ 160	0.8	1.5	3	5	8	12	20	30	50	80	120	250
160 ~ 250	1	2	4	6	10	15	25	40	60	100	150	300
250 ~ 400	1.2	2.5	5	8	12	20	30	50	80	120	200	400
400 ~ 630	1.5	3	6	10	15	25	40	60	100	150	250	500
630 ~ 1 000	2	4	8	12	20	30	50	80	120	200	300	600
1 000 ~ 1 600	2.5	5	10	15	25	40	60	100	150	250	400	800
1 600 ~ 2 500	3	6	12	20	30	50	80	120	200	300	500	1 000
2 500 ~ 4 000	4	8	15	25	40	60	100	150	250	400	600	1 200
4 000 ~ 6 300	5	10	20	30	50	80	120	200	300	500	800	1 500
6 300 ~ 10 000	6	12	25	40	60	100	150	250	400	600	1 000	2 000

注:棱线和回转表面的轴线、素线以其长度的公称尺寸作为主参数;矩形平面以其较长边、圆平面以其直径的公称尺寸作为主参数。

表 4.10　圆度、圆柱度公差值　（摘自 GB/T 1184—1996）

主参数 /mm	公　差　等　级												
	0	1	2	3	4	5	6	7	8	9	10	11	12
	公差值/μm												
≤ 3	0.1	0.2	0.3	0.5	0.8	1.2	2	3	4	6	10	14	25
3 ~ 6	0.1	0.2	0.4	0.6	1	1.5	2.5	4	5	8	12	18	30
6 ~ 10	0.12	0.25	0.4	0.6	1	1.5	2.5	4	6	9	15	22	36
10 ~ 18	0.15	0.25	0.5	0.8	1.2	2	3	5	8	11	18	27	43
18 ~ 30	0.2	0.3	0.6	1	1.5	2.5	4	6	9	13	21	33	52
30 ~ 50	0.25	0.4	0.6	1	1.5	2.5	4	7	11	16	25	39	62
50 ~ 80	0.3	0.5	0.8	1.2	2	3	5	8	13	19	30	46	74
80 ~ 120	0.4	0.6	1	1.5	2.5	4	6	10	15	22	35	54	87
120 ~ 180	0.6	1	1.2	2	3.5	5	8	12	18	25	40	63	100
180 ~ 250	0.8	1.2	2	3	4.5	7	10	14	20	29	46	72	115
250 ~ 315	1.0	1.6	2.5	4	6	8	12	16	23	32	52	81	130
315 ~ 400	1.2	2	3	5	7	9	13	18	25	36	57	89	140
400 ~ 500	1.5	2.5	4	6	8	10	15	20	27	40	63	97	155

注:回转表面、球、圆以其直径的公称尺寸作为主参数。

表 4.11　平行度、垂直度、倾斜度公差值　（摘自 GB/T 1184—1996）

主参数 /mm	公　差　等　级											
	1	2	3	4	5	6	7	8	9	10	11	12
	公差值/μm											
≤ 10	0.4	0.8	1.5	3	5	8	12	20	30	50	80	120
10 ~ 16	0.5	1	2	4	6	10	15	25	40	60	100	150
16 ~ 25	0.6	1.2	2.5	5	8	12	20	30	50	80	120	200
25 ~ 40	0.8	1.5	3	6	10	15	25	40	60	100	150	250
40 ~ 63	1	2	4	8	12	20	30	50	80	120	200	300
63 ~ 100	1.2	2.5	5	10	15	25	40	60	100	150	250	400
100 ~ 160	1.5	3	6	12	20	30	50	80	120	200	300	500
160 ~ 250	2	4	8	15	25	40	60	100	150	250	400	600
250 ~ 400	2.5	5	10	20	30	50	80	120	200	300	500	800
400 ~ 630	3	6	12	25	40	60	100	150	250	400	600	1 000
630 ~ 1 000	4	8	15	30	50	80	120	200	300	500	800	1 200
1 000 ~ 1 600	5	10	20	40	60	100	150	250	400	600	1 000	1 500
1 600 ~ 2 500	6	12	25	50	80	120	200	300	500	800	1 200	2 000
2 500 ~ 4 000	8	15	30	60	100	150	250	400	600	1 000	1 500	2 500
4 000 ~ 6 300	10	20	40	80	120	200	300	500	800	1 200	2 000	3 000
6 300 ~ 10 000	12	25	50	100	150	250	400	600	1 000	1 500	2 500	4 000

注:提取要素(被测要素)是以其长度或直径的公称尺寸作为主要参数。

表 4.12 同轴度、对称度、圆跳动和全跳动公差值　（摘自 GB/T 1184—1996）

主参数 /mm	公　差　等　级											
	1	2	3	4	5	6	7	8	9	10	11	12
	公差值 /μm											
≤ 1	0.4	0.6	1.0	1.5	2.5	4	6	10	15	25	40	60
1 ~ 3	0.4	0.6	1.0	1.5	2.5	4	6	10	20	40	60	120
3 ~ 6	0.5	0.8	1.2	2	3	5	8	12	25	50	80	150
6 ~ 10	0.6	1	1.5	2.5	4	6	10	15	30	60	100	200
10 ~ 18	0.8	1.2	2	3	5	8	12	20	40	80	120	250
18 ~ 30	1	1.5	2.5	4	6	10	15	25	50	100	150	300
30 ~ 50	1.2	2	3	5	8	12	20	30	60	120	200	400
50 ~ 120	1.5	2.5	4	6	10	15	25	40	80	150	250	500
120 ~ 250	2	3	5	8	12	20	30	50	100	200	300	600
250 ~ 500	2.5	4	6	10	15	25	40	60	120	250	400	800
500 ~ 800	3	5	8	12	20	30	50	80	150	300	500	1 000
800 ~ 1 250	4	6	10	15	25	40	60	100	200	400	600	1 200
1 250 ~ 2 000	5	8	12	20	30	50	80	120	250	500	800	1 500
2 000 ~ 3 150	6	10	15	25	40	60	100	150	300	600	1 000	2 000
3 150 ~ 5 000	8	12	20	30	50	80	120	200	400	800	1 200	2 500
5 000 ~ 8 000	10	15	25	40	60	100	150	250	500	1 000	1 500	3 000
8 000 ~ 10 000	12	20	30	40	80	120	200	300	600	1 200	2 000	4 000

注:提取要素(被测要素)以其直径或宽度的公称尺寸作为主参数。

表 4.13 ~ 4.16 列出了 11 个几何公差特征项目的部分公差等级的应用场合,各种加工方法所能达到的几何公差等级见表 4.17 和表 4.18,供选择几何公差等级时参考,根据所选择的公差等级从公差表格查取几何公差值。

表 4.13　直线度、平面度公差等级的应用实例

公差等级	应用举例
5	1 级平板,2 级宽平尺,平面磨床的纵导轨、垂直导轨、立柱导轨及工作台,液压龙门刨床和六角车床床身导轨,柴油机进气、排气阀门导杆
6	普通机床导轨,如普通车床、龙门刨床、滚齿机、自动车床等的床身导轨和立柱导轨,柴油机壳体
7	2 级平板,机床主轴箱,摇臂钻床底座和工作台,镗床工作台,液压泵盖,减速器壳体结合面
8	机床传动箱体,交换齿轮箱体,车床溜板箱体,连杆分离面,汽车发动机缸盖与汽缸体结合面,液压管件和法兰连接面
9	3 级平板,自动车床床身底面,摩托车曲轴箱体,汽车变速箱壳体,手动机械的支承面

表 4.14 圆度、圆柱度公差等级的应用实例

公差等级	应用举例
5	一般计量仪器主轴、测杆外圆柱面，陀螺仪轴颈，一般机床主轴轴颈及主轴轴承孔，柴油机、汽油机活塞、活塞销，与 6 级滚动轴承配合的轴颈
6	仪表端盖外圆柱面，一般机床主轴及前轴承孔，泵、压缩机的活塞、汽缸，汽油发动机凸轮轴，纺机锭子，减速器转轴轴颈，高速船用柴油机、拖拉机曲轴主轴颈，与 6 级滚动轴承配合的外壳孔，与 0 级滚动轴承配合的轴颈
7	大功率低速柴油机曲轴轴颈、活塞、活塞销、连杆、汽缸，高速柴油机箱体轴承孔，千斤顶或压力油缸活塞，机车传动轴，水泵及通用减速器转轴轴颈，与 0 级滚动轴承配合的外壳孔
8	大功率低速发动机曲轴轴颈，压气机的连杆盖、连杆体，拖拉机的汽缸、活塞，炼胶机冷铸轴辊，印刷机传墨辊，内燃机曲轴轴颈，柴油机凸轮轴承孔、凸轮轴，拖拉机、小型船用柴油机汽缸套
9	空气压缩机缸体，液压传动筒，通用机械杠杆与拉杆用套筒销，拖拉机活塞环、套筒孔

表 4.15 平行度、垂直度、倾斜度公差等级的应用实例

公差等级	应用举例
4,5	普通车床导轨、重要支承面，机床主轴轴承孔对基准的平行度，精密机床重要零件，计量仪器、量具、模具的基准面和工作面，机床床头箱体重要孔，通用减速器壳体孔，齿轮泵的油孔端面，发动机轴和离合器的凸缘，汽缸支承端面，安装精密滚动轴承的壳体孔凸肩
6,7,8	一般机床的基准面和工作面，压力机和锻锤的工作面，中等精度钻模的工作面，机床一般轴承孔对基准的平行度，变速器箱体孔，主轴花键对定心表面轴线的平行度，重型机械滚动轴承端盖，卷扬机、手动传动装置中的传动轴，一般导轨，主轴箱体孔，刀架、砂轮架、汽缸配合面对基准轴线以及活塞销孔对活塞轴线的垂直度，滚动轴承内、外圆端面对轴线的垂直度
9,10	低精度零件，重型机械滚动轴承端盖，柴油机、煤气发动机箱体曲轴孔、曲轴轴颈，花键轴和轴肩端面，带式运输机法兰盘等端面对轴线的垂直度，手动卷扬机及传动装置中轴承孔端面，减速器壳体平面

表 4.16 同轴度、对称度、跳动公差等级的应用实例

公差等级	应用举例
5,6,7	应用范围较广，用于几何精度要求较高、尺寸的标准公差等级为 IT8 及高于 IT8 的零件。5 级常用于机床主轴轴颈，计量仪器的测杆，蜗轮机主轴，活塞油泵转子，高精度滚动轴承外圈，一般精度滚动轴承内圈。7 级用于内燃机曲轴、凸轮轴、齿轮轴、水泵轴、汽车后轮输出轴，电机转子、印刷机传墨辊的轴颈，键槽
8,9	常用于几何精度要求一般、尺寸的标准公差等级为 IT9 至 IT11 的零件。8 级用于拖拉机发动机分配轴轴颈，与 9 级精度以下齿轮相配的轴，水泵叶轮，离心泵体，棉花精梳机前后滚子，键槽等。9 级用于内燃机汽缸配合面，自行车中轴

表 4.17　几种主要加工方法所能达到的直线度和平面度公差等级

加工方法		公差等级											
		1	2	3	4	5	6	7	8	9	10	11	12
车	粗											─	─
	细									─	─		
	精					─	─	─	─	─			
铣	粗											─	─
	细									─	─		
	精						─	─	─				
刨	粗											─	─
	细									─	─		
	精							─	─	─			
磨	粗								─	─	─	─	
	细						─	─	─				
	精		─	─	─	─	─						
研	粗				─	─	─						
	细			─	─	─							
磨	精	─	─	─	─	─							
刮	粗					─	─	─					
	细					─	─						
研	精	─	─	─	─								

表 4.18　几种主要加工方法所能达到的同轴度公差等级

加工方法		公差等级										
		1	2	3	4	5	6	7	8	9	10	11
车、镗	加工孔				─	─	─	─				
	加工轴			─	─	─	─	─				
铰						─	─	─				
磨	孔		─	─	─	─						
	轴		─	─	─	─						
珩磨			─	─	─							
研磨		─	─	─	─							

2. 未注出几何公差的确定(Determination for features without individual tolerance indicatons)

图样上没有单独注出几何公差的要素也有几何精度要求，只是数值偏低，同一要素的未注几何公差与尺寸公差的关系采用独立原则。

值得注意的是，方向公差能自然地用其公差带控制同一要素的形状误差。因此，对于注出方向公差的要素，就不必考虑该要素的未注形状公差。位置公差能自然地用其公差带控制同一要素的形状误差和方向误差。因此，对于注出位置公差的要素，就不必考虑该要素的未注形状公差和未注方向公差。此外，对于采用相关要求的要素，要求该要素的实际轮廓不得超出给定的边界，因此所有未对该要素单独注出的几何公差都应遵守这边界。

（1）直线度、平面度、垂直度、对称度和圆跳动的未注公差各分 H、K 和 L 三个公差等级，其中 H 级最高，L 级最低（公差值可查表 4.19 ~ 4.22）。

表 4.19　直线度和平面度的未注公差值　（摘自 GB/T 1184—1996）　　mm

公差等级	公称长度范围					
	≤ 10	10 ~ 30	30 ~ 100	100 ~ 300	300 ~ 1 000	1 000 ~ 3 000
H	0.02	0.05	0.1	0.2	0.3	0.4
K	0.05	0.1	0.2	0.4	0.6	0.8
L	0.1	0.2	0.4	0.8	1.2	1.6

注:对于直线度,应按其相应线的长度选择公差值;对于平面度,应按其表面的较长一侧或圆表面的直径选择公差值。

表 4.20　垂直度未注公差值　（摘自 GB/T 1184—1196）　　mm

公差等级	公称长度范围			
	≤ 100	100 ~ 300	300 ~ 1 000	1 000 ~ 3 000
H	0.2	0.3	0.4	0.5
K	0.4	0.6	0.8	1
L	0.6	1	1.5	2

注:取形成直角的两边中较长的一边作为基准要素,较短的一边作为提取要素（被测要素）;若两边的长度相等,则可取其中的任意一边作为基准要素。

表 4.21　对称度未注公差值　（摘自 GB/T 1184—1996）　　mm

公差等级	公称长度范围			
	≤ 100	100 ~ 300	300 ~ 1 000	1 000 ~ 3 000
H	0.5	0.5	0.5	0.5
K	0.6	0.6	0.8	1
L	0.6	1	1.5	2

注:取两要素中较长者作为基准要素,较短者作为提取要素（被测要素）;若两要素的长度相等,则可取其中任一要素作为基准要素。

表 4.22　圆跳动的未注公差值　（摘自 GB/T 1184—1996）　　mm

公差等级	圆跳动公差值
H	0.1
K	0.2
L	0.5

注:本表也可用于同轴度的未注公差值,应以设计或工艺给出的支承面作为基准要素,否则取两要素中较长者作为基准要素;若两要素的长度相等,则可取其中的任一要素作为基准要素。

（2）圆度的未注公差值等于直径的公差值。圆柱度的未注公差可用圆柱面的圆度、素线直线度和相对素线间的平行度的未注公差三者综合代替,因为圆柱度误差由圆度、素线直线度和相对素线间的平行度误差三部分组成,其中每一项误差可分别由各自的未注公差控制。

（3）平行要素的平行度的未注公差值等于平行要素间距离的尺寸公差值,或者等于该要素的平面度或直线度未注公差值,取值应取这两个公差值中的较大值,基准要素则应选取要求平行的两个要素中的较长者;如果这两个要素的长度相等,则其中任何一个要素都可作为基准要素。

(4)同轴度未注公差值的极限可以等于径向圆跳动的未注公差值,应选取要求同轴度的两要素中的较长者作为基准要素;如果这两个要素的长度相等,则其中任何一个要素都可作为基准要素。

(5)倾斜度的未注公差,可以采用适当的角度公差代替。对于轮廓度和位置度要求,若不标注理论正确尺寸和形位公差,而标注坐标尺寸,则按坐标尺寸的规定处理。

未注几何公差值应根据零件的特点和生产单位的具体工艺条件,由生产单位自行选定,并在有关技术文件中予以明确。采用 GB/T 1184—1996 规定的未注几何公差值时,应在图样上标题栏附近或技术要求中注出标准号和所选用公差等级的代号。例如选用 K 级时,应标注

未注几何公差按 GB/T 1184—K

4.5.4　应用举例

（Examplas of application）

【例 4.1】　图 4.35 是功率为 5 kW 的减速器的输出轴,该轴转速为 83 r/min,其结构特征、使用要求以及各轴颈的尺寸精度均已确定,现仅对其进行几何精度的设计。

解　(1)几何公差项目的选择。

从结构特征上分析,该轴存在有同轴度、垂直度、圆跳动和全跳动、对称度、直线度、圆度和圆柱度 8 个公差项目。

从使用要求分析,轴颈 ϕ58 mm 和 ϕ45 mm 处分别与齿轮和带轮(或其他轮)配合,以传递动力,因此需要控制轴颈的同轴度、跳动和轴线的直线度误差; ϕ55 mm 轴颈与易于变形的滚动轴承内圈配合,因此需要控制圆度或圆柱度误差,轴上两键槽处均需控制其对称度误差;轴肩处由于左端面与齿轮,右端面与滚动轴承内圈的端面接触,需要控制端面对轴线的垂直度误差。

从检测的可能性和经济性来分析,对于轴类零件,可用径向圆跳动公差来代替同轴度、径向全跳动和轴线的直线度公差;用圆度公差代替圆柱度公差(亦可注圆柱度公差);用端面圆跳动公差代替垂直度公差。

这样,该轴最后确定的几何公差项目仅有径向和端面圆跳动、对称度和圆柱度。

(2)基准的选择。应以该轴安装时两 ϕ55 mm 轴颈的公共轴线作为设计基准。

(3)公差原则的选用。根据各原则的应用场合可以确定:轴上所有几何公差项目均采用独立原则;考虑到 ϕ45 mm、ϕ55 mm、ϕ58 mm 各轴颈的尺寸公差与几何公差的关系,均采用包容要求,在尺寸公差后标注 Ⓔ。

(4)几何精度的等级确定。可查公差等级应用举例,按类比法确定:从表 4.16 查得齿轮传动轴的径向圆跳动公差为 7 级;对称度公差按单键标准规定一般选 8 级;轴肩的端面圆跳动公差和轴颈的圆柱度公差可根据滚动轴承的精度从表 6.10 中查得,对于 0 级(普通级)轴承,其公差值分别为 0.015 mm 和 0.005 mm。

(5)几何公差值的确定。径向圆跳动查表 4.12,主参数为轴颈 ϕ58 mm、ϕ55 mm、

ϕ45 mm,公差等级为 7 级时,公差值分别为 0.025 mm、0.025 mm、0.020 mm;对称度查表 4.12,主参数为被测要素键宽 14 mm 和 16 mm,公差等级为 8 级时,公差值均为 0.02 mm。

输出轴上其余要素的几何精度按未注几何公差处理。

将以上精度设计的全部内容,按照要求合理地标注在工程图样上,如图 4.36 所示。

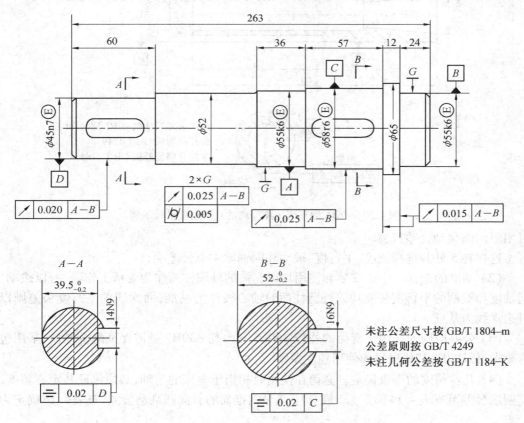

未注公差尺寸按 GB/T 1804–m
公差原则按 GB/T 4249
未注几何公差按 GB/T 1184–K

图 4.36　输出轴上几何公差应用示例

【例 4.2】　图 4.37 是 C616 型车床尾座的套筒。它用来使顶尖沿尾座体的内孔作轴向移动,到位锁紧后,对零件进行切削加工。因此,为保证顶尖轴线的等高性,其配合间隙不能太大。配合性质及其装配后的相互关系从图中均可看出。试对该套筒进行几何精度的设计,并标注于图上。

解　(1) 几何公差项目的选择。

从套筒的结构特征上分析,可能存在有圆度、圆柱度、轴线和素线的直线度、跳动、对称度、平行度和同轴度共 7 个公差项目。

从使用要求分析,为避免使用时造成偏心,应控制套筒外径处的圆度、上下素线的平行度、内锥面对外圆柱面的同轴度及 ϕ30 mm 内孔对外圆柱面的同轴度误差。键槽应控制对称度误差,但由于该键槽主要用于导向,因此控制键槽两侧面的平行度误差更为合适。轴线的直线度误差可用外圆柱面的尺寸公差控制。

从检测的条件分析,外圆柱面的圆柱度公差应用圆度公差代之,内锥面的同轴度公差

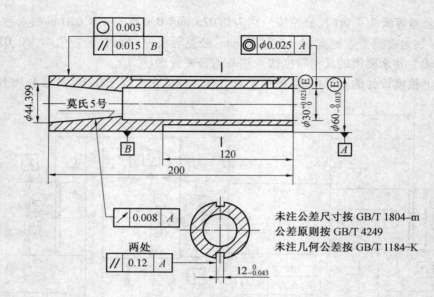

图 4.37　C616 型车床尾座套筒的几何精度设计示例

可用斜向圆跳动公差代替。

这样在 5 处共选择圆度、平行度、跳动和同轴度 4 个公差项目。

（2）基准的选择。由于安装和使用均以套筒的外圆柱面作为支承工作面,所以跳动、同轴度和键槽的平行度公差均以外圆柱面的轴心线作为基准,而素线的平行度公差则以对边素线为基准。

（3）公差原则的选用。套筒的外径 ϕ60h5 和内孔 ϕ30H7 处需保证配合性质,采用包容要求,标注 Ⓔ,其他项目均使用独立原则。

（4）几何精度的等级确定。套筒在使用时相当于车床的主轴,必须保证其定心精度,其圆度公差可查表 4.14 确定为 5 级;莫氏 5 号内锥面的斜向圆跳动公差,查表 4.16 确定为 5 级。

ϕ30 mm 内孔对外圆柱面的同轴度公差仅用以保证丝杠螺母正常旋转,以驱动套筒作轴向运动,不影响加工零件的精度,公差等级查表 4.16 可确定为 8 级。

ϕ60 mm 外圆柱面素线的平行度公差等级查表 4.15 确定为 4 级。

两键槽侧面分别对外圆柱面轴线的平行度公差,由于导向时引起的套筒轴线摆动,完全由套筒和尾座体孔的配合保证,且仅用于调整,也不影响零件的加工精度,加之套筒的长径比较大,查表 4.15 确定为 9 级。

（5）几何公差值的确定。公差等级确定后,必须选定各个项目相应的主参数。

圆度公差的主参数为轴颈 ϕ60 mm,公差等级为 5 级时,查表 4.10,取公差值为 0.03 mm。

内锥面的斜向圆跳动公差,主参数为大、小锥径的平均值 ϕ40.486 mm,公差等级为 5 级时,查表 4.12,取公差值为 0.008 mm。

素线平行度公差的主参数为套筒长 200 mm,公差等级 4 级时,查表 4.11,取公差值为 0.015 mm。

键槽侧面的平行度公差,主参数为槽长 120 mm,公差等级 9 级时,查表 4.11,取公差值为 0.120 mm。

ϕ30 mm 内孔对外圆柱面的同轴度公差,主参数为套筒内径 ϕ30 mm,公差等级为 8 级时,查表 4.12,取公差值为 0.025 mm。

套筒上其余要素的几何精度按未注几何公差处理。

把以上几何精度设计的内容一并标注在工程图样上,如图 4.37 所示。

4.6   几何误差及其检测
(Geometrical error and its detection)

4.6.1   实际要素的体现
(Embodiment of real feature)

测量几何误差时,难于测遍整个实际要素来取得无限多测点的数据,而是考虑现有计量器具及测量本身的可行性和经济性,采用均匀布置测点的方法,测量一定数量的离散测点来代替整个实际要素。此外,为了测量方便与可能,尤其是测量方向、位置误差时,实际导出要素(中心要素)常用模拟的方法体现。例如,用与实际孔成无间隙配合的心轴的轴线模拟体现该实际孔的轴线,用 V 形块体现实际轴颈的轴线。用模拟法体现实际轮廓要素对应的导出要素(中心要素)时,排除了该实际轮廓要素的形状误差。

4.6.2   几何误差及其评定
(Geometrical error and evaluation)

几何误差是指实际被测要素对其公称要素(理想要素)的变动量,是几何公差的控制对象。几何误差值不大于相应的几何公差值,则认为合格。

1. 形状误差及其评定 (Form error and its detection)

形状误差是指实际单一要素对其公称要素(理想要素)的变动量,公称要素的位置应符合最小条件。什么是最小条件呢? 就是公称要素处于符合最小条件的位置时,实际单一要素对公称要素的最大变动量为最小。对于实际单一组成(轮廓)要素(如实际表面、轮廓线),这公称要素位于该实际要素的实体之外且与它接触。对于实际单一导出(中心)要素(如实际轴线),这公称要素位于该实际要素的中心位置。

如图 4.38 所示,评定给定平面内的轮廓线的直线度误差时,有许多条位于不同位置的理想直线。只有 A_1—B_1 直线的位置符合最小条件,实际被测直线的直线度误差值为 f_1。评定形状误差时,按最小条件的要求,用最小包容区域(简称最小区域)的宽度或直径来表示形状误差值。所谓最小区域,是指

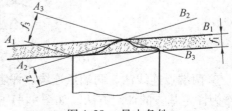

图 4.38   最小条件

包容实际单一要素时具有最小宽度或直径的包容区域。各个形状误差项目的最小区域的形状分别与各自的公差带形状相同,但前者的宽度或直径则由实际单一要素本身决定。

此外,在满足零件功能要求的前提下,也允许采用其他评定方法来评定形状误差值。但这样评定的形状误差值将大于,至少等于按最小条件评定的形状误差值,因此有可能把合格品误评为废品,这是不经济的。

（1）直线度误差的评定(Straightness error detection)

直线度误差值的评定方法有:最小包容区域法、最小二乘法和两端点连线法三种。

① 最小包容区域法。最小包容区域法(简称最小区域法)评定直线度误差值,就是先建立实际被测要素的两平行直线或圆柱面最小包容区域,再以其宽度或直径作为直线度误差值 f_{MZ} 或 ϕf_{MZ}。显然,这种评定方法得到的直线度误差值是与其定义值相一致的。

对于给定平面内的直线度,其最小包容区域的判别准则是由两平行直线包容实际被测要素时,形成高低相间至少三点接触的形式,称为相间准则,如图 4.39(a) 所示。对于任意方向上的直线度,其最小包容区域的判制准则是由圆柱面包容实际被测要素时,三点在同一轴截面上,且在轴向相间分布,如图 4.39(b) 所示。

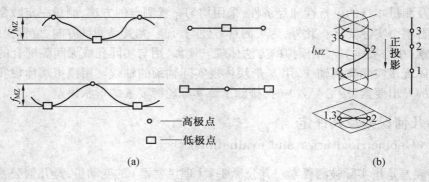

○——高极点
□——低极点

(a)　　　　(b)

图 4.39　相间准则

② 最小二乘法。用最小二乘法评定直线度误差值,是以实际被测要素的最小二乘中线作为评定基线的评定方法。对于给定平面内的直线度,平行于评定基线(最小二乘中线)、包容实际被测要素、距离为最小的两直线之间的距离即为直线度误差值,如图 4.40所示。

图 4.40　最小二乘法评定直线度误差值

③ 两端点连线法。两端点连线法评定直线度误差值,是以实际被测要素的两端点连线作为评定基线的评定方法。如图 4.41 所示,取各测点相对于它的偏离值中最大偏离值 h_{max} 与最小偏离值 h_{min} 之差值作为直线度误差值:$f_{BE} = h_{max} - h_{min}$。测点在它的上方,偏离值取正值;测点在它的下方,偏离值取负值。

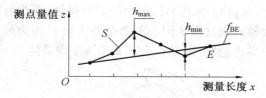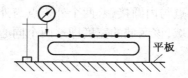

图 4.41　端点连线法评定直线度误差

（2）平面度误差的评定（Flatness error detection）

平面度最小包容区域是符合最小条件的两平行平面之间的区域。图 4.41（a）和图 4.42（b）分别表示以两组平行平面包容实际被测要素，它们的宽度分别为 h_1 和 h_2，且 $h_1 < h_2$，并有 $h_1 = h_{\min}$，则 A_1、B_1 两平行平面即形成最小包容区域，其宽度 h_1 即为实际被测要素的平面度误差值。

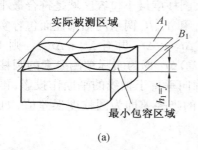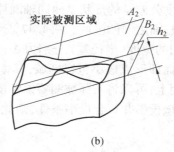

(a)　　　　　　　　　　　　　　　　(b)

图 4.42　平面度最小包容区域

平面度误差值的常用评定方法是最小包容区域法。用最小包容区域法（简称最小区域法）评定平面度误差值，就是先建立实际被测要素的两平行平面（S_{MZ}），再以其宽度作为平面度误差值。平面度的最小包容区域的判别准则是由两平行平面包容实际被测要素时，至少有三点或四点接触，并符合下列准则之一。

① 三角形准则。一个低极点在上包容平面上的投影位于三个高极点所形成的三角形内；或一个高极点在下包容平面上的投影位于三个低极点所形成的三角形内，如图4.43所示。

② 交叉准则。两个高极点的连线与两个低极点的连线在包容平面上的投影相交，如图 4.44 所示。

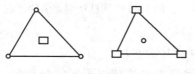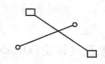

图 4.43　三角形准则　　　　　　图 4.44　交叉准则

③ 直线准则。一个低极点在上包容平面上的投影位于三个高极点的连线上；或一个高极点在下包容平面上的投影位于两个低极点的连线上，如图 4.45 所示。

（3）圆度误差的评定（Roundness error detection）

圆度误差应该采用最小包容区域来评定，其判别准则如图 4.46 所示：由两个同心圆

包容实际被测圆 S 时，S 上至少有 4 个极点内、外相间地与这两个同心圆接触（至少有两个内极点与内圆接触，两个外极点与外圆接触），则这两个同心圆之间的区域 U 即为最小包容区域，该区域的宽度即这两个同心圆的半径差 f_{MZ} 就是符合定义的圆度误差值。

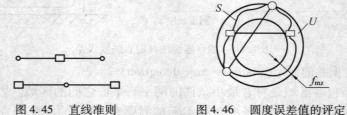

图 4.45　直线准则　　　　　　图 4.46　圆度误差值的评定

（4）圆柱度误差的评定（Cylindricity error detection）

圆柱度公差带的形状是两同轴圆柱面，因此，圆柱度最小包容区域是符合最小条件的两同轴圆柱面之间的区域。图 4.47 表示以 A_1、B_1 和 A_2、B_2 两组同轴圆柱面包容实际被测要素，它们的宽度（半径差）分别为 Δr_1 和 Δr_2，且 $\Delta r_1 < \Delta r_2$，并有 $\Delta r_1 = \Delta r_{\min}$。则 A_1、B_1 两同轴圆柱面即形成最小包容区域，其宽度（半径差）Δr_1 即为实际被测要素的圆柱度误差值 f。实用上，可以将实际被测要素各横截面轮廓向垂直于轴线的平面作投影，再用两同心圆包容该投影并符合最小条件，则此两同心圆的半径差即为圆柱度误差值，如图 4.48 所示。

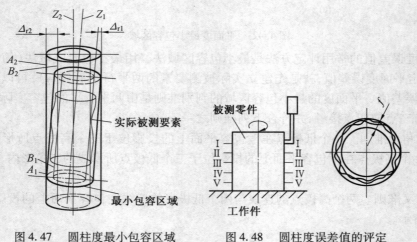

图 4.47　圆柱度最小包容区域　　　　图 4.48　圆柱度误差值的评定

2. 方向误差及其评定（Orientation error detection）

方向误差是指实际关联要素对其具有确定方向的理想要素的变动量，理想要素的方向由基准确定。参看图 4.49，评定方向误差时，在理想要素相对于基准 A 的方向保持图样上给定的几何关系（平行、垂直或倾斜某一理论正确角度）的前提下，应使实际被测要素 S 对理想要素的最大变动量为最小。对于实际关联轮廓要素，这理想要素位于该实际要素的实体之外且与它接触。对于实际关联中心要素，理想要素位于该实际要素的中心位置。

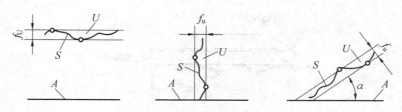

图 4.49　方向误差及其评定

方向误差值用对基准保持所要求方向的最小包容区域 U(简称定向最小区域)的宽度 f_U 或直径 ϕf_U 来表示。最小区域的形状与方向公差带的形状相同,但前者的宽度或直径由实际关联要素本身决定。

3. 位置误差及其评定(Location error detection)

位置误差是指实际关联要素对其具有确定位置的理想要素的变动量,理想要素的位置由基准和理论正确尺寸确定。

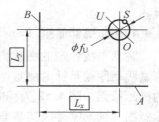

位置误差值用定位最小包容区域(简称定位最小区域)的宽度或直径来表示。定位最小包容区域是指以理想要素的位置为中心来对称地包容实际关联要素时具有最小宽度或最小直径的包容区域。定位最小包容区域的形状与定位公差带的形状相同,但前者的宽度或直径则由实际关联要素本身决定。通常,实际关联要素上只有一个测点与定位最小包容区域接触。位置误差值等于这个接触点至理想要素所在位置的距离的两倍。例如图 4.50 所示,测量和评定零件上

图 4.50　由一个圆构成的定位最小包容区域

一个孔的轴线的位置度误差时,设该孔的实际轴线用心轴轴线模拟体现,这实际轴线用一个点 S 表示;理想轴线的位置(评定基准)由基准 A、B 和理论正确尺寸 $\boxed{L_x}$、$\boxed{L_y}$ 确定,用点 O 表示。以点 O 为圆心,以 OS 为半径作圆,则该圆内的区域就是定位最小包容区域 U,位置度误差值 $\phi f_U = \phi(2 \times OS)$。

4.6.3　几何误差的检测原则
(Principle of geometrical error detection)

由于被测零件的结构特点、尺寸大小和被测要素的精度要求以及检测设备条件的不同,同一几何误差项目可以用不同的检测方法来检测。从检测原理上可以将常用的几何误差检测方法概括为下列 5 种检测原则。

1. 与理想要素比较原则(Principle comparing with the ideal feature)

与理想要素比较原则是指将实际被测要素与其理想要素作比较,在比较过程中获得测量数据,然后按这些数据评定几何误差值。例如图 4.51 所示,将实际被测直线与模拟理想直线的刀口尺刀刃相比较,根据它们接触时光隙的大小来确定直线度误差值。

2. 测量坐标值原则(Principle of measuring the coordinate value)

测量坐标值原则是指利用计量器具的坐标系,测出实际被测要素上各测点对该坐标

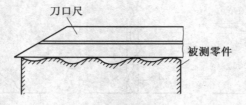

图4.51   与理想要素比较原则应用示例

系的坐标值,再经过计算确定几何误差值。

3. 测量特征参数原则(Principle of measuring characteristic parameter value)

测量特征参数原则是指测量实际被测要素上具有代表性的参数,用它表示几何误差值。应用这种检测原则测得的几何误差通常不是符合定义的误差值,而是近似值。例如用两点法测量圆柱面的圆度误差,在同一横截面内的几个方向上测量直径,取相互垂直的两直径的差值中的最大值之半作为该截面内的圆度误差值。但这种评定方法不符合定义。

4. 测量跳动原则(Principle of measuring run-out value)

跳动是按特定的测量方法来定义的位置误差项目。测量跳动原则是针对测量圆跳动和全跳动的方法而概括的检测原则。图4.52为径向圆跳动和端面圆跳动的测量示意图。被测零件以其基准孔安装在心轴上,它们之间呈无间隙配合,再将心轴安装在同轴线两顶尖间,基准轴线用这两顶尖的公共轴线模拟体现,后者也是测量基准。实

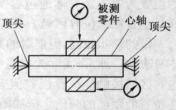

图4.52   圆跳动测量

际被测圆柱面绕基准轴线回转一周过程中,前者的同轴度误差和形状误差使位置固定的指示表的测头作径向移动,指示表最大与最小示值之值差即为径向圆跳动的数值。实际被测端面绕基准轴线回转一周过程中,位置固定的指示表的测头作轴向移动,指示表最大与最小示值之差即为端面圆跳动的数值。

5. 边界控制原则(Principle of boundary control)

按包容要求或最大实体要求给出几何公差时,就给定了最大实体边界或最大实体实效边界,要求被测要素的实际轮廓不得超出该边界,边界控制原则是指用光滑极限量规通规或位置量规的工作表面来模拟体现图样上给定的边界,来检测实际被测要素。若被测要素的实际轮廓能被量规通过,则表示合格,否则不合格。当最大实体要求应用于被测要素对应的基准要素时,可以使用同一功能量规的定位部分来检验基准要素的实际轮廓是否超出它应遵守的边界。

思考题与习题
(Questions and exercises)

1. 思考题(Questions)

4.1　形位公差特征共有多少项? 其名称和代号是什么?

4.2　决定形位公差带的要素是什么? 形位公差带有哪几种形式?

4.3　什么是评定形位误差的最小包容区域、定向最小包容区域和定位最小包容区域?

4.4　什么是独立原则、包容要求和最大实体要求? 它们的标注方法和应用场合是什么? 被测要素实际尺寸的合格性如何判断?

4.5　形位公差的选择原则是什么? 选择时要考虑哪些情况?

2. 习题(Exercises)

4.1　说明习题 4.1 图所示零件中底面 a、端面 b、孔表面 c 和孔的轴线 d 分别是什么要素(被测要素、基准要素、单一要素、关联要素、轮廓要素、中心要素)?

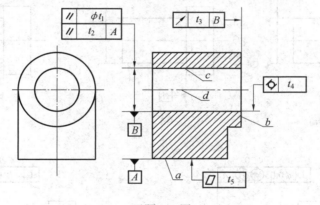

习题 4.1 图

4.2　试指出习题 4.2 图中所示销轴的三种形位公差标注所确定的公差带有何不同?

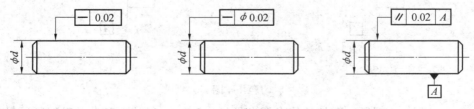

习题 4.2 图

4.3　根据习题 4.3 图所示的两种零件标注的不同位置公差,说明它们的要求有何不同?

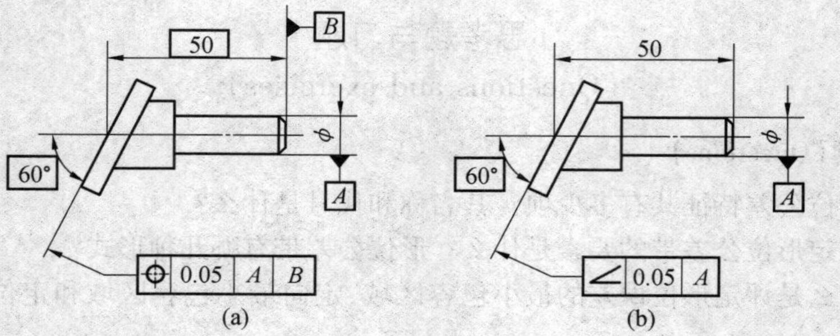

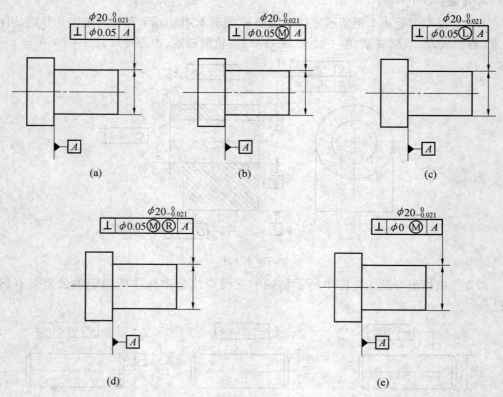

习题 4.3 图

4.4 习题 4.4 图中的垂直度公差各遵守什么公差原则或公差要求? 说明它们的尺寸误差和形位误差的合格条件。若图(b)加工后测得零件尺寸为 $\phi19.987$,轴线的垂直度误差为 $\phi0.06$,该零件是否合格? 为什么?

习题 4.4 图

4.5 习题 4.5 图所示零件的技术要求是:(1)$2 \times \phi d$ 轴线对其公共轴线的同轴度公差为 $\phi0.02$ mm;(2)ϕD 轴线对 $2 \times \phi d$ 公共轴线的垂直度公差为 $100 : 0.02$;(3)ϕD 轴线对 $2 \times \phi d$ 公共轴线的偏离量不大于 ± 10 μm。试用形位公差代号标出这些要求。

4.6　习题 4.6 图所示零件的技术要求是：(1) 法兰盘端面 A 对 $\phi18H8$ 孔的轴线的垂直度公差为 0.015 mm；(2) $\phi35$ mm 圆周上均匀分布的 $4 \times \phi8H8$ 孔，要求以 $\phi18H8$ 孔的轴线和法兰盘端面 H 为基准能互换装配，位置度公差为 $\phi0.05$ mm；(3) $4 \times \phi8H8$ 四孔组中，有一个孔的轴线与 $\phi4H8$ 孔的轴线应在同一平面内，它的偏离量不得大于 ±10 μm。试用形位公差代号标出这些技术要求。

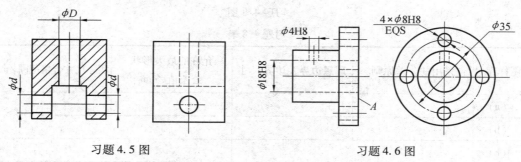

习题 4.5 图　　　　　　　　习题 4.6 图

4.7　改正习题 4.7 图各图中形位公差标注上的错误（不得改变形位公差项目）。

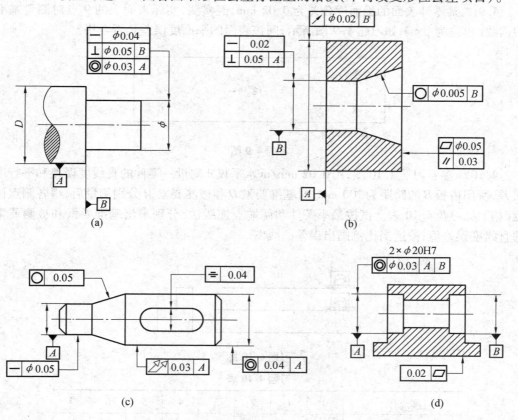

习题 4.7 图

4.8　试按习题 4.8 图的形位公差要求填习题 4.8 表。

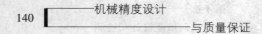

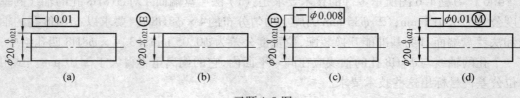

习题 4.8 图

习题 4.8 表

图样序号	采用的公差原则	理想边界及边界尺寸	允许的最大形状公差值 /mm	实际尺寸合格范围 /mm
（a）				
（b）				
（c）				
（d）				

4.9　某零件表面的平面度公差为 0.02 mm，经实测，实际表面上的 9 点对测量基准的读数（单位为 μm）如习题 4.9 图所示，问该表面的平面度误差是否合格？

−8	−9	−2
−1	−12	+4
−8	+9	0

习题 4.9 图

4.10　参看习题 4.10 图，用 0.02 mm/m 水平仪 A 测量一零件的直线度误差和平行度误差，所用桥板 B 的跨距为 200 mm，对基准要素 D 和被测要素 M 分别测量后，得各测点读数（格）见习题 4.10 表。试按最小条件和两端点连线法，分别求出基准要素和被测要素的直线度误差值；按适当比例画出误差曲线图。

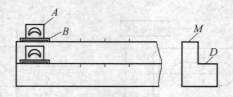

习题 4.10 图

习题 4.10 表

测点序	0	1	2	3	4	5	6	7
被测要素读数（格）	0	+ 1.5	− 3	− 0.5	− 2	+ 3	+ 2	+ 1
基准要素读数（格）	0	− 2	+ 1.5	+ 3	− 2.5	− 1	− 2	+ 1

4.11 习题4.11图所示为单列圆锥滚子轴承内圈,查表将下列形位公差要求标注在零件图上:

(1) 圆锥截面圆度公差为 6 级(注意此为形位公差等级)。

(2) 圆锥素线直线度公差为 7 级($L = 50$ mm),并且只允许向材料外凸起。

(3) 圆锥面对孔 $\phi80H7$ 轴线的斜向圆跳动公差为 0.02 mm。

(4) $\phi80H7$ 孔表面的圆柱度公差为 0.005 mm。

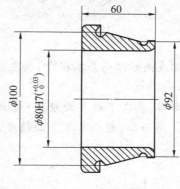

习题 4.11 图

第 5 章　　表面精度设计和检测
Chapter 5 Surface Precision Design and Testing

【内容提要】　本章主要介绍表面精度的基本概念、评定参数、选用、标注方法以及表面精度检测等内容。

【课程指导】　通过本章的学习,要求了解表面精度对机械零件使用性能的影响;明确表面精度的评定参数的含义、应用场合;重点掌握表面精度设计和图样标注方法;了解表面精度检测方法。

5.1　概　　述
(Overview)

无论是切削加工的零件表面上,还是用铸造、锻压、冲压、热轧冷轧等无削加工方法获得的零件表面上,都会存在微观几何误差,这种微观几何误差用表面粗糙度轮廓表示。零件表面粗糙度轮廓对该零件的功能要求、使用寿命、美观程度都有重大影响。因此,为了保证零件的使用性能和互换性,在对零件进行精度设计时,必须合理地提出表面粗糙度轮廓的精度要求。为此,我国已发布了一系列表面粗糙度轮廓标准。本章涉及的国家标准有:GB/T 131—2006《产品几何技术规范(GPS)技术产品文件中表面结构的表示法》,GB/T 3505—2009《产品几何技术规范(GPS)表面结构 轮廓法 术语、定义及表面结构参数及其数值》,GB/T 1031—2009《产品几何技术规范(GPS)表面结构 轮廓法 表面粗糙度参数》,GB/T 10610—2009《产品几何技术规范(GPS)表面结构 轮廓法 评定表面结构的规则和方法》等。

5.1.1　表面粗糙度轮廓的定义
(Definition of surface roughness profile)

零件的表面轮廓(实际轮廓)总是包含着粗糙度轮廓、波纹度轮廓和形状轮廓等构成的几何误差,它们叠加在同一表面上,如图 5.1 所示。

如图 5.2 所示,表面轮廓中相邻两波峰或两波谷之间的距离称为波距,波距小于 1 mm 的轮廓属于粗糙度轮廓;波距为 1 ~ 10 mm 的轮廓属于波纹度轮廓;波距大于 10 mm 的轮廓属于形状轮廓。

表面粗糙度是指加工表面所具有的较小间距和微小峰谷不平度,用肉眼难以区分,属于微观几何形状误差。表面波纹度是指由波距比粗糙度大得多的、随机的或接近周期形

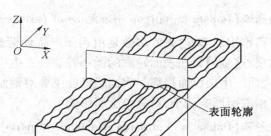

图 5.1　表面轮廓(实际轮廓)

式的成分构成的表面不平度,通常包含当零件表面加工时由意外因素引起的那种不平度。例如,由一个零件或某一刀具的失控运动所引起的零件表面的纹理变化。粗糙度轮廓叠加在波纹度轮廓上,在忽略由于粗糙度、波纹度引起的变化的条件下,表面总体形状轮廓为宏观形状轮廓,其误差称为形状误差。

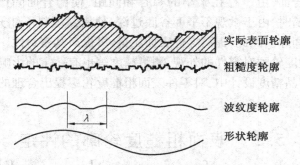

图 5.2　表面轮廓的组成成分

5.1.2　表面粗糙度轮廓对零件工作性能的影响

(Surface roughness profile impact on working performance of parts)

表面粗糙度轮廓的大小对零件的多方面功能和使用寿命有很大影响,尤其对在高温、高压和高速条件下工作的零件影响更大。

1. 对耐磨性的影响(Impact on wear resistance of parts)

对相互运动的两个零件表面来说,表面越粗糙,摩擦力就越大,则它的磨损也就越快。然而,表面过于光滑,由于润滑油被挤出或分子间的吸附作用等原因,也会使摩擦阻力增大从而加速磨损。

2. 对配合性质稳定性的影响(Impact on stability of fit nature of parts)

对于存在间隙的配合,由于零件表面峰尖在工作过程中很快磨损而使间隙增大,甚至会破坏原有的配合性质;对于存在过盈的配合,由于在装配过程中峰尖被挤平,使实际过盈量减小,从而降低连接强度。

3. 对耐疲劳性的影响(Impact on fatigue resistance of parts)

对于承受交变载荷作用的零件,失效多数是由表面产生疲劳裂纹造成的。疲劳裂纹容易在其微小谷底出现,这是因为在表面轮廓的微小谷底处产生应力集中,使材料的疲劳强度降低,导致零件表面产生裂纹而损坏。表面粗糙度主要对钢制零件的疲劳影响较大,对铸铁零件因其组织松散而影响较小,对有色金属影响更小。

4. 对抗腐蚀性的影响(Impact on carrosion resistance of parts)

金属表面被腐蚀,如生锈变色或表层脱落,往往是由化学作用或电化学作用引起的。金属表面越粗糙,其微观不平度的凹痕越深,存留在凹痕中的腐蚀性物质也越多,腐蚀作用就越严重。对于承受交变载荷的零件,表面因腐蚀而产生的裂缝会引起应力集中,使零件发生突然破坏的可能性增大。实验表明,零件表面越光滑其抗腐蚀能力也越强。

5. 对密封性的影响(Impact on sealing of parts)

在零件的使用中,常常要求配合面的密封性能良好,如不漏气、不漏水或不漏油。而粗糙不平的两个配合面,由于存在微小的峰谷和间距,使配合面间产生缝隙,影响密封性。当表面过于粗糙时,由于微观不平度谷底过深,使密封填料不能充满这些谷底,则在密封面上留有渗漏间隙。因此,提高零件表面质量,可提高其密封性。

此外,表面粗糙度轮廓对零件的外观、测量精度等也有一定的影响。

因此,在机械产品精度设计中,对零件表面粗糙度轮廓提出合理的技术要求是一项不可缺少的重要内容。

5.2　表面粗糙度轮廓的评定
(Evaluation of surface roughness profile)

零件在加工后的表面粗糙度轮廓是否符合要求,应由测量和评定它的结果来确定。为了限制和减弱形状轮廓,特别是波纹度轮廓对表面粗糙度测量结果的影响,得到较好的测量结果,测量和评定表面粗糙度轮廓时,应规定取样长度、评定长度、中线和评定参数。当没有指定测量方向时,测量截面方向与表面粗糙度轮廓幅度参数的最大值相一致,该方向垂直于被测表面的加工纹理,即垂直于表面主要加工痕迹的方向。

5.2.1　取样长度和评定长度
(Sampling length and evaluation length)

1. 取样长度(Sampling length)

实际表面轮廓包含粗糙度、波纹度和形状误差三种几何误差,测量表面粗糙度轮廓时,应把测量限制在一段足够短的长度上,以限制或减弱波纹度、排除形状误差对表面粗糙度轮廓测量的影响。这段长度称为取样长度,它是用于判别被评定轮廓的不规则特征。表面越粗糙,取样长度就应越大,取样长度用符号 l_r 表示,如图 5.3 所示。标准取样长度的数值见表 5.1。

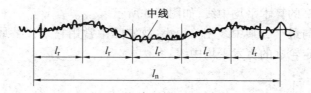

图 5.3　取样长度和评定长度

表 5.1　Ra、Rz 参数值的取样长度 l_r 值和评定长度 l_n 值　（摘自 GB/T 1031—2004）

$Ra/\mu m$	$Rz/\mu m$	取样长度 l_r/mm	评定长度 l_n/mm
（0.008）$< Ra \leqslant 0.02$	（0.025）$< Rz \leqslant 0.10$	0.08	0.4
$0.02 < Ra \leqslant 0.1$	$0.10 < Rz \leqslant 0.50$	0.25	1.25
$0.1 < Ra \leqslant 2.0$	$0.50 < Rz \leqslant 10.0$	0.8	4.0
$2.0 < Ra \leqslant 10.0$	$10.0 < Rz \leqslant 50.0$	2.5	12.5
$10.0 < Ra \leqslant 80.0$	$50 < Rz \leqslant 320$	8	40

2. 评定长度 l（Envaluation length）

由于零件表面的微小峰谷的不均匀性,在实际表面轮廓不同位置的取样长度上的表面粗糙度测量值不尽相同。因此,为了更可靠地反映表面粗糙度轮廓的特性,应测量连续的几个取样长度上的表面粗糙度轮廓。这样连续的几个取样长度称为评定长度,用符号 l_n 表示(见图 5.3)。需要指出的是,评定长度可以只包含一个取样长度或包含连续的几个取样长度。标准评定长度为连续的 5 个取样长度,其数值见表 5.1。

5.2.2　表面粗糙度轮廓的中线
（Mean line for surface roughness profile）

轮廓中线是评定表面粗糙度参数值大小的一条参考线(也称基准线)。中线的几何形状与工件表面几何轮廓的走向一致。中线包括轮廓的最小二乘中线和轮廓的算术平均中线。

1. 轮廓的最小二乘中线（Least square mean line for surface roughness profile）

在一个取样长度 l_r 范围内,使轮廓上各点至一条假想线的距离的平方之和为最小,即

$$\int_0^{l_r} Z^2 \, \mathrm{d}x = \sum_{i=1}^{n} z_i^2 = z_1^2 + z_2^2 + z_3^2 + \cdots + z_i^2 + \cdots + z_n^2 = \min$$

这条假想线就是轮廓的最小二乘中线,如图 5.4 所示。

轮廓的最小二乘中线符合最小二乘法原理,从理论上讲是很理想的基准线,但实际上很难确切地找到它,故很少应用。

2. 轮廓的算术平均中线（Arithmetical mean line for surface roughness profile）

在一个取样长度 l_r 范围内,由一条假想线将实际轮廓划分为上、下两部分,且使上部分面积之和等于下部分面积之和,即

$$\sum_{i=1}^{n} F_i = \sum_{i=1}^{n} F'_i$$

这条假想线就是轮廓的算术平均中线,如图5.5所示。

算术平均中线与最小二乘中线相差很小,故实际中常用它来代替最小二乘中线。通常用目测估计来确定轮廓的算术平均中线。

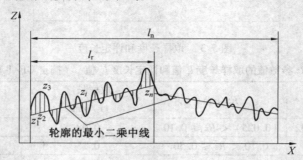

图5.4　表面粗糙度轮廓的最小二乘中线

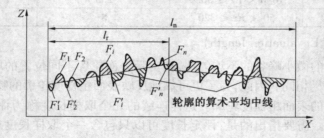

图5.5　表面粗糙度轮廓的算术平均中线

5.2.3　表面粗糙度轮廓的评定参数
（Evaluation parameter of surface roughness profile）

为了定量地评定表面粗糙度轮廓,必须用参数及其数值来表示表面粗糙度轮廓的特征。表面粗糙度轮廓的评定参数应从轮廓的幅度参数——轮廓的算术平均偏差（Ra）和轮廓的最大高度（Rz）两个主要评定参数中选取。除此两个幅度参数外,根据表面功能的需要,还可以从轮廓的间距参数——轮廓单元的平均宽度（Rsm）和轮廓的形状参数——轮廓的支承长度率（$Rmr(c)$）两个附加参数中选取。

1. 轮廓的算术平均偏差 Ra（Arithemetical mean deviation of assessed profile Ra）

在一个取样长度 l_r 范围内,被测轮廓上各点至中线的距离的算术平均值,称为轮廓的算术平均偏差 Ra（见图5.4）,其公式表示为

$$Ra = \frac{1}{l_r}\int_0^{l_r} |Z(x)|\, \mathrm{d}x \tag{5.1}$$

可近似表示为

$$Ra = \frac{1}{n}\sum_{i=1}^{n} |Z(x)| = \frac{1}{n}\sum_{i=1}^{n} |z_i| \tag{5.2}$$

测得的 Ra 值越大,则表面越粗糙。Ra 值能客观地反映表面微观几何形状的特性,但因 Ra 值一向是用电动轮廓仪进行测量,而表面过于粗糙或太光滑时不宜用电动轮廓仪测

量,所以这个参数的使用受到一定的限制。

2. 轮廓的最大高度 Rz(Maximum height of profile Rz)

参看图 5.6,在一个取样长度 l_r 范围内,轮廓上各个高极点至中线的距离称为轮廓峰高,用符号 Z_{pi} 表示,其中最大的距离称为最大轮廓峰高 Rp(图中 $Rp = Z_{p6}$);轮廓上各个低极点至中线的距离称为轮廓谷深,用符号 Z_{vi} 表示,其中最大的距离称为最大轮廓谷深,用符号 Rv 表示(图中 $Rv = Z_{v2}$)。

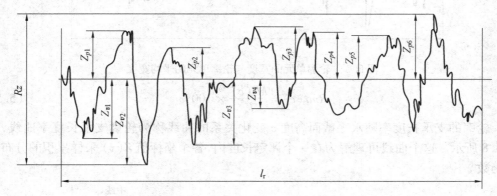

图 5.6　表面粗糙度轮廓的最大高度

轮廓的最大高度是指在一个取样长度 l_r 范围内,被评定轮廓的最大轮廓峰高 Rp 与最大轮廓谷深 Rv 之和的高度,用符号 Rz 表示,即

$$Rz = Rp + Rv \tag{5.3}$$

对同一表面,仅标注 Ra 和 Rz 中的一个,切勿同时把两者都标注。Rz 值只是对被测轮廓峰与谷的最大高度的单一评定,因此它不如 Ra 值反映的几何特性全面,在测量均匀性较差的表面时尤其如此。但由于 Rz 本身的定义,使其测量非常简便。对某些不允许出现较深加工痕迹,经常承受交变应力作用的工作表面(如齿廓表面)常标注 Rz 参数;被测表面很小时也常采用 Rz 参数。

3. 轮廓单元的平均宽度 Rsm(Mean width of profile elements Rsm)

参看图 5.7,一个轮廓峰与相邻的轮廓谷的组合称为轮廓单元,在一个取样长度 l_r 范围内,中线与各个轮廓单元相交线段的长度称为轮廓单元的宽度,用符号 X_{S_i} 表示。

轮廓单元的平均宽度是指在一个取样长度 l_r 范围内,所有轮廓单元的宽度 X_{S_i} 的平均值用符号 Rsm 表示,即

$$Rsm = \frac{1}{m} \sum_{i=1}^{m} X_{S_i} \tag{5.4}$$

4. 轮廓的支承长度率 $Rmr(c)$(Material ratio of the profile $Rmr(c)$)

表面粗糙度轮廓的形状特性用轮廓的支承长度率表示。在给定水平截面高度 c 上轮廓的实体材料长度 $Ml(c)$ 与评定长度 l_n 的比率称为轮廓的支承长度率,用符号表示 $Rmr(c)$,即

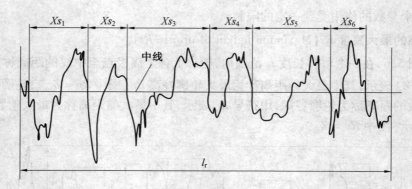

图 5.7　轮廓单元的宽度与轮廓单元的平均宽度

$$Rmr(c) = \frac{Ml(c)}{l_n} \times 100\% \tag{5.5}$$

　　轮廓的支承长度率随水平截面高度 c 变化关系的曲线称为轮廓支承长度率曲线,如图 5.8 所示。这个曲线可理解为在一个评定长度内,各个坐标值 $Z(x)$ 采样累积的分布概率函数。

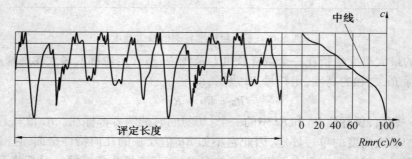

图 5.8　轮廓支承长度率曲线

　　由图 5.8 可见,轮廓支承长度 $Rmr(c)$ 与平行于中线且从峰顶线向下所取的水平截距 c 有关。水平截距不同,则在评定长度 l_n 内轮廓的实体材料长度 $Ml(c)$ 就不同,因此相应的轮廓支承长度率 $Rmr(c)$ 也不同。所以,轮廓支承长度率 $Rmr(c)$ 应该对应于水平截距 c 给出,水平截距 c 用 μm 或 Rz 的百分数表示。Rz 的百分数系列如下:5%、10%、15%、20%、25%、30%、40%、50%、60%、70%、80%、90%。

　　轮廓支承长度率 $Rmr(c)$ 与零件的实际轮廓形状有关,是反映零件表面耐磨性能的指标。对于不同的实际轮廓形状,在相同的评定长度内并给出相同的水平截距,$Rmr(c)$ 越大,则表示零件表面凸起的实体部分越大,承载面积越大,因而接触刚度就越高,耐磨性越好。

5.3 表面精度设计
（Surface precision design）

1. 表面精度设计的内容（Content of surface precision design）

零件表面精度设计就是规定表面粗糙度轮廓的技术要求,即给出表面粗糙度轮廓幅度(高度)参数及允许值和测量时的取样长度值这两项基本要求,必要时可规定轮廓其他的评定参数(如 Rsm)、表面加工纹理方向、加工方法或(和)加工余量等附加要求。如果采用标准取样长度,则在图样上可以省略标注取样长度值。表面粗糙度轮廓的评定参数及允许值的大小直接关系到零件的性能、产品的质量以及使用寿命和生产成本。因此应根据零件的功能要求、加工工艺的经济性、检测的方便性和使用条件来选择。

2. 表面粗糙度轮廓评定参数的选择（Selection of evaluation parameters of surface roughness profile）

在机械产品表面精度设计中,通常只给出幅度参数 Ra 或 Rz 及允许值,根据功能需要可附加选用间距参数或其他的评定参数及相应的允许值。

参数 Ra 的概念直观,反映表面粗糙度轮廓特性的信息量大,而且 Ra 值用触针式轮廓仪测量比较容易。因此,对于光滑表面和半光滑表面(Ra 值为 $0.025\sim6.3\ \mu m$)。普遍采用 Ra 作为评定参数。但受到触针式轮廓仪功能的限制,它不宜测量极光滑表面和粗糙表面,因此对于极光滑表面(Ra 值小于 $0.025\ \mu m$)和粗糙表面(Ra 值大于 $6.3\ \mu m$),采用 Rz 作为评定参数。

对于有特殊要求的表面,除选用幅度参数(Ra、Rz)外,还可以根据需要附加选择间距参数(RSm)或形状参数($Rmr(C)$)。例如,对涂漆,冲压成形时抗裂纹、抗振、耐腐蚀、减小流体流动摩擦阻力等有要求时,可以附加选用间距参数(RSm);而对于在耐磨性、接触刚度要求较高的场合,可以附加选择形状公差($Rmr(c)$)。

3. 表面粗糙度轮廓评定参数允许值的选择（Selection of evaluation parameter permit value of surface roughness profile）

表面粗糙度轮廓评定参数选定后,应规定其允许值。一般只规定上限值,必要时还要给出下限值。表面粗糙度的参数值已经标准化,见表 5.2,设计时应按国家标准规定的参数系列选取。

表 5.2 表面粗糙度轮廓评定参数允许值基本系列的数值 （摘自 GB/T 1031—2009）

轮廓的算术平均偏差 $Ra/\mu m$			轮廓的最大高度 $Ra/\mu m$			轮廓单元的平均宽度 Rsm/mm		轮廓的支承长度率 $Rmr(c)/\%$	
0.012	0.8	50	0.025	1.6	100	0.006	0.4	10	50
0.025	1.6	100	0.05	3.2	200	0.0125	0.8	15	60
0.05	3.2		0.1	6.3	400	0.025	1.6	20	70
0.1	6.3		0.2	12.5	800	0.05	3.2	25	80
0.2	12.5		0.4	25	1 600	0.1	6.3	30	90
0.4	25		0.8	50		0.2	12.5	40	

　　表面粗糙度参数值选用得适当与否,不仅影响零件的使用性能,还关系到制造成本。因此,合理地选取表面粗糙度参数值具有十分重要的意义。一般,在规定表面粗糙度幅度(高度)参数的允许值时,可考虑以下原则:

　　① 在满足功能要求的前提下,尽量选用较大的表面粗糙度参数值,以降低加工成本。

　　② 同一零件上,工作表面的粗糙度参数值通常比非工作表面小。但对于特殊用途的非工作表面,如机械设备上的操作手柄的表面,为了美观和手感舒服,其表面粗糙度参数允许值应予以特殊考虑。

　　③ 摩擦表面比非摩擦表面的粗糙度参数值要小,滚动摩擦表面比滑动磨擦表面的粗糙度参数值要小。

　　④ 相对运动速度高、单位面积压力大的表面,受交变应力作用的重要零件圆角、沟槽的表面粗糙度参数值都应小些。

　　⑤ 配合精度要求高的配合表面(如小间隙配合的配合表面),受重载荷作用的过盈配合表面的粗糙度参数值也应小些。

　　⑥ 在确定表面粗糙度轮廓评定参数允许值时,应注意它与孔、轴尺寸的标准公差等级的协调。这可参考表5.3所列的比例关系来确定。一般来说,孔、轴尺寸的标准公差等级越高,则该孔或轴的表面粗糙度参数值就应越小。对于同一标准公差等级的不同尺寸的孔或轴,小尺寸的孔或轴的表面粗糙度参数值应比大尺寸的小一些,轴比孔的粗糙度参数值要小。

表5.3　　表面粗糙度轮廓幅度参数值与尺寸公差值、形状公差的一般关系

形状公差 t 占尺寸公差 T 的百分比(t/T)/%	表面粗糙度轮廓幅度参数值占尺寸公差值的百分比	
	Ra/T/%	Rz/t/%
约60	≤ 5	≤ 30
约40	≤ 2.5	≤ 15
约25	≤ 1.2	≤ 7

　　⑦ 凡有关标准已经对表面粗糙度轮廓技术要求做出具体规定的特定表面,例如,与滚动轴承配合的轴颈和外壳孔,应按该标准的规定来确定其粗糙度参数值。

　　⑧ 对于防腐蚀、密封性要求高的表面以及要求外表美观的表面,其粗糙度参数允许值应小。

　　确定粗糙度参数的允许值,除有特殊要求的表面外,通常采用类比法。表5.4列出了各种不同的表面粗糙度轮廓幅度(高度)参数值的选用实例。表5.5列出了不同功能表面的 Ra 值的允许范围,表5.6列出了间隙或过盈配合与表面粗糙度的对应关系,图5.9为不同加工方法所得表面粗糙度 Ra 值与相应加工时间的关系图,可供合理选用表面粗糙度值时参考。

表 5.4   表面粗糙度轮廓幅度参数值的选用实例

表面粗糙度参数 Ra 值 /μm	表面粗糙度参数 Rz 值 /μm	表面形状特征		应用举例
40 ~ 80		粗糙	明显可见刀痕	表面粗糙度甚大的加工面,一般很少采用
20 ~ 40			可见刀痕	
10 ~ 20	63 ~ 125		微见刀痕	粗加工表面,应用范围较广,如轴端面、倒角、穿螺钉孔和铆钉孔的表面、垫圈的接触面等
5 ~ 10	32 ~ 63	半光	可见加工痕迹	半精加工面,支架、箱体、离合器、带轮侧面、凸轮侧面等非接触的自由表面,与螺栓头和铆钉头相接触的表面,轴和孔的退刀槽,一般遮板的结合面等
2.5 ~ 5	16.0 ~ 32		微见加工痕迹	半精加工面,箱体、支架、盖面、套筒等与其他零件连接而没有配合要求的表面,需要发蓝的表面,需要滚花的预先加工面,主轴非接触的全部外表面等
1.25 ~ 2.5	8.0 ~ 16.0	光	看不清加工痕迹	基面及表面质量要求较高的表面,中型机床(普通精度)工作台面,组合机床主轴箱座和箱盖的结合面,中等尺寸带轮的工作表面,衬套、滑动轴承的压入孔,低速转动的轴颈
0.63 ~ 1.25	4.0 ~ 8.0		可辨加工痕迹的方向	中型机床(普通精度)滑动导轨面,导轨压板,圆柱销和圆锥销的表面,一般精度的分度盘,需镀铬抛光的外表面,中速转动的轴颈,定位销压入孔等
0.32 ~ 0.63	2.0 ~ 4.0		微辨加工痕迹的方向	中型机床(提高精度)滑动导轨面,滑动轴承轴瓦的工作表面,夹具定位元件和钻套的主要表面,曲轴和凸轮轴的轴颈的工作面,分度盘表面,高速工作下的轴颈及衬套的工作面等
0.16 ~ 0.32	1.0 ~ 2.0		不可辨加工痕迹的方向	精密机床主轴锥孔,顶尖圆锥面,直径小的精密心轴和转轴的结合面,活塞的活塞销孔,要求气密的表面和支承面
0.08 ~ 0.16	0.5 ~ 1.0	极光	暗光泽面	精密机床主轴箱上与套筒配合的孔,仪器在使用中要承受摩擦的表面(例如导轨、槽面),液压传动用的孔的表面,阀的工作面,气缸内表面,活塞销的表面等
0.04 ~ 0.08	0.25 ~ 0.5		亮光泽面	特别精密的滚动轴承套圈滚道、钢球及滚子表面,量仪中的中等精度间隙配合零件的工作一面,工作量规的测量表面等
0.02 ~ 0.04			镜状光泽面	特别精密的滚动轴承套圈滚道、钢球及滚子表面,高压油泵中的柱塞和柱塞套的配合表面,保证高度气密的结合表面等
0.01 ~ 0.02			雾状镜面	仪器的测量表面,量仪中的高精度间隙配合零件的工作表面,尺寸超过 100 mm 的量块工作表面等
≯ 0.01			镜面	量块工作表面,高精度量仪的测量面,光学量仪中的金属镜面等

表 5.5　不同功能表面的 Ra 值范围

不同功能的表面	表面粗糙度 Ra 值 / μm											
	0.05	0.1	0.2	0.4	0.8	1.6	3.2	6.3	12.5	25	50	100
刀刃的表面						━	━					
电作用的表面						━	━	━				
过盈及过渡配合						━	━	━				
收缩配合的表面							━	━	━	━		
支撑表面						━	━	━				
涂镀层的基面						━	━	━				
测量表面				━	━	━	━					
钢制量块的测量面	━	━										
金相试样的表面		━	━									
无密封材料的密封面					━	━	━	━				
有密封材料的动密封					━	━	━	━				
有密封材料的静密封					━	━	━	━				
滑动面、间隙配合面				━	━	━	━	━				
导流表面				━	━	━	━	━				
制动的表面						━	━	━	━	━		
滚动的表面		━	━	━	━	━						
滚动表面					━	━	━	━	━	━		
接合面				━	━	━	━	━	━			
应力界面				━	━	━	━	━				

表 5.6　间隙或过盈配合与表面粗糙度的对应关系

间隙或过盈 /μm	表面粗糙度 Ra/μm	
	轴	孔
≤ 2.5	0.025	0.05
2.5 ~ 4	0.05	0.10
4 ~ 6.5		0.20
6.5 ~ 10	0.10	0.40
10 ~ 16	0.20	
16 ~ 25	0.20	
25 ~ 40	0.40	0.80

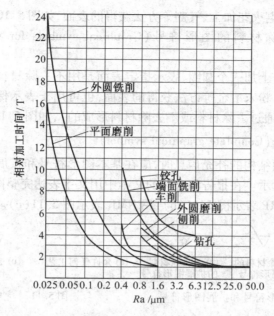

图 5.9　不同加工方法所得表面粗糙度 Ra 值与相应加工时间的关系

5.4　表面精度要求在零件图上标注的方法
(Indication of surface precision requirment on part drawing)

在确定了零件表面精度(如粗糙度轮廓)评定参数及允许值和其他技术要求后,应按 GB/T 131—2009 的规定,把表面结构技术要求正确地标注在零件图上。

5.4.1　表面结构的图形符号
(Graphical symbol for indication of surface texture)

根据 GB/T 131—2009 规定,在技术产品文件中对表面结构的要求可用基本图形符号、扩展图形符号、完整图形符号及工件轮廓各表面的图形符号等几种不同的形式表示,每种符号都有特定含义。使用基本图形符号和扩展图形符号时,应附加对表面结构的补充要求,其形式有数字、图形符号和文本。在特殊情况下,图形符号可以在技术图样中单独使用以表达特殊意义。

1. 基本图形符号(Basic graphical symbol)

基本图形符号由两条不等长的与标注表面成 60° 夹角的直线构成,如图 5.10(a) 所示。基本图形符号仅用于简化代号标注,表示可用任何方法获得的表面,没有补充说明时不能单独使用。

2. 扩展图形符号(Expanded graphical symbols)

(1) 要求去除材料的图形符号(Graphical symbols for removal of material required)

在基本图形符号上加一短横,表示指定表面是用去除材料的方法获得,例如车、铣、钻、刨、镗、磨、抛光、电火花加工、气割等方法获得的表面,如图 5.10(b) 所示。

（2）不允许去除材料的图形符号（Graphical symbols for removal of matrial not permitted）

在基本图形符号上加一个圆圈,表示指定表面是用不去除材料的方法获得,例如铸、锻、冲压、热轧、冷轧、粉末冶金等方法获得的表面,也可用于表示保持上道工序形成的表面（不管这种状况是通过去除材料或不去除材料形成的）,如图 5.10(c) 所示。

3. 完整图形符号（Complete graphical symbol）

当要求标注表面结构的补充信息时,应在基本图形符号和扩展图形符号的长边上加一横线,如图 5.11 所示。在报告和合同的文本中用文字表达完整图形符号时,用 APA 表示图 5.11(a)、用 MRP 表示图 5.11(b)、用 NMR 表示图 5.11(c)。

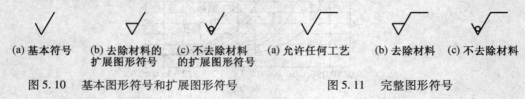

| (a)基本符号 | (b)去除材料的
扩展图形符号 | (c)不去除材料
的扩展图形符号 | | (a)允许任何工艺 | (b)去除材料 | (c)不去除材料 |

图 5.10　基本图形符号和扩展图形符号　　　　图 5.11　完整图形符号

4. 工件轮廓各表面的图形符号（Graphical symbol for all surface around a workpiece outline）

当图样某个视图上构成封闭轮廓的各表面有相同的表面结构要求时,应在完整图形符号上加一圆圈,标注在图样中工件的封闭轮廓线上,如图 5.12 所示,图示的图形符号表示对图形中封闭轮廓的 6 个面有共同要求（不包括前后面）。如果标注会引起歧义时,各表面应分别标注。

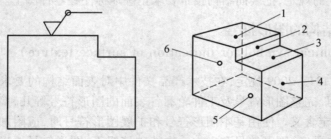

图 5.12　完整图形符号

5.4.2　表面结构完整图形符号的组成与标注

（Composition and indication of complete graphical symbol for surface texture）

为了明确表面结构要求,除了标注表面结构参数和数值外,必要时应标注补充要求,补充要求包括传输带、取样长度、加工工艺、表面纹理及方向、加工余量等。为了保证表面的功能特征,应对表面结构参数规定不同要求。

在完整符号中,对表面结构的单一要求和补充要求应注写在图 5.13 所示的指定位置。

1. 位置 a – 注写表面结构的单一要求(Position a –indication of single surface texture requirement)

标注表面结构参数代号、极限值和传输带或取样长度。为了避免误解,在参数代号和极限值间应插入空格。传输带或取样长度后应有一斜线"/",之后是表面结构参数代号,最后是数值,如表 5.7 中 a、b 所示。

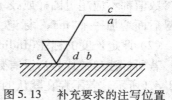

图 5.13 补充要求的注写位置

表 5.7 表面结构代号示例

序号	符号	含义/解释
a	$\sqrt{}$ 0.008−0.8/Ra 3.2	表示去除材料,单向上限值,传输带 0.008 ~ 0.8 mm,R 轮廓(表面粗糙度轮廓),粗糙度算术平均偏差 3.2 μm,评定长度为 5 个取样长度(默认),"16% 规则"(默认)
b	$\sqrt{}$ −0.8/Ra3 3.2	表示去除材料,单向上限值,传输带:根据 GB/T 6062,取样长度 0.8 mm(λ_s 默认 0.0025 mm),R 轮廓(表面粗糙度轮廓),粗糙度算术平均偏差 3.2 μm,评定长度包含 3 个取样长度(默认),"16% 规则"(默认)
c	$\sqrt{}$ U Ra max 3.2 L Ra 0.8	表示不允许去除材料,双向极限值,两极限值均使用默认传输带,R 轮廓(表面粗糙度轮廓)。上限值:算术平均偏差 3.2 μm,评定长度为 5 个取样长度(默认),"最大规则";下限值:算术平均偏差 0.8 μm,评定长度为 5 个取样长度(默认),"16% 规则"(默认)
d	$\sqrt{}$ −0.8/Ra 1.6 U−2.5/Rz 12.5 L−2.5/Rz 3.2	表示去除材料,单向上极限和一个双向极限值,R 轮廓(表面粗糙度轮廓)。单向上限值:算术平均偏差 3.2 μm,传输带 − 0.8 mm(λ_s 根据 GB/T 6062 确定),评定长度为 5 × 0.8 = 4 mm(默认);"16% 规则"(默认);双向极限值:最大高度上限值 12.5 μm、下限值 3.2 μm,上下极限传输带均为 − 2.5 mm(λ_s 根据 GB/T 6062 确定),上下极限评定长度均为 5 × 2.5 = 12.5 mm(默认),"16% 规则"(默认)
e	$\sqrt{}$ Rz 0.4	表示不允许去除材料,单向上限值,默认传输带,R 轮廓(表面粗糙度轮廓),粗糙度的最大高度 0.4 μm,评定长度为 5 个取样长度(默认),"16% 规则"(默认)
f	$\sqrt{}$ Rz max 0.2	表示去除材料,单向上限值,默认传输带,R 轮廓(表面粗糙度轮廓),粗糙度最大高度的最大值 0.2 μm,评定长度为 5 个取样长度(默认),"最大规则"

(1)极限值判断规则的标注(Indication of tolerance limits)

根据 GB/T 10610—2009 规定,表面结构要求中给定极限值的判断规则有两种:16% 规则和最大规则。

①16% 规则。当参数的规定值为上限值时,如果所选参数在同一评定长度上的全部实测值中,大于图样或技术产品文件中规定值的个数不超过实测值总数的 16%,则该表面合格。

当参数的规定值为下限值时,如果所选参数在同一评定长度上的全部实测值中,小于图样或技术产品文件中规定值的个数不超过实测值总数的 16%,则该表面合格。

16% 规则是所有表面结构要求标注的默认规则。

② 最大规则。检验时,若参数的规定值为最大值,则在被检表面的全部区域内测得的参数值都不应超过图样或技术产品文件中的规定值。若规定参数的最大值,应在参数符号后面增加一个"max"标记,如表 5.5 中 c、f 所示。

（2）评定长度的标注（Indication of evaluation length）

若所标注参数代号后没有数字,这表明采用的是有关默认的评定长度,如表 5.7 中 a、c、d、e、f 所示。若不存在默认的评定长度时,参数代号标注取样长度的个数,如表 5.7 中 b 所示。

（3）传输带和取样长度的标注（Indication of transmission band and sampling length）

一般而言,表面结构定义在传输带中,传输带的波长范围在两个定义的滤波器之间或图形法的两个极限值之间,这意味着传输带即是评定时的波长范围。传输带被一个截止短波的滤波器（短波滤波器）和另一个截止长波的滤波器（长波滤波器）所限制。滤波器由截止波长值表示,长波滤波器的截止波长值也就是取样长度。

通过 λ_s 轮廓滤波器后的总轮廓称为原始轮廓,即 P 轮廓;对原始轮廓采用 λ_c 轮廓滤波器抑制长波成分以后形成的轮廓称为粗糙度轮廓,即 R 轮廓;对原始轮廓连续采用 λ_f 轮廓滤波器抑制长波成分,而采用 λ_c 轮廓滤波器抑制短波成分以后形成的轮廓称为波纹度轮廓,即 W 轮廓。可见,粗糙度轮廓传输带的截止波长值代号是 λ_s（短波滤波器）和 λ_c（长波滤波器）,λ_c 表示取样长度,其默认值见表 5.1。

当参数代号中没有标注传输带时,如表 5.7 中 c、e、f 所示,表面结构要求采用默认的传输带。如果表面结构参数没有定义默认传输带、默认的短波滤波器或默认的取样长度（长波滤波器）,则表面结构标注应该指定传输带,即短波滤波器或长波滤波器,以保证表面结构明确的要求。传输带应标注在参数代号的前面,并用斜线"/"隔开。

传输带标注包括滤波器截止波长（mm）,短波滤波器在前,长波滤波器在后,并用连字符"－"隔开,如表 5.7 中 a 所示。

在某些情况下,在传输带中只标注两个滤波器中的一个。如果存在第二个滤波器,使用默认的截止波长值。如果只标注一个滤波器,应保留连字符"－"来区分是短波滤波器还是长波滤波器,如表 5.7 中 a、b、d 所示。

（4）单向极限或双向极限的标注（Indication of unilateral tolerance or bilateral tolerance of a surface parameter）

标注单向或双向极限以表示对表面结构的明确要求,参数值与参数代号应一起标注。

① 表面结构参数的单向极限。当只标注参数代号、参数值和传输带时,它们应默认为参数的上限值（16% 规则或最大规则的极限值）;当参数代号、参数值和传输带作为参数的单向下限值（16% 规则或最大规则的极限值）标注时,参数代号前应加 L,例如:L Ra0.32。

② 表面结构参数的双向极限。在完整图形符号中表示双向极限时应标注极限代号,上限值在上方用 U 表示,下限值在下方用 L 表示,上下极限值为 16% 规则或最大规则的极限值,如表 5.7 中 c、d 所示。如果同一参数具有双向极限要求,在不引起歧义的情况下,可

以不加 U、L。

上下极限值可以用不同的参数代号和传输带表达。

2. 位置 a 和 b – 注写两个或多个表面结构要求（Position a and b – Two or more surface texture requirement）

在位置 a 注写第一个表面结构要求，方法同 1。在位置 b 注写第二个表面结构要求，如表 5.7 中 c 所示。如果要注写第三个或更多个表面结构要求，图形符号应在垂直方向扩大，以空出足够的空间。扩大图形符号时，a 和 b 的位置随之上移，如表 5.7 中 d 所示。

3. 位置 c – 注写加工方法（Position c – Manufacturing method）

轮廓曲线的特征对实际表面的表面结构参数值影响很大。标注的参数代号、参数值和传输带中作为表面结构要求，有时不一定能够完全准确地表示表面功能。加工工艺在很大程度上决定了轮廓曲线的特征，因此，一般应注明加工工艺，包括加工方法、表面处理、涂层或其他加工工艺要求等，如车、磨、镀等加工表面。加工工艺用文字按图 5.14 和图 5.15 所示方式在完整图形符号中注明。图 5.15 表示的是镀覆的示例，使用了 GB/T 13911 中规定的符号。

MRR 车 Rz 3.2

(a) 在文本上 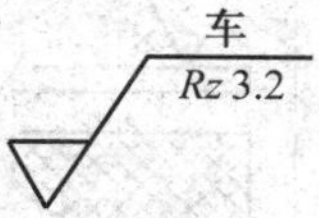
(b) 在图样上

图 5.14　加工工艺和表面粗糙度要求的注法

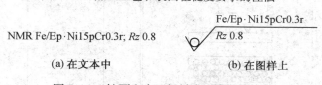

NMR Fe/Ep·Ni15pCr0.3r; Rz 0.8

(a) 在文本中
(b) 在图样上

图 5.15　镀覆和表面粗糙度要求的注法

4. 位置 d – 注写表面纹理和方向（Position d – surface lay and crientation）

表面纹理及其方向用表 5.8 中规定的符号按照图 5.16 标注在完整图形符号中。采用定义的符号标注表面纹理不适用于文本标注。

表 5.8 中的符号包括了表面结构所要求的与图样平面相应的纹理及其方向。

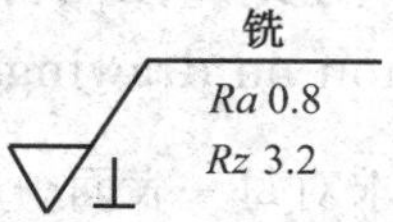

图 5.16　垂直于视图所在投影面的
表面纹理方向的注法

5. 位置 e – 注写加工余量（Position e – Machining allowance）

在同一图样中，有多个加工工序的表面可标注加工余量，以 mm 为单位给出数值。例如，在表示完工零件形状的铸锻件图样中给出加工余量，如图 5.17 所示，表示所有表面均有 3 mm 加工余量。这种方式不适用于文本。

加工余量可以是加注在完整图形符号上的唯一要求，也可以同表面结构要求一起标注。

表 5.8　表面纹理的标注　（摘自 GB/T 131—2006）

符号	解　释	示　例	符号	解　释	示　例
=	纹理平行于视图所在的投影面	 纹理方向	C	纹理呈近似同心圆与表面中心相关	
⊥	纹理垂直于视图所在的投影	 纹理方向	R	纹理呈近似放射状且与表面圆心相关	
×	纹理呈两斜向交叉且与视图所在的投影面相交	 纹理方向	P	纹理呈微粒、凸起,无方向	
M	纹理呈多方向				

5.4.3　表面结构要求在图样和其他技术产品文件中的注法

（Position on drawings and other technical product documentation）

　　表面结构要求对每一表面一般只标注一次,并尽可能注在相应的尺寸及其公差的同一视图上,除非另有说明,所标注的表面结构要求是对完工零件表面的要求。

　　1. 表面结构符号、代号的标注位置与方向（Position and orientation of graphical symbol and its annotation）

　　总的原则是根据 GB/T 4458.4 的规定,使表面结构的注写和读取方向与尺寸的注写和读取方向一致,见表 5.18。

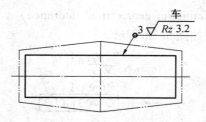

图 5.17　加工余量的注法

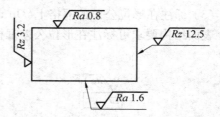

图 5.18　表面结构要求的注写方向

（1）标注在轮廓线上或指引线上（On outline or by reference line and leader line）

表面结构要求可标注在轮廓线上，其符号应从材料外指向并接触表面。必要时，表面结构符号也可用带箭头或黑点的指引线引出标注，如图 5.19 和图 5.20 所示。

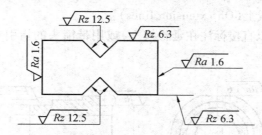

图 5.19　表面结构要求在轮廓线上的标注

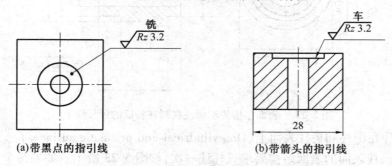

（a）带黑点的指引线　　　　　　（b）带箭头的指引线

图 5.20　用指引线引出标注表面结构要求

（2）标注在特征尺寸的尺寸线上（On dimension line in connection with feature-of-size dimension）

在不致引起误解时，表面结构要求可以标注在给定的尺寸线上，如图 5.19 所示。

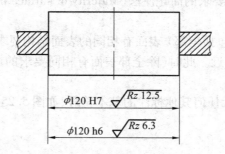

图 5.21　表面结构要求在尺寸线上的标注

（3）标注在形位公差的框格上（On tolerance frame for geometrical tolerance）

表面结构要求可标注在形位公差框格的上方，如图 5.22 所示。

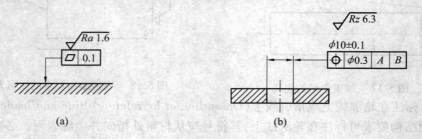

（a）   （b）

图 5.22 表面结构要求标注在形位公差框格的上方

（4）标注在延长线上（On extension lines）

表面结构要求可以直接标注在延长线上，或用带箭头的指引线引出标注，如图 5.19 和图 5.23 所示。

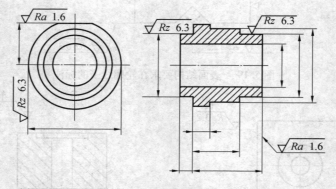

图 5.23 表面结构要求标注在圆柱特征的延长线上

（5）标注在圆柱和棱柱表面上（On cylindrical and prismatic surfaces）

圆柱和棱柱表面的表面结构要求只标注一次，如图 5.23 所示。如果每个棱柱表面有不同的表面结构要求，则应分别单独标注，如图 5.24 所示。

2. 表面结构要求的简化注法（Simplified drawing indication of surface texture requirement）

（1）有相同表面结构要求的简化注法（Majcrity of surface having same surface texture requirement）

如果在工件的多数（包括全部）表面有相同的表面结构要求，则其表面结构要求可统一标注在图样的标题栏附近。此时（除全部表面有相同要求的情况外），表面结构要求的符号后面应有：

① 在圆括号内给出无任何其他标注的基本符号，如图 5.25 所示；

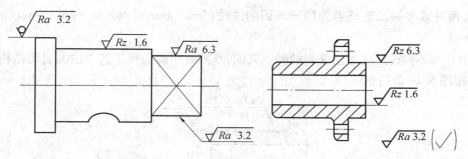

图 5.24　圆柱和棱柱的表面结构
　　　　要求的注法

图 5.25　大多数表面有相同表面结构
　　　　要求的简化注法（一）

② 在圆括号内给出不同的表面结构要求，如图 5.26 所示。

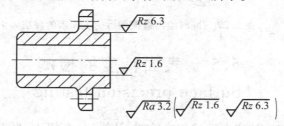

图 5.26　大多数表面有相同表面结构要求的简化注法（二）

不同的表面结构要求应直接标注在图形中。

（2）多个表面有共同要求的注法（Common requirements on mutiple surfaces）

当多个表面具有相同的表面结构要求或图纸空间有限时，可以采用简化注法。

① 用带字母的完整图形符号的简化注法。可用带字母的完整图形符号，以等式的形式，在图形或标题栏附近，对有相同表面结构要求的表面进行简化标注，如图 5.27 所示。

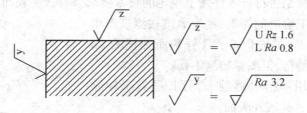

图 5.27　在图纸空间有限时的简化注法

② 只用表面结构图形符号的简化注法。可用基本图形符号和扩展图形符号，以等式的形式给出对多个表面共同的表面结构要求，如图 5.28 所示。

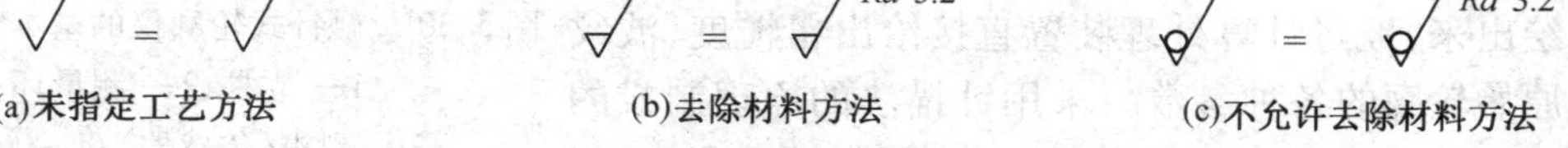

(a)未指定工艺方法　　　　　(b)去除材料方法　　　　　(c)不允许去除材料方法

图 5.28　只用表面结构图形符号的简化注法

3. 两种或多种工艺获得的同一表面的注法(Indication of two or more manufacturing methods)

由几种不同的工艺方法获得的同一表面,当需要明确每种工艺方法的表面结构要求时,可按图5.29进行标注。

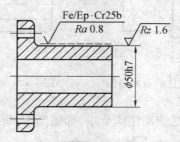

图5.29 同时给出镀覆前后的表面求的注法

5.5 表面精度的检测
(Surface precision testing)

表面精度的检测方法主要有比较检验法、针描法、光切法、显微干涉法、激光反射法等几种。

1. 比较检验法(Comparison test method)

比较检验法是指将被测表面与已知 Ra 值的表面粗糙度轮廓比较样块进行触觉和视觉比较的方法。所选用的样块和被测零件的加工方法必须相同,并且样块的材料、形状、表面色泽等应尽可能与被测零件一致。判断的准则是根据被测表面加工痕迹的深浅来决定其表面粗糙度轮廓是否符合零件图上规定的技术要求。若被测表面加工痕迹的深度相当于或小于样块加工痕迹的深度,则表示该被测表面粗糙度轮廓幅度参数 Ra 的数值不大于样块所标记的 Ra 值。这种方法简单易行,但测量精度不高。

触觉比较是指用手指甲感触来判别,适宜于检验 Ra 值为 $1.25 \sim 10\ \mu m$ 的外表面。

视觉比较是指靠目测或用放大镜、比较显微镜观察,适宜于检验 Ra 值为 $0.16 \sim 100\ \mu m$ 的外表面。

2. 针描法(Needle method)

针描法是指利用触针探测被测表面,把表面轮廓放大描绘出来,经过计算处理装置直接给出粗糙度、波纹度和原始轮廓的各种参数。采用针描法的原理制成的表面轮廓量仪称为触针式轮廓仪,它适宜于测量 Ra 值为 $0.04 \sim 5.0\ \mu m$ 的内、外表面和球面。

参看图5.30和图5.31,触针式轮廓仪的驱动器以

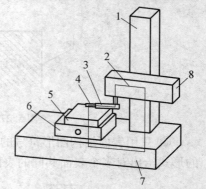

图5.30 触针式轮廓仪的基本结构
1— 立柱;2— 测量环;
3— 测头(传感器);4— 触针;
5— 工件;6— 紧固夹具;
7— 底座;8— 驱动器

恒速拖动测头(传感器)沿被测表面轮廓的 X 轴方向移动,测头(传感器)测杆上的金刚石触针与被测表面轮廓接触,触针把在该轮廓上的轨迹转换为垂直位移,这位移经传感器转换为电信号,然后经放大器、模/数转换器得到总轮廓,再经滤波器得到原始轮廓,最后根据 GB/T 3505—2009 规定的表面评定流程(见图 5.32)得到粗糙度、波纹度和原始轮廓的各种参数。

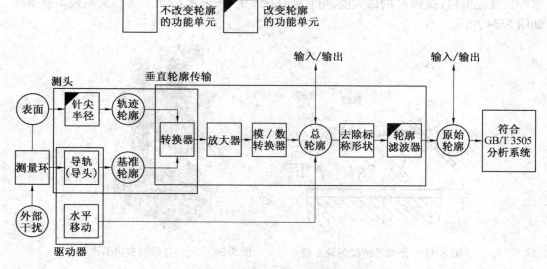

图 5.31　触针式轮廓仪的典型框图

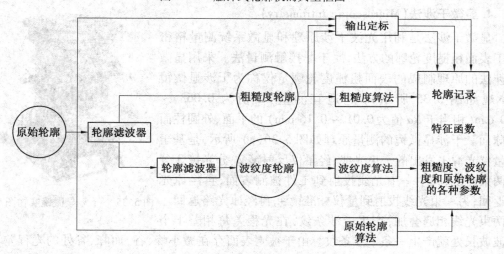

图 5.32　表面轮廓评定流程图

3. 光切法(light cut mothod)

光切法是指利用光切原理测量表面粗糙度轮廓的方法,属于非接触测量的方法。采用光切原理制成的表面粗糙度轮廓量仪称为光切显微镜(或称双管显微镜),它适宜于测量 Rz 值为 2.0 ~ 63 μm(相当于 Ra 值为0.32 ~10 μm)的平面和外圆柱面。

如图 5.33 所示,量仪有两个轴线相互垂直的光管,左光管为观察管,右光管为照明管,由光源发出的光线经狭缝后形成平行光束。该光束以与两光管轴线夹角平分线成 45° 的入射角投射到被测表面上,把表面轮廓切成窄长的光带。该被测轮廓峰高与谷底之间的高度为 h。这光带以与两光管轴线夹角平分线成 45° 的反射角反射到观察管的目镜。从目镜中观察到放大的光带影像(即放大的被测轮廓影像),它的高度为 h'。在一个取样长度范围内,找到 h' 的最大值,把它换算成 h 值,来求解 Rz 值。光切显微镜实物图片如图 5.34 所示。

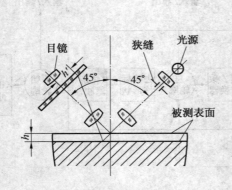

图 5.33 光切显微镜测量原理

图 5.34 光切显微镜实物图片

4. 显微干涉法(Microscopic intrometry)

显微干涉法是利用光波干涉原理和显微系统测量精密加工表面粗糙度轮廓的方法,属于非接触测量法。采用显微干涉法的原理制成的表面粗糙度轮廓量仪称为干涉显微镜(外观如图 5.35 所示),它适宜测量 Rz 值为 0.063 ~ 1.0 μm(相当于 Ra 值为 0.01 ~ 0.16 μm)的平面、外圆柱面和球面。干涉显微镜的测量原理如图 5.36(a) 所示,是基于由量仪光源 1 发出的一束光线,经量仪反射镜 2、分光镜 3 分成两束光线,其中一束光线投射到工件被测表面,再经原光路返回;另一束光线投射到量仪标准镜 4,再经原光路返回。这两束光线相遇叠加,产生干涉条纹,在光程差每相差半个

图 5.35 干涉显微镜实物图片

光波波长处就产生一条干涉条纹。由于被测表面存在微小峰、谷,而峰、谷处的光程差不相同,因此,造成了干涉条纹的弯曲,如图 5.36(b) 所示。通过量仪目镜 5 观察到这些干涉条纹(被测表面粗糙度轮廓的形状)。干涉条纹的弯曲量的大小反映了被测部位微小峰、谷之间的高度。

在一个取样长度范围内,测出同一条干涉条纹所有的峰中最高的一个峰高至所有的谷中最低的一个谷底之间的距离,求出 Rz 值。

5. 激光反射法(Laser reflection method)

激光反射法的基本原理是用激光束以一定的角度照射到被测表面,除了一部分光被吸收以外,大部分被反射和散射。反射光与散射光的强度及其分布与被照射表面的微观不平度状况有关。通常,反射光较为集中形成明亮的光斑,散射光则分布在光斑周围形成较弱的光带。较为光洁的表面光斑较强、光带较弱且宽度较小;较为粗糙的表面则光斑较弱、光带较强且宽度较大。

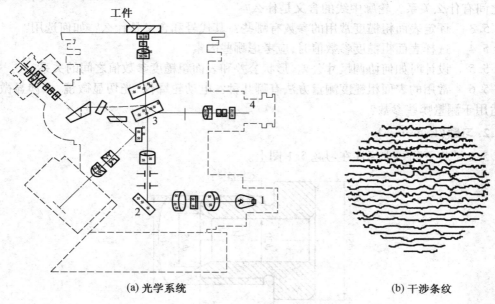

(a) 光学系统　　　　　　　　　　　(b) 干涉条纹

图 5.36　干涉显微镜

1— 光源;2— 反射镜;3— 分光镜;4— 标准镜;5— 目镜

6. 三维几何表面测量(Three-dimensional geometrical surface measurement)

表面粗糙度的一维和二维测量,只能反映表面不平度的某些几何特征,把它作为表征整个表面的统计特征是很不充分的,只有用三维评定参数才能真实地反映被测表面的实际特征。为此,国内外都在致力于研究开发三维几何表面测量技术,现已将光纤法、微波法和电子显微镜等测量方法成功地应用于三维几何表面的测量。

思考题与习题

(Questions and exercises)

1. 思考题(Questions)

5.1　表面粗糙度的含义是什么？对零件的工作性能有哪些影响？

5.2　什么是取样长度？什么是评定长度？为什么要规定取样长度、评定长度？二者之间有什么关系？轮廓中线的含义是什么？

5.3　评定表面粗糙度常用的参数有哪些？其代号和含义是什么？如何选用？

5.4　选择表面粗糙度参数值时,应考虑哪些因素？

5.5　设计时如何协调尺寸公差、形状公差和表面粗糙度参数值之间的关系？

5.6　常用的表面粗糙度测量方法有哪几种？电动轮廓仪、光切显微镜、干涉显微镜各适用于测量哪些参数？

2. 习题(Exercises)

5.1　将下列要求标注在习题 5.1 图上。

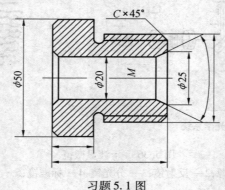

习题 5.1 图

(1) 直径为 $\phi50$ 的圆柱外表面粗糙度 Ra 的允许值为 3.2 μm;

(2) 左端面的表面粗糙度 Ra 的允许值为 0.8 μm;

(3) 直径为 $\phi50$ 的圆柱体的右端面的表面粗糙度 Ra 的允许值为 1.6 μm;

(4) 内孔表面粗糙度 Rz 的允许值为 0.8 μm;

(5) 螺纹工作表面的粗糙度 Ra 的最大值为 1.6 μm,最小值为 0.8 μm;

(6) 其余各加工表面的表面粗糙度 Ra 的允许值为 6.3 μm;

(7) 各加工表面均采用去除材料法获得。

5.2　用类比法分别确定 $\phi50t5$ 轴和 $\phi50T6$ 孔的配合表面粗糙度 Ra 的上限值或最大值。

5.3　有一个轴,其尺寸为 $\phi40k6$,圆柱度公差为 2.5 μm,试参照尺寸公差和形位公差确定该轴表面粗糙度评定参数 Ra 的值。

5.4　在一般情况下,$\phi40H7$ 和 $\phi6h7$ 相比,$\phi40H6/f5$ 和 $\phi40H6/d5$ 相比,何者选用较小的表面粗糙度的上限值或最大值。

5.5　用双管显微镜测量表面粗糙度,在各取样长度 lr_i 内测量微观不平度幅度数值见习题 5.5 表,若目镜测微计的分度值 $i = 0.6$ μm,试计算 Rz 值。

习题 5.5 表

lr_i	lr_1	lr_2	lr_3	lr_4
	438	453	516	541
	458	461	518	540
最高点(格)	452	451	518	538
	449	448	520	536
	467	460	521	537
	461	468	534	546
	460	474	533	546
最低点(格)	477	472	530	550
	477	471	526	558
	478	458	526	552

第 6 章 典型零件的精度设计和检测
Chapter 6 Typical Parts Precision Design and Testing

【内容提要】 本章主要介绍机械制造业中典型零件精度设计,包括滚动轴承与孔、轴结合精度设计,键与花键结合精度设计,螺纹结合精度设计的基本概念、基本原理和基本方法等内容。

【课程指导】 通过本章学习,要求了解典型零件滚动轴承、键与花键、螺纹精度设计的基本概念和相应的国家标准,重点掌握其精度设计应遵循的原则、设计方法和应用,了解键与花键、螺纹的检测方法。

6.1 滚动轴承结合的精度设计
(Precision design for rolling bearing matching parts)

滚动轴承是在机器或仪器中起支承作用的通用标准部件,可承受径向、轴向或径向与轴向的联合载荷,其工作原理是以滚动摩擦代替滑动摩擦。与滑动轴承相比,具有摩擦系数小、容易启动、机械效率高、更换简便等优点。合理的滚动轴承结合的精度设计可以保证滚动轴承的工作性能和使用寿命。

滚动轴承结合的精度设计,包括确定外圈外径 D 与外壳孔的配合及其尺寸精度,确定内圈内径 d 与轴颈的配合及其尺寸精度,确定滚动轴承与外壳孔和轴颈配合表面的几何精度以及表面精度(表面粗糙度参数值)。

本节涉及的滚动轴承标准有:(GB/T 307.1—2005)《滚动轴承 向心轴承 公差》,(GB/T 307.3—2005)《滚动轴承 通用技术规则》,(GB/T 4199—2003)《滚动轴承 公差定义》, (GB/T 275—1993)《滚动轴承与轴和外壳的配合》, (GB/T 4604—2006)《滚动轴承 径向游隙》等。

6.1.1 滚动轴承概述
(Overview of the rolling bearings)

滚动轴承是一个标准部件,通常皆成对使用。滚动轴承一般由外圈、内圈、滚动体(钢球或滚子)和保持架组成,如图 6.1 所示。它的基本尺寸(见图 6.2)有轴承的内径 d、外径 D 与宽度 B(内圈)或 C(外圈),推力轴承中称为高度 T。

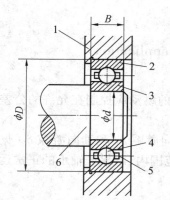

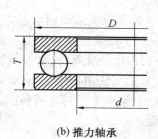

(a) 圆锥滚子轴承　　　　　(b) 推力轴承

图 6.1　滚动轴承　　　　　　图 6.2　滚动轴承分类

1— 外壳孔;2— 外圈;3— 内圈;
4— 流动体;5— 保持架;6— 轴颈

　　内圈(在推力轴承中称为轴圈)通常装在轴颈上,并与轴一起转动。外圈(在推力轴承中称为座圈)通常装在轴承座孔内或机械部件壳体孔中,起固定支承作用。但是在有些场合下,也有外圈旋转、内圈起固定支承作用的,亦有内、外圈一起转动的。滚动体是承载并使轴承形成滚动摩擦的元件。保持架是一组隔离元件,其作用是将轴承内一组滚动体均匀分开,使每个滚动体均匀地轮流承受相等的载荷,并保持滚动体在轴承内、外滚道间正常滚动。

　　同滑动轴承相比,滚动轴承摩擦系数较小,润滑较简单,制造较为经济,使用也较方便,因此在现代机械制造业中的应用极为广泛。

　　滚动轴承按承受载荷的方向,可分为主要承受径向载荷的向心轴承(见图 6.3(a))、同时承受径向和轴向载荷的向心推力轴承(见图 6.3(b))和仅承受轴向载荷的推力轴承(见图 6.3(c))。按滚动体的形状,可分为球轴承、圆柱滚子轴承、圆锥滚子轴承和滚针轴承。

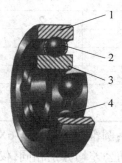

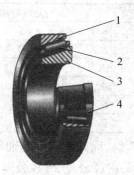

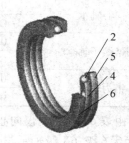

(a) 深沟球轴承　　　　　(b) 圆锥滚子轴承　　　　　(c) 推力球轴承

图 6.3　滚动轴承分类

1— 外圈;2— 滚动体(钢球或滚子);3— 内圈;4— 保持架;5— 座圈;6— 轴圈

6.1.2 滚动轴承的精度等级及其应用
（Precision grade of rolling bearing and its application）

若要保证滚动轴承正常工作,必须满足下列两项要求。

（1）必要的旋转精度。轴承工作时其内、外圈和端面的跳动应控制在允许的公差范围内,以保证轴系部件的回转精度和传动精度。

（2）合适的游隙。滚动体与套圈之间的游隙分为径向游隙 δ_1 和轴向游隙 δ_2（见图 6.4）。轴承工作时这两种游隙的大小皆应保持在合适的范围内,以保证轴承的正常运转寿命。

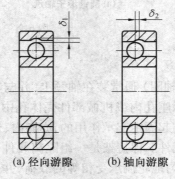

（a）径向游隙　　　（b）轴向游隙

图 6.4　滚动轴承的游隙

滚动轴承的公差等级由轴承的尺寸公差和旋转精度决定。前者是指轴承内径 d、外径 D、宽度 B 的尺寸公差及圆锥滚子轴承装配尺寸公差。后者是指轴承内、外圈的径向跳动和端面跳动,轴承滚道的侧向摆动,轴承内、外圈两端面的平行度等几何公差要求。

根据滚动轴承的尺寸公差和旋转精度,GB/T 307.3—2005 将滚动轴承的公差等级分为 2、4、5、6(6X)、0 五级,精度依次由高到低,见表 6.1。

表 6.1　滚动轴承公差等级

轴承类型	公差等级				
向心轴承	0	6	5	4	2
	G	E	D	C	B
圆锥滚子轴承	0	6X	5	4	—
	G	EX	D	C	—
推力轴承	0	6	5	4	—
	G	E	D	C	—

由表 6.1 可知:仅向心轴承有 2 级,而其他类型的轴承则无 2 级;圆锥滚子轴承有 6X 级,而无 6 级;6X 级轴承与 6 级轴承的内径公差、外径公差和径向跳动公差均分别相同,仅前者装配宽度要求较为严格。

各个公差等级滚动轴承的应用范围参见表 6.2。

表 6.2 各个公差等级的滚动轴承的应用范围

轴承公差等级	应用示例
0 级（普通级）	广泛用于旋转精度和运转平稳性要求不高的一般旋转机构中,如普通机床的变速机构、进给机构,汽车、拖拉机的变速机构,普通减速器、水泵及农业机械等通用机械的旋转机构
6 级、6X 级（中级）、5 级（较高级）	多用于旋转精度和运转平稳性要求较高或转速较高的旋转机构中,如普通机床主轴轴系（前支承采用 5 级,后支承采用 6 级）和比较精密的仪器、仪表、机械的旋转机构
4 级（高级）	多用于转速很高或旋转精度要求很高的机床和机器的旋转机构中,如高精度磨床和车床、精密螺纹车床和齿轮磨床等的主轴轴系
2 级（精密级）	多用于精密机械的旋转机构中,如精密坐标镗床、高精度齿轮磨床和数控机床等的主轴轴系

0 级为普通级,在机械制造业中的应用最广,主要用于旋转精度要求不高的机构中。除 0 级外,其他各级主要用于高的线速度或高的旋转精度的场合,这类精度的轴承在各种金属切削机床上应用较多,可参见表 6.3。

表 6.3 机床主轴轴承精度等级

轴承类型	精度等级	应用示例
深沟球轴承	4	高精度磨床、丝锥磨床、螺纹磨床、磨齿机、插齿刀磨床
角接触球轴承	5	精密镗床、内圆磨床、齿轮加工机床
	6	卧工车床、铣床
单列圆柱滚子轴承	4	精密丝杠车床、高精度车床、高精度外圆磨床
	5	精密车床、精密铣床、转塔车床、普通外圆磨床、多轴车床、镗床
	6	卧式车床、自动车床、铣床、立式车床
向心短圆柱滚子轴承 调心滚子轴承	6	精密车床及铣床的后轴承
圆锥滚子轴承	4	坐标镗床(P2)、磨齿机(P4)
	5	精密机床、精密铣床、镗床、精密转塔车床、滚齿机
	6X	铣床、车床
推力球轴承	6	一般精度车床

6.1.3 滚动轴承内径和外径的公差带及其特点
（Rolling bearing bone and outside diameter tolerance zone and its characteristics）

1. 滚动轴承内径和外径的公差带（Rolling bearing bone and outside diameter tolerance zone）

滚动轴承的内、外圈都是宽度较小的薄壁件,精度要求很高。在其制造、保管过程中容易变形（如变成椭圆形）,但在装入轴和外壳孔上之后,这种变形又容易得到矫正。因此,国家标准 GB/T 4199—2003 对滚动轴承内径、外径、宽度和成套轴承的旋转精度等指标都提出了很高要求。轴承结合的精度设计不仅控制轴承与轴和外壳孔配合的尺寸精度,而且控制轴承内、外圈的变形程度。

（1）滚动轴承的尺寸精度（Size Precision of rolling bearing）

滚动轴承尺寸精度是指轴承内圈内径 d、外圈外径 D、内圈宽度 B、外圈宽度 C 和装配高度 T 的制造精度。

d 和 D 是轴承内、外径的公称尺寸。d_s 和 D_s 是轴承的单一内径和外径。Δ_{ds} 和 Δ_{Ds} 是轴承单一内、外径极限偏差，它控制同一轴承单一内、外径实际偏差。V_{dsp} 和 V_{Dsp} 是轴承单一平面内、外径的变动量，它用于控制轴承单一平面内、外径圆度误差。

d_{mp} 和 D_{mp} 是指同一轴承单一平面平均内径和外径。Δ_{dmp} 和 Δ_{Dmp} 是指同一轴承单一平面平均内、外径极限偏差，它用于控制轴承与轴和外壳孔装配后的配合尺寸偏差。V_{dmp} 和 V_{Dmp} 是指同一轴承平均内、外径的变动量，它用于控制轴承与轴和外壳孔装配后，在配合面上的圆柱度误差。

B 和 C 是滚动轴承内、外圈宽度的公称尺寸。Δ_{Bs} 和 Δ_{Cs} 是指轴承内、外圈单一宽度极限偏差，它用于控制轴承内、外圈宽度的实际偏差。V_{Bs} 和 V_{Cs} 是指轴承内、外圈宽度的变动量，它用于控制轴承内、外圈宽度方向的几何误差。

（2）滚动轴承旋转精度（Rotation precision of rolling bearing）

用于滚动轴承旋转精度的评定参数有：成套轴承内、外圈的径向跳动 K_{ia} 和 K_{ea}；成套轴承内、外圈的轴向跳动 S_{ia} 和 S_{ea}；内圈端面对内孔的垂直度 S_d；外圈外表面对端面的垂直度 S_D；成套轴承外圈凸缘背面轴向跳动 S_{eal}；外圈在外表面对凸缘背面的垂直度 S_{D1}。

对不同公差等级、不同结构形式的滚动轴承，其尺寸精度和旋转精度的评定参数有不同要求。表6.4、表6.5是按《滚动轴承　向心轴承　公差》（GB/T 307.1—2005）分别摘录了各级向心轴承内、外圈评定参数的公差值，供使用参考。

表6.4　向心轴承内径公差　（摘自 GB/T 307.1—2005）　　　　单位：μm

d/mm	公差等级	Δ_{dmp} 上极限偏差	Δ_{dmp} 下极限偏差	Δ_{ds}[①] 上极限偏差	Δ_{ds}[①] 下极限偏差	V_{dsp} 直径系列 9 最大(max)	V_{dsp} 直径系列 0,1 最大(max)	V_{dsp} 直径系列 2,3,4 最大(max)	V_{dmp} 最大	K_{ia} 最大	S_d 最大	S_{ia}[②] 最大	Δ_{Bs} 全部 上极限偏差	Δ_{Bs} 正常 下极限偏差	Δ_{Bs} 修[③] 正	V_{Bs} 最大
30 ~ 50	0	0	− 12	—	—	15	12	9	9	15			0	− 120	− 250	20
	6	0	− 10	—	—	13	10	8	8	10			0	− 120	− 250	20
	5	0	− 8	—	—	8	6	6	4	5	8	8	0	− 120	− 250	5
	4	0	− 6	0	− 6	6	5	5	3	4	4	4	0	− 120	− 250	3
	2	0	− 2.5	0	− 2.5	2.5			1.5	2.5	1.5	2.5	0	− 120	− 250	1.5
50 ~ 80	0	0	− 15	—	—	19	19	11	11	20			0	− 150	− 380	25
	6	0	− 12	—	—	15	15	9	9	10			0	− 150	− 380	25
	5	0	− 9	—	—	9	7	7	5	5	8	8	0	− 150	− 250	6
	4	0	− 7	0	− 7	7	5	5	3.5	4	5	5	0	− 150	− 250	4
	2	0	− 4	0	− 4	4			2	2.5	1.5	2.5	0	− 150	− 250	1.5

注：①4、2级轴承仅适用于直径系列 0、1、2、3、4。

②5、4、2级轴承仅适用于沟型球轴承。

③用于各级轴承的成对和成组安装时单个轴承的内圈。其中0、6、5级轴承也适用于 $d \geqslant 50$ mm 锥孔轴承的内圈。

表 6.5　向心轴承外圈公差　（摘自 GB/T 307.1—2005）　μm

D/mm	公差等级	Δ_{Dmp} 上极限偏差	Δ_{Dmp} 下极限偏差	$\Delta_{Ds}^{④}$ 上极限偏差	$\Delta_{Ds}^{④}$ 下极限偏差	$V_{Dsp}^{①⑤}$ 开型轴承 9 最大	开型 0,1 最大	开型 2,3,4 最大	闭型轴承 0,3,4 最大	$V_{Dmp}^{①}$ 最大	K_{ea} 最大	$S_D^{③}$ $S_{D1}^{②}$ 最大	$S_{ea}^{②③}$ 最大	$S_{eal}^{②}$ 最大	Δ_{Cs} $\Delta_{Cls}^{②}$ 上偏差 下偏差	V_{Cs} $V_{Cls}^{②}$ 最大
50 ~ 80	0	0	−13	—	—	16	13	10	20	10	25	—	—	—	与同一轴承内圈的 Δ_{Bs} 及 V_{Bs} 相同	
	6	0	−11	—	—	14	11	8	16	8	13	—	—	—		
	5	0	−9	—	—	9	7	5		5	8	8	10	14	与同一轴承内圈的 Δ_{Bs} 相同	6
	4	0	−7	0	−7	7	5	4		3.5	5	4	5	7		3
	2	0	−4	0	−4	4	4	4		2	5	1.5	4	6		1.5
80 ~ 120	0	0	−15	—	—	19	19	11	26	11	35	—	—	—	与同一轴承内圈的 Δ_{Bs} 及 V_{Bs} 相同	
	6	0	−13	—	—	16	16	11	20	10	18	—	—	—		
	5	0	−10	—	—	10	8	6		5	10	9	11	16	与同一轴承内圈的 Δ_{Bs} 相同	8
	4	0	−8	0	−8	8	6	6		4	6	5	6	8		4
	2	0	−5	0	−5	5	5	5		2.5	5	2.5	5	7		2.5

注：①0、6 级轴承仅适用于内、外止动环安装前或拆卸后。

②仅适用于沟型球轴承。

③5、4、2 级轴承不适用于凸缘外圈轴承。

④4 级轴承仅适用于直径系列 1、2、3 和 4。

⑤2 级轴承仅适用于直径系列 1、2、3 和 4 的开型和闭型轴承。

【**例 6.1**】　有两个 4 级精度的中系列向心轴承, 公称内径 $d = 40$ mm, 从表 6.4 查得内径的尺寸公差及几何公差为

$$d_{smax} = 40 \text{ mm} \quad d_{smin} = 40 \text{ mm} - 0.006 \text{ mm} = 39.994 \text{ mm}$$
$$d_{mpmax} = 40 \text{ mm} \quad d_{mpmin} = 40 \text{ mm} - 0.006 \text{ mm} = 39.994 \text{ mm}$$
$$V_{dsp} = 0.005 \text{ mm} \quad V_{dmp} = 0.003 \text{ mm}$$

假设两个轴承量得的内径尺寸见表 6.6, 则其合格与否, 要按表中计算结果确定。

表 6.6　计算结果　　　　　　　　　　　　　　　　　　　　　　单位:mm

测量平面		第一个轴承			第二个轴承		
		I	II	I	II		
量得的单一内径尺寸 d_s		$d_{smax} = 40.000$ $d_{smin} = 39.998$	$d_{smax} = 39.997$ $d_{smin} = 39.995$	合格	$d_{smax} = 40.000$ $d_{smin} = 39.994$	$d_{smax} = 39.997$ $d_{smin} = 39.995$	合格
计算结果	d_{mp}	$d_{mpI} = \dfrac{40 + 39.998}{2}$ $= 39.999$	$d_{mpII} = \dfrac{39.997 + 39.995}{2}$ $= 39.996$	合格	$d_{mpI} = \dfrac{40 + 39.994}{2}$ $= 39.997$	$d_{mpII} = \dfrac{39.997 + 39.995}{2}$ $= 39.996$	合格
计算结果	V_{dsp}	$V_{dspI} = 40 - 39.998$ $= 0.002$	$V_{dspII} = 39.997 - 39.995$ $= 0.002$	合格	$V_{dspI} = 40 - 39.994$ $= 0.006$	$V_{dspII} = 39.997 - 39.995$ $= 0.002$	不合格
	V_{dmp}	$V_{dmp} = d_{mpI} - d_{mpII}$ $= 39.999 - 39.996$ $= 0.003$		合格	$V_{dmp} = d_{mpI} - d_{mpII}$ $= 39.997 - 39.996$ $= 0.001$		合格
结论		内径尺寸合格			内径尺寸不合格		

2. 滚动轴承内、外径公差带的特点(Characteristics of rolling bearing bone and outside diameter tolerance zone)

通常,滚动轴承内圈装在传动轴的轴颈上,随轴一起旋转,以传递扭矩;外圈固定于机体孔中,起支撑作用。因此,内圈的内径(d)和外圈的外径(D),是滚动轴承与结合件配合的公称尺寸。

国家标准 GB/T 307.1—2005 规定 0、6、5、4、2 各公差等级轴承的单一平面平均内径 d_{mp} 和单一平面平均外径 D_{mp} 的公差带均为单向制,而且统一采用公差带位于以公称直径为零线的下方,即上极限偏差为零,下极限偏差为负值的分布,如图 6.5 所示。

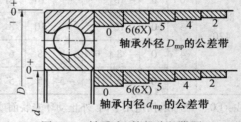

图 6.5　轴承内、外径公差带图

由于滚动轴承是精密的标准部件,使用时不能再进行附加加工。因此,轴承内圈与轴采用基孔制配合,但内径的公差带位置却与一般基准孔相反,如图 6.5 中公差带都位于零线的下方,即上极限偏差为零,下极限偏差为负值。这种分布主要是考虑配合的特殊需要,因为在多数情况下,轴承内圈是随传动轴一起转动,传递扭矩,并且不允许轴孔之间有相对运动,所以两者的配合应具有一定的过盈。由于内圈是薄壁零件,又常需维修拆换,故过盈量也不宜过大。一般基准孔,其公差带是布置在零线上方,当选用过盈配合,则其过盈量太大;如果改用过渡配合,又可能出现间隙,使内圈与轴在工作时发生相对滑动,导致结合面被磨损;若采用非标准配合,又违反了标准化和互换性原则。为此,滚动轴承国际标准将 d_{mp} 的公差带分布在零线下方。当轴承内孔与一般过渡配合的轴相配时,不但能保证获得较小的过盈,而且还不会出现间隙,从而满足轴承内孔与轴配合的要求,同时又可按标准偏差来加工轴。

滚动轴承的外径与外壳孔配合应按基轴制,通常两者之间不要求太紧。因此,所有精度级轴承外圈 D_{mp} 的公差带位置,仍按一般基轴制规定,将其布置在零线以下,其上极限偏差为零,下极限偏差为负值。由于轴承精度要求很高,其公差值相对略小一些。

由于滚动轴承结合面的公差带是特别规定的,因此,在装配图上对轴承的配合,仅标注公称尺寸及轴、外壳孔的公差带代号。

6.1.4 滚动轴承与轴和外壳孔的配合及其选择
(Shaft and housing fits for rolling bearing and selection of them)

1. 轴颈和外壳孔的尺寸公差带(Shaft and housing size tolerance zone for rolling bearing)

滚动轴承基准结合面的公差带单向布置在零线下方,既可满足各种旋转机构不同配合性质的需要,又可以按照标准公差来制造与之相配合的零件。轴和外壳孔的公差带,就是从"极限与配合"国家标准中选取的。

国家标准 GB/T 275—1993 给出了常用的公差带,如图 6.6 所示。

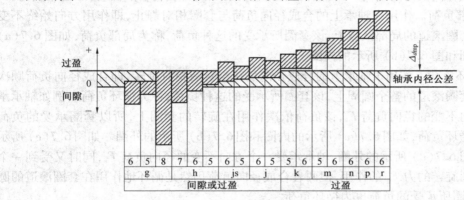

(a) 轴颈的常用公差带

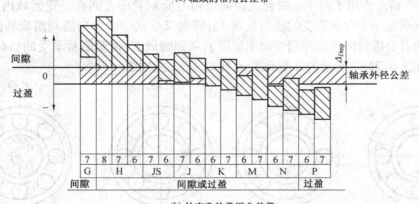

(b) 外壳孔的常用公差带

图 6.6 滚动轴承与轴和外壳孔配合的常用公差带(摘自 GB/T 275—1993)

2. 轴承配合的选择(Selection of shaft and housing fits for rolling bearing)

正确地选用轴和外壳孔的公差带,即选择与轴承的配合,对于充分发挥轴承的技术性能和保证机构的运转质量、使用寿命有着重要的意义。

影响公差带选用的因素较多,如轴承的工作条件(负荷类型、负荷大小、工作温度、旋转精度、轴向游隙),配合零件的结构、材料、安装与拆卸的要求等。一般根据轴承所承受的负荷类型和大小来决定。

(1) 负荷的类型(Type of load)

作用在轴承上的合成径向负荷,是由定向负荷和旋转负荷合成的。若负荷的作用方向是固定不变的,称为定向负荷(如皮带的拉力、齿轮的传递力);若负荷的作用方向是随套圈(内圈或外圈)一起旋转的,则称为旋转负荷(如镗孔时的切削力)。根据套圈工作时相对于合成径向负荷的方向,可将负荷分为 3 种类型:局部负荷、循环负荷和摆动负荷。

① 局部负荷。作用在轴承上的合成径向负荷与套圈相对静止,即作用方向始终不变地作用在套圈滚道的局部区域上,该套圈所承受的这种负荷,称为局部负荷,如图 6.7(a) 所示的外圈和图 6.7(b) 所示的内圈。

② 循环负荷。作用于轴承上的合成径向负荷与套圈相对旋转,即合成径向负荷顺次地作用在套圈滚道的整个圆周上,该套圈所承受的这种负荷,称为循环负荷。例如轴承承受一个方向不变的径向负荷 F_r,该负荷依次作用在旋转的套圈上,所以套圈承受的负荷性质即为循环负荷,如图 6.7(a) 所示的内圈和图 6.7(b) 所示的外圈。如图 6.7(c) 所示的内圈和图 6.7(d) 所示的外圈,轴承承受一个方向不变的径向负荷 F_r,同时又受到一个方向随套圈旋转的力 F_c 的作用,但两者合成径向负荷仍然是循环地作用在套圈滚道的圆周上,该套圈所承受的负荷也为循环负荷。

③ 摆动负荷。作用于轴承上的合成径向负荷与所承受的套圈在一定区域内相对摆动,例如轴承承受一个方向不变的径向负荷 F_r,同时又受到一个方向随套圈旋转的力 F_c 的作用,但两者合成径向负荷作用在套圈滚道的局部圆周上,该套圈所承受的负荷,称为摆动负荷,如图 6.7(c) 所示的外圈和图 6.7(d) 所示的内圈。

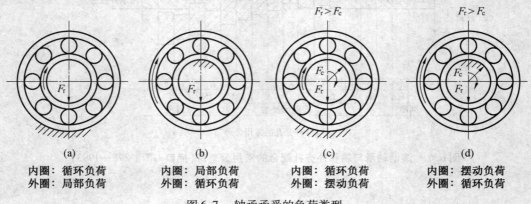

图 6.7　轴承承受的负荷类型

轴承套圈承受的负荷类型不同,选择轴承配合的松紧程度也应不同。承受局部负荷的套圈,局部滚道始终受力,磨损集中,其配合应选较松的过渡配合或具有极小间隙的间隙配合。这是为了让套圈在振动、冲击和摩擦力矩的带动下缓慢转位,以充分利用全部滚道并使磨损均匀,从而延长轴承的寿命。但配合也不能过松,否则会引起套圈在相配件上滑动而使结合面磨损。对于旋转精度及速度有要求的场合(如机床主轴和电动机轴上的轴承),则不允许套圈转位,以免影响支承精度。

承受循环负荷的套圈,滚道各点循环受力,磨损均匀,其配合应选较紧的过渡配合或过盈量较小的过盈配合。因为套圈与轴颈或外壳孔之间,工作时不允许产生相对滑动以免结合面磨损,并且要求在全圆周上具有稳固的支承,以保证负荷能最佳分布,从而充分发挥轴承的承载力。但配合的过盈量也不能太大,否则会使轴承内部的游隙减少以至完全消失,产生过大的接触应力,影响轴承的工作性能。

承受摆动负荷的套圈,其配合松紧介于循环负荷与局部负荷之间。

(2) 负荷的大小(Amount of load)

滚动轴承套圈与轴颈或壳体孔配合的最小过盈,取决于负荷的大小。国家标准将当量径向负荷 F_r 分为 3 类:径向负荷 $F_r < 0.07F_s$ 称为轻负荷,$0.07F_s < F_r < 0.15F_s$ 称为正常负荷,$F_r > 0.15F_s$ 称为重负荷。其中 F_s 为轴承的额定负荷,即轴承能够旋转 10^6 次而不发生点蚀破坏的概率为 90% 的载荷值。

承受较重的负荷或冲击负荷时,将引起轴承较大的变形,使结合面间实际过盈减小和轴承内部的实际间隙增大,这时为了使轴承运转正常,应选较大的过盈配合。同理,承受较轻的负荷,可选较小的过盈配合。

(3) 径向游隙(Radial internal clearance)

国家标准《滚动轴承 径向游隙》(GB/T 4604—2006)规定,滚动轴承的径向游隙分为 5 组,即 2、0、3、4、5 组,游隙的大小依次由小到大,其中 0 组为基本组游隙,应优先选用。

游隙的大小要适度。当游隙过大时,不仅使转轴发生径向跳动和轴向窜动,还会使轴承工作时产生较大的振动和噪声;当游隙过小时,使轴承滚动体与套圈产生较大的接触应力,轴承摩擦发热,进而降低轴承的使用寿命。

在常温状态下工作的具有基本组径向游隙的轴承(供应时无游隙标记,即指基本组游隙),按表6.7、表6.8选取的轴与外壳孔公差带,一般都能保证有适度的游隙,但如因负荷较重,轴承内径选取过盈较大配合,为了补偿变形而引起的游隙过小,应选用大于基本组游隙的轴承;负荷较轻,且要求振动和噪声小,旋转精度高时,配合的过盈量应减小,应选小于基本组游隙的轴承。

(4) 工作温度(Working temperature)

轴承旋转时,轴承会发热,轴承内圈可能因热膨胀而使配合变松,而外圈可能因热膨胀而使配合变紧,因此在选择配合时应考虑温度的影响。

由于与轴承配合的轴和机架多在不同的温度下工作,为了防止热变形造成的配合要求的变化,当工作温度高于 100 ℃ 时,应对所选择的配合进行适当的修正。

(5) 其他因素(Other factors)

① 壳体孔(或轴)的结构和材料。开式外壳与轴承外圈配合时,宜采用较松的配合,

但也不应使外圈在外壳孔内转动,以防止由于外壳孔或轴的几何误差引起的轴承内、外圈的不正常变形。当轴承装于薄壁外壳,轻合金外壳或空心轴上时,应采用比厚壁外壳、铸体外壳或实心轴更紧的配合,以保证轴承有足够的连接强度。

②安装与拆卸方便。为了便于安装和拆卸,特别对于重型机械,宜采用较松的配合。如果要求拆卸方便而又要用紧配合时,可采用分离型轴承或内圈为圆锥孔并带紧定套或退卸套的轴承。

③轴承工作时的微量轴向移动。当要求轴承的一个套圈(外圈和内圈)在运转中能沿轴向游动时,该套圈与轴或壳体孔的配合应较松。

④旋转精度。轴承的负荷较大,且为了消除弹性变形和振动的影响,不宜采用间隙配合,但也不宜采用过盈量较大的配合。若轴承的负荷较小,旋转精度要求很高时,为避免轴颈和外壳孔的几何误差影响轴承的旋转精度,旋转套圈的配合和非旋转套圈的配合都应有较小的间隙。例如:内圆磨床磨头处的轴承内圈间隙 $1 \sim 4$ μm,外圈间隙 $4 \sim 10$ μm。

⑤旋转速度。当轴承在旋转速度较高,又有冲击振动负荷的条件下工作时,轴承套圈与轴和外壳孔的配合都应选择过盈配合,旋转速度越高,配合应越紧。

滚动轴承与轴和外壳孔的配合,要综合考虑上述各因素,采用类比的方法选取公差带。表6.7和表6.8列出了国家标准GB/T 275—1993推荐的与轴承相配的外壳孔和轴的公差带,供选择时参考。

表6.7　向心轴承和外壳孔的配合　　孔公差带代号　(摘自 GB/T 275—1993)

运转状态		负荷状态	其他状况	公差带[①]	
说明	举例			球轴承	滚子轴承
局部负荷	一般机械、铁路机车车辆轴箱、电动机、泵、曲轴主轴承	轻、正常、重	轴向易移动,可采用剖分式外壳	H7、G7[②]	
摆动负荷		冲击	轴向能移动,可采用整体或剖分式外壳	J7、JS7	
		轻、正常			
		正常、重		K7	
循环负荷	张紧滑轮、轮毂轴承	冲击	轴向不移动,采用整体式外壳	M7	
		轻		J7	K7
		正常		K7、M7	M7、N7
		重		—	N7、P7

注:①并列公差带随尺寸的增大从左至右选择,对旋转精度有较高要求时,可相应提高一个公差等级。
　②不适用于剖分式外壳。

表 6.8　向心轴承和轴的配合　轴公差带代号　（摘自 GB/T 275—1993）

运转状态		负荷状态	深沟球轴承、调心球轴承和角接触球轴承	圆柱滚子轴承和圆锥滚子轴承	调心滚子轴承	公差带
			\multicolumn{3}{} 圆柱孔轴承		
说明	举例		轴承公称内径 /mm			
循环负荷及摆动负荷	一般通用机械、电动机、机床主轴、泵、内燃机、直齿轮传动装置、铁路机车车辆轴箱、破碎机等	轻负荷	≤ 18	—	—	h5
			18 ~ 100	≤ 40	≤ 40	j6①
			100 ~ 200	40 ~ 140	40 ~ 100	k6①
			—	140 ~ 200	100 ~ 200	m6①
		正常负荷	≤ 18	—	—	j5、js5
			18 ~ 100	≤ 40	≤ 40	k5②
			100 ~ 140	40 ~ 100	40 ~ 65	m5②
			140 ~ 200	100 ~ 140	65 ~ 100	m6
			200 ~ 280	140 ~ 200	100 ~ 140	n6
			—	200 ~ 400	140 ~ 280	p6
			—	—	280 ~ 500	r6
		重负荷	—	50 ~ 140	50 ~ 100	n6③
			—	140 ~ 200	100 ~ 140	p6③
			—	> 200	140 ~ 200	r6③
			—	—	> 200	r7③
局部负荷	静止轴上的各种轮子、张紧轮、绳轮、振动筛、惯性振动器	所有负荷	\multicolumn{3}{} 所有尺寸		f6
						g6①
						h6
						j6
\multicolumn{2}{} 仅有轴向负荷		\multicolumn{3}{} 所有尺寸			j6、js6
\multicolumn{7}{} 圆锥孔轴承						
所有负荷	铁路机车车辆轴箱	\multicolumn{4}{} 装在退卸套上的所有尺寸			h8（IT6）⑤④
	一般机械传动	\multicolumn{4}{} 装在紧定套上的所有尺寸			h9（IT7）⑤④

注：① 对精度要求较高的场合，应用 j5，k5，… 分别代替 j6，k6，…。
　　② 圆锥滚子轴承、角接触球轴承配合对游隙影响不大，可用 k6、m6 代替 k5、m5。
　　③ 应选用轴承径向游隙大于基本组游隙的滚子轴承。
　　④ 凡有较高精度或转速要求的场合，应选用 h7（IT5）代替 h8（IT6）。
　　⑤ IT6、IT7 表示圆柱度公差数值。

3. 轴颈和外壳孔的几何公差与表面粗糙度参数值的确定(Determination of shaft and housing geometrical tolerance and surface roughness for rolling bearing)

为了保证轴承的工作质量及使用寿命,除选定轴和外壳孔的公差带之外,还应规定相应的几何公差及表面粗糙度值,国家标准推荐的表面粗糙度值及几何公差列于表 6.9 和表 6.10,供设计时选取。

表 6.9　轴和外壳孔的配合表面的粗糙度　（摘自 GB/T 275—1993）　单位:μm

基本尺寸/mm	轴和外壳孔配合表面直径公差等级								
	IT7			IT6			IT5		
	表面粗糙度								
	Rz	Ra		Rz	Ra		Rz	Ra	
		磨	车		磨	车		磨	车
≤ 80	10	1.6	3.2	6.3	0.8	1.6	4	0.4	0.8
> 80 ~ 500	16	1.6	3.2	10	1.6	3.2	6.3	0.8	1.6
端面	25	3.2	6.3	25	3.2	6.3	10	1.6	3.2

表 6.10　轴和外壳孔的几何公差　（摘自 GB/T 275—1993）　单位:μm

基本尺寸/mm	圆柱度				端面圆跳动			
	轴颈		外壳孔		轴肩		外壳孔肩	
	轴承精度等级							
	0	6(6x)	0	6(6x)	0	6(6x)	0	6(6x)
	公差值							
≤ 6	2.5	1.5	4	2.5	5	3	8	5
6 ~ 10	2.5	1.5	4	2.5	6	4	10	6
10 ~ 18	3.0	2.0	5	3.0	8	5	12	8
18 ~ 30	4.0	2.5	6	4.0	10	6	15	10
30 ~ 50	4.0	2.5	7	4.0	12	8	20	12
50 ~ 80	5.0	3.0	8	5.0	15	10	25	15
80 ~ 120	6.0	4.0	10	6.0	15	10	25	15
120 ~ 180	8.0	5.0	12	8.0	20	12	30	20
180 ~ 250	10.0	7.0	14	10.0	20	12	30	20
250 ~ 315	12.0	8.0	16	12.0	25	15	40	25
315 ~ 400	13.0	9.0	18	13.0	25	15	40	25
400 ~ 500	15.0	10.0	20	15.0	25	15	40	25

4. 轴颈和外壳孔精度设计举例(Example of precisiion design of shaft and housing for rolling bearing)

【例 6.2】　在 C616 车床主轴后支承上,装有两个单列向心轴承,如图 6.8 所示,其外形尺寸为 $d \times D \times B = 50 \times 90 \times 20$,试选定轴承的精度等级,轴承与轴和外壳孔的配合。

解　（1）分析确定轴承的精度等级

C616 车床属轻载的普通车床,主轴承受轻载荷。C616 车床主轴的旋转精度和转速较高,选择 6 级精度的滚动轴承。

（2）分析确定轴承与轴和壳体孔的配合

轴承内圈与主轴配合一起旋转，外圈装在外壳孔中不转。主轴后支承主要承受齿轮传递力，故内圈承受循环负荷，外圈承受局部负荷。前者配合应紧，后者配合略松。参考表6.7、表6.8选出轴公差带为φ50j5，外壳孔的公差带为φ90H6。

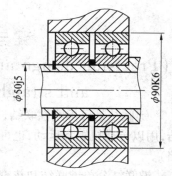

图 6.8　C616 车床主轴后轴承结构

机床主轴前轴承已轴向定位，若后轴承外圈与外壳孔配合无间隙，则不能补偿由于温度变化引起的主轴的伸缩性；若外圈与外壳孔配合有间隙，会引起主轴跳动，影响车床加工精度。为了满足使用要求，将外壳孔公差带改为φ90K6。

按滚动轴承公差国家标准，由表6.4查出6级轴承单一平面平均内径偏差（Δ_{dmp}）为 $\phi 50_{-0.01}^{0}$ mm，由表6.5查出6级轴承单一平面平均外径偏差（Δ_{Dmp}）为 $\phi 90_{-0.013}^{0}$ mm。根据极限与配合国家标准（第3章），由表3.3、表3.5、表3.6查得：轴为 $\phi 50\ j5\,(_{-0.005}^{+0.006})$ mm，外壳孔为 $\phi 90K6\,(_{-0.018}^{+0.004})$ mm。

图6.9为C616车床主轴后轴承的公差与配合图解，由此可知，轴承与轴的配合比与外壳孔的配合要紧些。

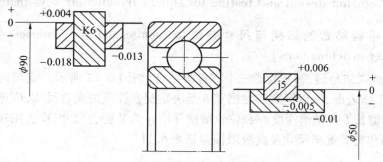

图 6.9　C616 车床主轴后轴承的公差与配合图解

轴承外圈与箱体孔配合：$X_{max} = + 0.017$ mm；$Y_{max} = - 0.018$ mm；$Y_{平均} = - 0.000\ 5$ mm

轴承内圈与轴配合：$X_{max} = + 0.005$ mm；$Y_{max} = - 0.016$ mm；$Y_{平均} = - 0.005\ 5$ mm

按表6.9、表6.10查出轴和壳体孔的几何公差和表面粗糙度值标注在零件图上（见图6.10和图6.11）。

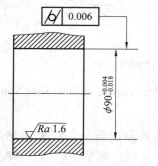

图 6.10　壳体孔的公差标注

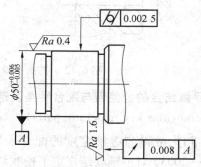

图 6.11　轴径的公差标注

6.2　键与花键结合的精度设计和检测
(Precision design and testing for square and rectangular key and straight-sided spling matching parts)

键联结是可拆刚性联结,用于轴和轴上传动件(如齿轮、带轮、联轴器等)之间的联结,用以传递扭矩和运动,也可起导向作用(如变速箱中的齿轮沿花键轴移动完成变速换挡)。

键联结分单键联结和花键联结。单键包括平键、半圆键、切向键和楔形键等几种,其中平键又可分为普通平键、导向平键和滑键。花键分为矩形花键、渐开线花键和三角形花键。本节只讨论普通平键和矩形花键结合的精度设计。

本节涉及的国家标准有:GB/T 1095—2003《平键　键槽的剖面尺寸》;GB/T 1096—2003《普通型　平键》;GB/T 1144—2001《矩形花键尺寸、公差和检验》,GB/T 15758—2008《花键基本术语》等。

6.2.1　普通平键结合的精度设计和检测
(Precision design and testing for square rectangular keys matching parts)

1. 普通平键结合的结构与尺寸参数(Structure and size parameter for squance rectangular key matching parts)

普通平键联结是键、轴和轮毂三个零件的结合,如图 6.12 所示。键与键槽的侧面是传递扭矩的工作表面,所以键宽和键槽宽 b 是决定配合性质的配合尺寸,应选用较小的公差;键高 h 与键长 L 及轴槽深度 t_1 和轮毂键槽深度 t_2 为非配合尺寸,应选用较大的公差。普通平键、轴和轮毂键槽尺寸及其极限偏差见表 6.11。

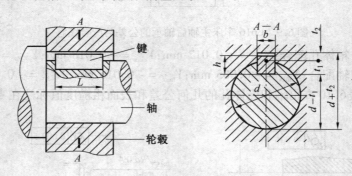

图 6.12　普通平键联结的剖面尺寸

2. 普通平键结合的公差带与配合种类及选用(Selection of tolerance zone and fit type for square rectangular key matching parts)

键是标准件,故键与键槽宽度的配合采用基轴制配合。《平键　键槽的剖面尺寸》(GB/T 1095—2003)对平键联结规定了松联结、正常联结和紧密联结三种配合方式,以满足各种不同用途的需要。图 6.13 所示为三种配合方式的公差带图。各类配合的配合性质及应用场合见表 6.12。

表 6.11　普通平键和键槽的尺寸及键槽公差　（摘自 GB/T 1095—2003 和 GB/T 1096—2003）mm

键尺寸 $b \times h$	键 宽度 极限偏差 b: h8	键 高度 极限偏差 h: h11 (h8)①	键槽 宽度 b 基本尺寸	正常联结 轴 N9	紧密联结 毂 JS9	轴和毂 P9	松联结 轴 H9	松联结 毂 D10	深度 轴 t_1 公称尺寸	轴 t_1 极限偏差	毂 t_2 公称尺寸	毂 t_2 极限偏差	公称直径 d②
2 × 2	0 −0.014	(0 −0.014)	2	−0.004 −0.029	±0.012 5	−0.006 −0.031	+0.025 0	+0.060 +0.020	1.2		1.0		6 ~ 8
3 × 3			3						1.8		1.4		8 ~ 10
4 × 4	0 −0.018	(0 −0.018)	4	0 −0.030	±0.015	−0.012 −0.042	+0.030 0	+0.078 +0.030	2.5	+0.1 0	1.8	+0.1 0	10 ~ 12
5 × 5			5						3.0		2.3		12 ~ 17
6 × 6			6						3.5		2.8		17 ~ 22
8 × 7	0 −0.022	0 −0.090	8	0 −0.036	±0.018	−0.015 −0.051	+0.036 0	+0.098 +0.040	4.0		3.3		22 ~ 30
10 × 8			10						5.0		3.3		30 ~ 38
12 × 8			12						5.0		3.3		38 ~ 44
14 × 9	0 −0.027		14	0 −0.043	±0.021 5	−0.018 −0.061	+0.043 0	+0.120 +0.050	5.5	+0.2 0	3.8	+0.2 0	44 ~ 50
16 × 10			16						6.0		4.3		50 ~ 58
18 × 11			18						7.0		4.4		58 ~ 65
20 × 12		0 −0.110	20						7.5		4.9		65 ~ 75
22 × 14	0 −0.033		22	0 −0.052	±0.026	−0.022 −0.074	+0.052 0	+0.149 +0.065	9.0		5.4		75 ~ 85
25 × 14			25						9.0		5.4		85 ~ 95
28 × 16			28						10.0		6.4		95 ~ 110

注：① 普通平键的截面形状为矩形时，高度 h 公差带为 h11，截面形状为方形时，其高度 h 公差带为 h8。
② 公称直径 d 标准中未给出，此处给出仅供使用者参考。

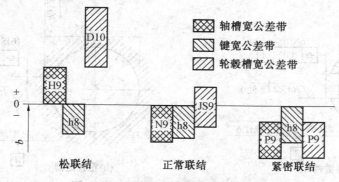

图 6.13　键宽和键槽宽 b 的公差带图

表 6.12　平键与键槽的配合及其应用

配合种类	宽度 b 的公差带			应　　　用
	键	轴键槽	轮毂键槽	
松联结		H9	D10	用于导向平键,轮毂在轴上移动
正常联结	h8	N9	JS9	键在轴键槽中和轮毂键槽中均固定,用于载荷不大的场合
紧密联结		P9	P9	键在轴键槽中和轮毂键槽中均牢固地固定,用于载荷较大、有冲击和双向转矩的场合

　　普通平键的非配合尺寸中,键高 h 的公差带采用 h11;键长 l 的公差带采用 h14;轴键槽长度 L 的公差带采用 H14。国家标准规定了轴键槽深度 t_1 和轮毂键槽深度 t_2 的极限偏差,见表 6.11。为了便于测量,在图样上对轴键槽深和轮毂键槽深度分别标注尺寸“$d - t_1$”和“$d + t_2$”(d 为孔和轴的公称尺寸),其极限偏差分别按 t_1 和 t_2 的极限偏差选取并换算得到,因此“$d - t_1$”的上极限偏差为零,下极限偏差为负。

　　3. 普通平键结合的几何公差和表面粗糙度的选用(Selection of geometrical tolerance and surface raughness for square and rectangular key matching parts)

　　为了保证键与键槽侧面有足够的接触面积和避免装配困难,国家标准还规定了轴键槽和轮毂键槽对轴线的对称度公差和键的两个配合侧面的平行度公差。

　　对称度公差一般取 7 ～ 9 级,其公称尺寸是指键宽 b。

　　当键长 L 与键宽 b 之比大于或等于 8 时,键的两工作侧面在长度方向上应规定平行度公差,当 $b \leqslant 6$ mm 时取 7 级;当 $b = 8 ～ 36$ mm 时取 6 级;当 $b \geqslant 40$ mm 时取 5 级。

　　键槽配合表面(两侧面)的表面粗糙度 Ra 的上限值一般取 $1.6 ～ 3.2$ μm,非配合表面(包括轴键槽底面、轮毂键槽底面)Ra 的上限值取 $6.3 ～ 12.5$ μm。

　　4. 键槽尺寸和公差在图样上的标注(Indication of square and rectangular keyway size and tolerance on the part drawing)

　　轴槽和轮毂槽的剖面尺寸、几何公差及表面粗糙度在图样上的标注如图 6.14 所示。

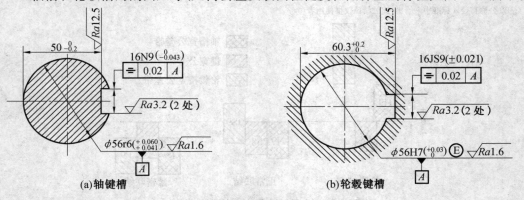

图 6.14　键槽尺寸及形位公差标注示例

5. 键及键槽的检测（Testing of square and rectangular key and keyway）

对于普通平键连接,需要检测的项目有键宽,轴键槽和轮毂键槽的宽度、深度及键槽两侧面的对称度。

（1）键和键槽宽的检测（Testing of square and rectangular key and keyway width）

单件小批量生产时,一般采用通用计量器具(如千分尺、游标卡尺等)测量;大批量生产时,用极限量规控制,如图 6.15(a) 所示。

（2）轴键槽和轮毂键槽深度的检测（Testing of square and rectangular keyway depth on shaft and hole）

单件小批量生产时,一般用游标卡尺或外径千分尺测量轴的尺寸($d - t_1$),用游标卡尺或内径千分尺测量轮毂的尺寸($d + t_2$)。大批量生产时,则用专用量规,如图 6.15(b)、(c) 所示的轮毂键槽深度极限量规和轴键槽深度极限量规。

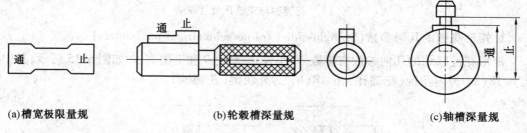

(a)槽宽极限量规　　(b)轮毂槽深量规　　(c)轴槽深量规

图 6.15　键槽尺寸量规

（3）键槽对称度误差的检测（Testing of square and rectangular keyway symmetry error）

单件小批是生产时,可采用通用量具分度头、V 型块和百分表测量。大批量生产时,可采用图 6.16 所示的综合量规检测。

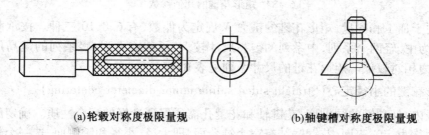

(a)轮毂对称度极限量规　　(b)轴键槽对称度极限量规

图 6.16　键槽对称度量规

6.2.2　矩形花键结合的精度设计和检测

（Precision and testing for straight-sided spline matching parts）

花键联结即花键(轴)和花键孔的结合,如图 6.17 所示。与单键相比,花键联结由于花键与花键轴作成一体,使负荷分布均匀,联结强度高,可传递较大的扭矩,联结更可靠;并且花键联结的导向精度高,定心性好,可达到较高的同轴度要求。但由于花键的加工制造比较复杂,故其成本较高。

花键联结的主要使用要求是保证内、外花键的同轴度,以及键与键槽侧面接触的均匀性,保证传递一定的扭矩。

矩形花键联结的精度设计包括花键和花键孔的公差配合、几何公差及表面粗糙度的选用。

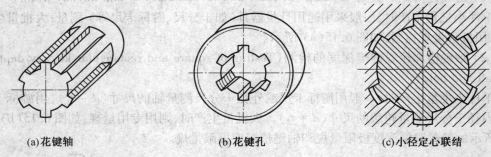

|(a)花键轴|(b)花键孔|(c)小径定心联结|

图 6.17   花键轴与花键孔及其联结

1. 矩形花键的几何参数(Straight-sided spline geomelrical parameters)

矩形花键联结的几何参数有键数 N、小径 d、大径 D 和键槽宽 B,如图 6.15 所示,其中图 6.18(a)为内花键(花键孔),6.18(b)为外花键(花键轴)。

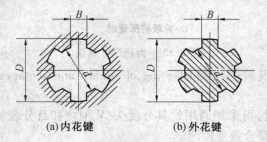

(a)内花键   (b)外花键

图 6.18   矩形花键的几何参数

为了便于加工和测量,矩形花键的键数 N 规定为偶数,有 6、8、10 三种。按承载能力的不同,分为中、轻两个系列,中系列的键高尺寸较大,承载能力强;轻系列的键高尺寸较小,承载能力相对较低。矩形花键的尺寸系列见表 6.13。

2. 矩形花键的小径定心(Straight-sided spline minor diameter centering)

为保证内、外花键的同轴度,花键轴和花键孔需要保证良好的配合性质。确定配合性质的结合面称为定心表面,花键联结有三个结合面,即大径、小径和键侧面,选一个作定心表面即可。GB/T 1144—2001 中规定矩形花键以小径定心,如图 6.17(c)所示。因为大径定心在工艺上难以实现,当定心表面硬度高时,花键孔的大径热处理后的变形难以用拉刀修正;若采用小径定心,当表面硬度高时,花键轴的小径可用成形磨削进行加工,而花键孔小径也可用一般内圆磨进行修正,所以小径定心工艺性好,容易达到较高的定心精度,且定心稳定性好。

对定心直径(即小径 d)应有较高的精度要求,对非定心直径(即大径 D)的精度要求较低,且规定有较大的间隙。但是对非定心的键和键槽侧面也要求有足够的精度,因为它们要传递扭矩和起导向作用。

表 6.13　矩形花键基本尺寸系列 （摘自 GB/T 1144—2001）　　mm

小径 d	轻系列				中系列			
	规格 $N \times d \times D \times B$	键数 N	大径 D	键宽 B	规格 $N \times d \times D \times B$	键数 N	大径 D	键宽 B
11	—	—	—	—	6 × 11 × 14 × 3	6	14	3
13					6 × 13 × 16 × 3.5		16	3.5
16					6 × 16 × 20 × 4		20	4
18					6 × 18 × 22 × 5		22	5
21					6 × 21 × 25 × 5		25	
23	6 × 23 × 26 × 6	6	26	6	6 × 23 × 28 × 6		28	6
26	6 × 26 × 30 × 6		30		6 × 26 × 32 × 6		32	
28	6 × 28 × 32 × 7		32	7	6 × 28 × 34 × 7		34	7
32	8 × 32 × 36 × 6		36	6	8 × 32 × 38 × 6		38	6
36	8 × 36 × 40 × 7		40	7	8 × 36 × 42 × 7		42	7
42	8 × 42 × 46 × 8		46	8	8 × 42 × 48 × 8		48	8
46	8 × 46 × 50 × 9	8	50	9	8 × 46 × 54 × 9	8	54	9
52	8 × 52 × 58 × 10		58	10	8 × 52 × 60 × 10		60	10
56	8 × 56 × 62 × 10		62		8 × 56 × 65 × 10		65	
62	8 × 62 × 68 × 12		68	12	8 × 62 × 72 × 12		72	12
72	10 × 72 × 78 × 12		78	12	10 × 72 × 82 × 12		82	12
82	10 × 82 × 88 × 12		88		10 × 82 × 92 × 12		92	
92	10 × 92 × 98 × 14	10	98	14	10 × 92 × 102 × 14	10	102	14
102	10 × 102 × 108 × 16		108	16	10 × 102 × 112 × 16		112	16
112	10 × 112 × 120 × 18		120	18	10 × 112 × 125 × 18		125	18

3. 矩形花键结合的公差带配合种类及其选用(Selection tolerance zone and fit type for straight-sided spline matching parts)

国家标准规定,矩形花键的联结采用基孔制配合,目的是减少拉刀和花键检验量规的规格和数量。

标准中规定了两种矩形花键的联结精度:一般用和精密传动用。每种精度的联结又都有三种装配形式:滑动、紧滑动和固定联结。其区别在于,前两种在工作过程中,除可传递扭矩外,花键孔还可在轴上移动;后者只用来传递扭矩,花键孔在轴上无轴向移动。三种不同的装配形式是通过改变花键轴的小径和键宽的尺寸公差带达到,其公差带见表6.14。一般用矩形花键联结,公差带图如图6.19所示。由于几何误差的影响,各结合面的配合均比预定的要紧些。

表6.14　矩形花键的尺寸公差带　（摘自 GB/T 1144—2001）

内 花 键				外 花 键			装配型式
$d^{②}$	D	B		d	D	B	
		拉削后不热处理	拉削后热处理				
一 般 用							
H7	H10	H9	H11	f7	a11	d10	滑动
				g7		f9	紧滑动
				h7		h10	固定
精 密 传 动 用							
H5	H10	H7、H9[①]		f5	a11	d8	滑动
				g5		f7	紧滑动
				h5		h8	固定
H6				f6		d8	滑动
				g6		f7	紧滑动
				h6		h8	固定

注：① 精密传动用的内花键,当需要控制键侧配合间隙时,槽宽可选用 H7,一般情况下可选用 H9。
　　② d 为 H6Ⓔ 和 H7Ⓔ 的内花键,允许与提高一级的外花键配合。

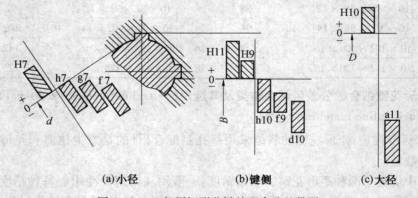

图 6.19　一般用矩形花键的配合公差带图

　　花键结合的公差配合的选用主要是确定联结精度和装配形式。

　　精密级多用于精密机床主轴变速箱等场合,其定心精度高,传递扭矩大而且平稳;一般级多用于载重汽车、拖拉机的变速箱等场合,其传递扭矩较大但定心精度要求不高。

　　对于内、外花键之间要求有较长距离、较高频率的相对移动的情况,应选用滑动联结,以保证运动灵活性及配合面间有足够的润滑油层,例如,汽车、拖拉机等变速箱中的齿轮与轴的联结。对于内、外花键定心精度要求高,传递扭矩大或经常有反向转动的情况,则应选用紧滑动联结。对于内、外花键间无需在轴向移动,只用来传递扭矩时,则应选用固定联结。

4. 矩形花键的几何公差和表面粗糙度的选用(Selection of geometrical tolerance and surface raughtness for straight-sided spline)

内、外花键的几何公差要求,主要包括小径 d 的形状公差和花键的位置度(或对称度)公差等。

(1) 小径 d(Minor diameter d for straight-sided spline)

内、外花键小径定心表面的形状公差和尺寸公差的关系遵守包容要求。

(2) 花键的位置度公差(Position tolerance for straight-sided spline)

为控制内、外花键的分度误差,一般应规定位置度公差,并采用最大实体要求,图样标注如图 6.20 所示,其位置度公差值见表 6.15。

表 6.15 位置度公差　(摘自 GB/T 1144—2001) 　　　　　　　　　　mm

键槽宽或键宽 B		3	3.5 ~ 6	7 ~ 10	12 ~ 18
t_1	键槽宽	0.010	0.015	0.020	0.025
	滑动、固定	0.010	0.015	0.020	0.025
键宽	紧滑动	0.006	0.010	0.013	0.016

(3) 花键的对称度公差(Symmetry tolerance for staight-sided spline)

在单件小批量生产时,一般规定键或键槽两侧面的中心平面对定心表面轴线的对称度公差和等分度公差,并遵守独立原则,图样标注如图 6.21 所示。花键各键(键槽)沿圆周均匀分布是它们的理想位置,允许它们偏离理想位置的最大值为花键均匀分度公差值即等分度公差值,国家标准规定,其值等于对称度公差值。对称度公差值见表 6.16。

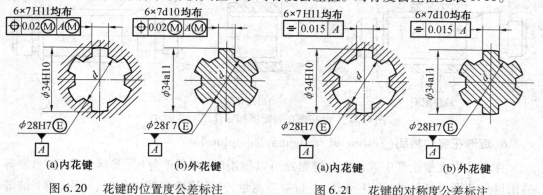

图 6.20　花键的位置度公差标注　　　　　图 6.21　花键的对称度公差标注

表 6.16 花键的对称度公差　(摘自 GB/T 1144—2001) 　　　　　　　　mm

键槽宽或键宽 B	3	3.5 ~ 6	7 ~ 10	12 ~ 18
t_1 一般用	0.010	0.012	0.015	0.018
精密传动用	0.006	0.008	0.009	0.011

对于较长的长键,应根据产品性能自行规定键(键槽)侧面对定心表面轴线的平行度公差值。

矩形花键的表面粗糙度推荐值见表 6.17。

表 6.17　矩形花键的表面粗糙度推荐值　（摘自 GB/T 1144—2001）　μm

加　工　表　面	内　花　键	外　花　键
	Ra 不　大　于	
大　　　径	6.3	3.2
小　　　径	0.8	0.8
键　　　侧	3.2	0.8

5. 矩形花键代号的图样标注（Symbols of straight-sided spline and its indication on part drawing）

　　矩形花键代号在图样上标注的内容，按顺序包括键数 N、小径 d、大径 D、键（槽）宽 B，其各自的公差带代号标注于公称尺寸之后，并注明矩形花键标准号 GB/T 1144—2001。

　　如对 $N = 6, d = 23\dfrac{H7}{f7}, D = 26\dfrac{H10}{a11}, B = 6\dfrac{H11}{d10}$ 的花键标记如下：

　　花键规格：$N \times d \times D \times B$　$6 \times 23 \times 26 \times 6$

　　花键副：$6 \times 23\dfrac{H7}{f7} \times 26\dfrac{H10}{a11} \times 6\dfrac{H11}{d10}$　GB/T 1144—2001

　　内花键：$6 \times 23H7 \times 26H10 \times 6H11$　GB/T 1144—2001

　　外花键：$6 \times 23f7 \times 26a11 \times 6d10$　GB/T 1144—2001

　　矩形花键在装配图和零件图上的标注示例如图 6.22 所示。

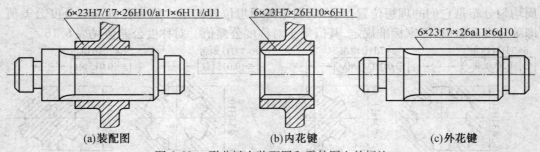

6×23H7/f 7×26H10/a11×6H11/d11　　　6×23H7×26H10×6H11　　　6×23f 7×26a11×6d10

(a)装配图　　　　　　　　(b)内花键　　　　　　　　(c)外花键

图 6.22　形花键在装配图和零件图上的标注

6. 矩形花键的检测（Testing of straight-sided-spline）

　　在单件小批量生产中或没有花键量规可以使用时，可用千分尺、游标卡尺、指示表等通用量具分别对各尺寸（d、D 和 B）进行单项测量，并检测键宽的对称度、键齿（槽）的等分度和大小径的同轴度等几何误差项目。

　　对大批量的生产，用量规进行综合检验，即用综合通规（对内花键为塞规，对外花键为环规，如图 6.23 所示）来综合检验小径 d、大径 D 和键（键槽）宽 B 的关联作用尺寸，包括了上述位

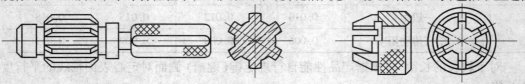

(a)检验内花键的综合量规　　　　　　　　　(b)检验外花键的综合量规

图 6.23　矩形花键综合量规

置度(包含分度误差和对称度误差)和同轴度等几何误差;然后用单项止端量规(或其他量具)分别检验尺寸 d、D 和 B 的最小实体尺寸。综合通规能通过,而止规不能通过,则零件合格。

6.3 螺纹结合的精度设计和检测
(Precision design and testing for screw thread matching parts)

螺纹结合是机械制造和仪器制造中应用最广泛的结合形式。螺钉、螺栓和螺母作为连接和紧固件在人们的日常生活中已司空见惯,是完全互换性的零件。国家颁布了有关螺纹精度设计的系列标准及选用方法,保证了螺纹的互换性要求。

本节所涉及的国家标准主要有:GB/T 192—2003《普通螺纹 基本牙型》,GB/T 193—2003《普通螺纹 直径与螺距系列》,GB/T 196—2003《普通螺纹 基本尺寸》,GB/T 197—2003《普通螺纹 公差》,GB/T 14791—1993《螺纹术语》,GB/T 2516—2003《普通螺纹 极限偏差》,GB/T 9144—2003《普通螺纹 优选系列》,GB/T 9145—2003《普通螺纹 中等精度、优选系列的极限尺寸》,GB/T 9146—2003《普通螺纹 粗糙精度、优选系列的极限尺寸》。

6.3.1 螺纹种类和使用要求
(Kinds and using requirements of screw thread)

螺纹结合在机械产品中应用广泛,按用途可分为紧固螺纹、传动螺纹和紧密螺纹。

1. 紧固螺纹(Faslening screw thread)

紧固螺纹用于连接或紧固零部件,其牙型为三角形,如粗牙和细牙普通螺纹。对这类螺纹要求是:一是要有良好的旋合性,以便于装配与拆卸;二是要有可靠的连接强度,使其不易损坏和松脱。这类螺纹的结合,其牙侧间的最小间隙等于或接近于零,相当于圆柱体配合中的几种小间隙配合。

2. 传动螺纹(Driving screw thread)

传动螺纹用于传递动力或精确的位移。牙型为梯形、锯齿形和矩形等,如丝杠和测微螺纹。对这类螺纹的使用要求是:要有足够的位移精度,即保证传动比的准确性、运动的灵活性、稳定性和较小的空行程,因此这类螺纹的螺距误差要小,而且应有足够的最小间隙。

3. 紧密螺纹(Sealing screw thread)

紧密螺纹用于密封的螺纹连接。此类螺纹要求具有可靠的密封性,如管道螺纹必须保证不漏水、气或油。因此,这类螺纹结合必须有一定的过盈,相当于圆柱体配合中的过盈配合。

6.3.2 普通螺纹的基本牙型和几何参数
(Basic profile and geometrical parameters of general purpose metric screw thread)

1. 普通螺纹的基本牙型(Basic profile of general purpose metric screw thread)

牙型是指在通过螺纹轴线的剖面内的螺纹轮廓形状。普通螺纹的基本牙型如图6.24中的粗实线所示,是在高为 H 的原始三角形的基础上截去顶部和底部形成的,具有螺纹的公称尺寸。普通螺纹的设计牙型是设计时给定的,在基本牙型的基础上,规定了功能所需的各种间隙和圆弧半径的牙型,它是内外螺纹公差带基本偏差的起点。

2. 普通螺纹的主要几何参数(Main geometrical parameters of general purpose metric screw thread)

（1）大径(Major diameter)

大径是指与外螺纹牙顶或内螺纹牙底相重合的假想圆柱的直径。内、外螺纹的公称直径是指螺纹大径的基本尺寸,分别用 D、d 表示,其尺寸系列和螺距见表 6.18。内、外螺纹大径的实际尺寸分别用 D_a、d_a 表示。

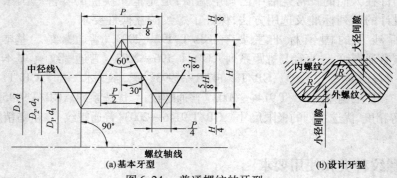

图 6.24　普通螺纹的牙型

表 6.18　直径与螺距标准组合系列（摘自 GB/T 193—2003）　　　mm

公称直径 D、d			螺　距　P						
				细　牙					
第 1 系列	第 2 系列	第 3 系列	粗　牙	3	2	1.5	1.25	1	0.75
	7		1						0.75
8			1.25					1	0.75
		9	1.25					1	0.75
10			1.5				1.25	1	0.75
		11	1.5			1.5		1	0.75
12			1.75				1.25	1	
	14		2			1.5	1.25[a]	1	
		15				1.5		1	
16			2			1.5		1	
		17				1.5		1	
	18		2.5		2	1.5		1	
20			2.5		2	1.5		1	
	22		2.5		2	1.5		1	
24			3		2	1.5		1	
		25			2	1.5		1	
		26				1.5			
	27		3		2	1.5		1	
		28			2	1.5		1	
30			3.5	(3)	2	1.5		1	
	32				2	1.5			
		33	3.5	(3)	2	1.5			

注：① a 仅用于发动机的火花塞。

②在表内,应选择与直径处于同一行内的螺距。

③优先选用第 1 系列直径,其次选用第 2 系列,最后选用第 3 系列直径。

④尽可能避免选用括号内的螺距。

（2）小径（Minor diameter）

小径是指与内螺纹牙顶或外螺纹牙底相重合的假想圆柱的直径。内、外螺纹的基本小径用 D_1、d_1 表示，实际小径用 D_{1a}、d_{1a} 表示。

外螺纹的大径与内螺纹的小径又称顶径，外螺纹的小径与内螺纹的大径又称底径，如图 6.25 所示。

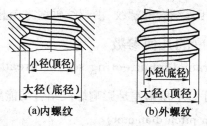

图 6.25　螺纹的大径与小径

（3）中径（Pitch diameter）

中径是一个假想圆柱的直径，该圆柱的母线通过牙型上沟槽和凸起宽度相等的地方，与大径和小径的平均值无关，内、外螺纹的中径用 D_2、d_2 表示。相互结合的内、外螺纹中径的公称尺寸相等，并且与大径和原始三角形高度（H）有下列关系：

$$D_2 = d_2 = D - 2 \times 3H/8 \tag{6.1}$$

内、外螺纹设计牙型上的中径称为基本中径（即中径）。内、外螺纹实际牙型上的中径称为实际中径，用 D_{2a}、d_{2a} 表示。中径圆柱的母线称为中径线（见图 6.23）。

（4）单一中径（Single pitch diameter）

单一中径是一个假想圆柱的直径，该圆柱的母线通过牙型上沟槽宽度等于螺距公称尺寸一半 $P/2$ 的地方（见图 6.26），内、外螺纹的单一中径用 D_{2s}、d_{2s} 表示。当螺距无误差时，单一中径与实际中径重合。单一中径可以用三针法测得，通常用单一中径近似表示实际中径 D_{2a}、d_{2a}。图中 ΔP 为螺距误差。

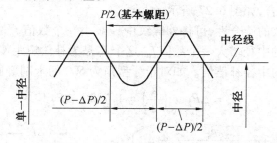

图 6.26　普通螺纹的中径与单一中径

（5）螺距和导程（Pitch and lead）

螺距是指相邻两牙在中径线上对应两点的轴向距离，用 P 表示。导程是指同一螺旋线上的相邻两牙在中径线上对应两点间的轴向距离，用 Ph 表示。对单线螺纹，导程等于螺距；对多线螺纹，导程等于螺距与螺纹线数的乘积。

（6）牙型角与牙型半角（Thread angle and half of thread angle）

牙型角是指在螺纹牙型上两相邻牙侧间的夹角，用 α 表示。普通螺纹的理论牙型角

为 $\alpha = 60°$。牙型半角(牙侧角)是指某一牙侧与螺纹轴线的垂线之间的夹角,用 $\alpha/2$ 表示,普通螺纹的牙型半角 $\alpha/2 = 30°$。实际螺纹的牙型角正确并不一定说明牙侧角正确。牙型半角的大小和方向会影响螺纹的旋合性和接触面积,故牙型半角 $\alpha/2$ 也是螺纹公差与配合的主要参数之一。

(7) 螺纹旋合长度(Length of thread engagement)

螺纹旋合长度是指两个相互结合的螺纹,沿螺纹轴线方向相互旋合部分的长度。

6.3.3　影响螺纹结合精度的几何参数

(Geometrical parameters affecting screw thread fit precision)

中径偏差、螺距偏差和牙型半角偏差是影响螺纹结合功能要求的主要加工误差。

1. 中径偏差(Deviation in pitch diameter)

中径偏差是螺纹中径实际尺寸与中径公称尺寸的代数差。实际中径的大小决定了螺纹牙侧的径向位置,由于螺纹是靠牙型侧面进行工作的,所以中径大小直接影响螺纹配合的松紧程度。若仅考虑中径的影响,假设其他参数均为理想状态,那么只要外螺纹中径小于内螺纹中径就能保证内外螺纹的旋合。但若外螺纹中径与内螺纹中径相比过小,则结合过松,并使牙侧的接触面积减少,降低螺纹的连接强度和密封性,因此对中径偏差必须加以限制。

2. 螺距偏差(Deviation in pitch)

螺距偏差包括单个螺距偏差(ΔP) 和螺距累积偏差(ΔP_Σ),后者与旋合长度有关,是主要影响因素。

为便于讨论螺距偏差的影响,假设内螺纹是没有任何偏差的理想内螺纹,而外螺纹只有螺距偏差,假定在 n 个螺牙长度上,实际内螺纹的轴向距离为理想轴向距离 nP,实际外螺纹轴向距离为 $nP_外 > nP$,内、外螺纹的螺距累积偏差为 ΔP_Σ,则这对内、外螺纹在牙侧将发生干涉而无法旋合,如图 6.27 所示。

为保证内、外螺纹的旋合性,可将外螺纹中径减小一个数值 f_p,同样内螺纹存在累计误差时,可将内螺纹的中径增大一个数值 f_p,这个 f_p 是为补偿螺距偏差而折算到中径上的数值,称为螺距偏差的中径补偿值。如对于牙型角为 60° 的米制普通螺纹有

$$f_p = \Delta P_\Sigma \cot\left(\frac{\alpha}{2}\right) = 1.732 \mid \Delta P_\Sigma \mid \tag{6.2}$$

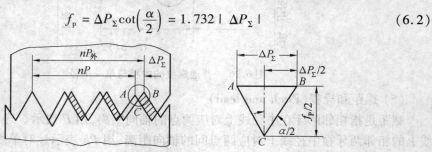

图 6.27　螺距累积偏差对旋合性的影响

3. 牙型半角偏差(Deviation in half of thread angle)

由牙型半角的定义可知,螺纹牙型角的数值偏差和牙型角的位置偏差都会引起牙型半角偏差$\left(\Delta\frac{\alpha}{2}\right)$,它直接影响螺纹的旋合性和牙侧接触的均匀性,因此,应对其加以限制。

为便于讨论牙型半角偏差的影响,假设内螺纹是没有任何偏差的理想内螺纹,而外螺纹只有牙型半角偏差,这对内、外螺纹也会在小径或大径处牙侧产生干涉而无法旋合,如图 6.28 所示的阴影部分即不能旋合。

为保证内、外螺纹的旋合性,可将外螺纹中径减少一个数值$f_{\frac{\alpha}{2}}$或将内螺纹中径加大一个数值$f_{\frac{\alpha}{2}}$,这个$f_{\frac{\alpha}{2}}$就是为补偿牙型半角偏差而折算到中径上的数值,称为牙型半角偏差的中径补偿值。

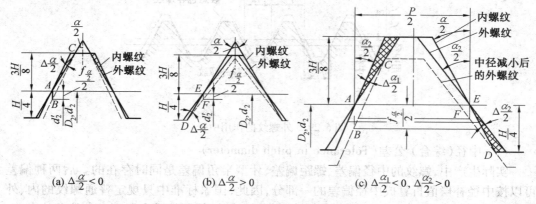

(a) $\Delta\frac{\alpha}{2}<0$ (b) $\Delta\frac{\alpha}{2}>0$ (c) $\Delta\frac{\alpha_1}{2}<0,\Delta\frac{\alpha_2}{2}>0$

图 6.28   牙型半角偏差对旋合性的影响

如图 6.28 所示,左右牙型半角偏差情况不同,干涉区也不相同,根据任意三角形的正弦定理可以推导出牙型半角偏差的中径补偿值为

$$f_{\frac{\alpha}{2}}=0.073P\left(K_1\left|\Delta\frac{\alpha_1}{2}\right|+K_2\left|\Delta\frac{\alpha_2}{2}\right|\right) \tag{6.3}$$

式中 $f_{\frac{\alpha}{2}}$——牙型半角偏差的中径补偿值;

$\Delta\frac{\alpha_1}{2},\Delta\frac{\alpha_2}{2}$——左、右牙型半角偏差;

K_1、K_2——修正系数,其值为:对外螺纹,牙型半角偏差为正值时,K_1(或 K_2)取 2;牙型半角偏差为负值时,K_1(或 K_2)取 3。对内螺纹,牙型半角偏差为正值时,K_1(或 K_2)取 3;牙型半角偏差为负值时,K_1(或 K_2)取 2。

4. 螺纹作用中径和中径合格条件(Virtual pitch diameter and qualified conditions of pitch diameter for screw thread)

(1)作用中径(Virtual pitch diameter)

当外螺纹存在螺距偏差和牙型半角偏差时,它只能与一个中径较大的内螺纹旋合,其效果相当于外螺纹的中径增大了。这个增大了的假想中径是旋合时起作用的中径,即外螺纹的作用中径,其值为

$$d_{2fe} = d_{2a} + (f_p + f_{\frac{\alpha}{2}})$$ (6.4)

同理,实际内螺纹存在螺距偏差和牙型半角偏差时,也相当于实际内螺纹的中径减小了 f_p 和 $f_{\frac{\alpha}{2}}$ 的值。这个减小了的内螺纹的假想中径是旋合时起作用的中径,即内螺纹的作用中径,其值为

$$D_{2fe} = D_{2a} - (f_p + f_{\frac{\alpha}{2}})$$ (6.5)

国家标准对作用中径的定义为:螺纹的作用中径是指在规定的旋合长度内,恰好能包容实际螺纹的一个假想的理想螺纹的中径。此螺纹具有基本牙型的螺距、半角以及牙型高度,并在牙顶和牙底留有间隙,以保证不与实际螺纹的大、小径发生干涉。图 6.29 是外螺纹作用中径的示意图。

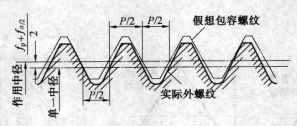

图 6.29　外螺纹的作用中径

(2) 中径(综合)公差(Tolerance in pitch diameter)

实际生产中,螺纹的中径偏差、螺距偏差、牙型半角偏差是同时存在的。后两种偏差可以按中径补偿值折算成中径偏差的一部分,因此,国家标准中只规定普通螺纹的内、外螺纹中径(综合)公差 T_{D2} 和 T_{d2} 来综合控制中径偏差、螺距偏差和牙型半角偏差的影响,即

$$T_{d2} \geqslant f_{d2} + f_p + f_{\frac{\alpha}{2}}$$ (6.6)
$$T_{D2} \geqslant f_{D2} + f_p + f_{\frac{\alpha}{2}}$$ (6.7)

式中　　T_{D2}、T_{d2}—— 内、外螺纹中径(综合)公差;

　　　　f_{D2}、f_{d2}—— 内、外螺纹中径本身偏差。

(3) 中径的合格条件(Qualified conditions of pitch diameter)

螺纹中径的合格条件与圆柱体结合极限尺寸判断原则(泰勒原则)相似,即实际螺纹的作用中径不能超出最大实体牙型的中径,而实际螺纹上任何部位的实际中径(用单一中径代替)不能超出最小实体牙型的中径,即

对于外螺纹

$$d_{2fe} \leqslant d_{2max}, d_{2a} \geqslant d_{2min}$$ (6.8)

对于内螺纹

$$D_{2fe} \geqslant D_{2min}, D_{2a} \leqslant D_{2max}$$ (6.9)

6.3.4　普通螺纹的精度

(Precision of general purpose metric screw thread)

螺纹的精度取决于螺纹中、顶径公差带及旋合长度,其构成关系如图 6.30 所示。

1. 螺纹公差带（Tolerance zone of general purpose metric screw thread）

普通螺纹公差带是沿基本牙型的牙侧、牙顶和牙底分布的牙型公差带，如图6.31所示。它以基本牙型为零线，公差带的宽度由中径公差值（T_{D2}、T_{d2}）和顶径公差值（T_{D1}、T_d）决定，公差带的位置由基本偏差（EI、es）决定。公差带宽度的方向在垂直于螺纹轴线方向上。

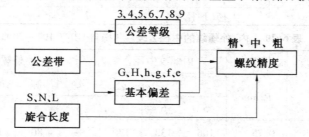

图6.30　螺纹公差精度的构成

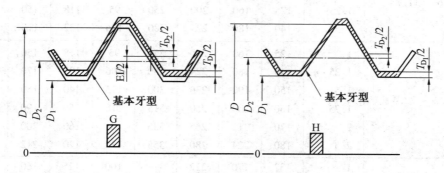

(a)内螺纹公差带

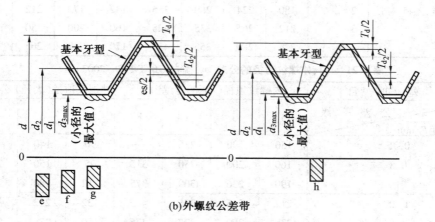

(b)外螺纹公差带

图6.31　螺纹公差带

实际螺纹的牙顶和牙侧必须位于该牙型公差带内，牙底则由加工刀具保证。

（1）普通螺纹的公差等级（Tolerance grade of general purpose metric screw thread）

国家标准规定的内、外螺纹的中径和顶径的公差等级见表6.19，其中6级为基本级。各级中径公差和顶径公差的数值见表6.20和表6.21。

表 6.19　螺纹公差等级　（摘自 GB/T 197—2003）

种　　别	螺　纹　直　径		公　差　等　级
内 螺 纹	中　径	D_2	4,5,6,7,8
	小径(顶径)	D_1	
外 螺 纹	中　径	d_2	3,4,5,6,7,8,9
	大径(顶径)	d	4,6,8

表 6.20　内、外螺纹的中径公差　（摘自 GB/T 197—2003）　μm

公称直径/mm	螺距 P/mm	内螺纹中径公差 T_{D2}				外螺纹中径公差 T_{d2}			
		公　　差　　等　　级							
		5	6	7	8	5	6	7	8
5.6 ~ 11.2	0.75	106	132	170	—	80	100	125	—
	1	118	150	190	236	90	112	140	180
	1.25	125	160	200	250	95	118	150	190
	1.5	140	180	224	280	106	132	170	212
11.2 ~ 22.4	1	125	160	200	250	95	118	150	190
	1.25	140	180	224	280	106	132	170	212
	1.5	150	190	236	300	112	140	180	224
	1.75	160	200	250	315	118	150	190	236
	2	170	212	265	335	125	160	200	250
	2.5	180	224	280	355	132	170	212	265
22.4 ~ 45	1	132	170	212	—	100	125	160	200
	1.5	160	200	250	315	118	150	190	236
	2	180	224	280	355	132	170	212	265
	3	212	265	335	425	160	200	250	315
	3.5	224	280	355	450	170	212	265	335

表 6.21　内、外螺纹顶径的公差　（摘自 GB/T 197—2003）　μm

公　差　项　目 公　差　等　级 螺　距 P/mm	内螺纹顶径(小径)公差 T_{D1}				外螺纹顶径(大径)公差 T_d		
	5	6	7	8	4	6	8
0.75	150	190	236	—	90	140	—
0.8	160	200	250	315	95	150	236
1	190	236	300	375	112	180	280
1.25	212	265	335	425	132	212	335
1.5	236	300	375	475	150	236	375
1.75	265	335	425	530	170	265	425
2	300	375	475	600	180	280	450
2.5	355	450	560	710	212	335	530
3	400	500	630	800	236	375	600
3.5	450	560	710	900	265	425	600

（2）普通螺纹的基本偏差（Fundamental deviation of general purpose metric screw thread）

国家标准对内螺纹规定了 H、G 两种基本偏差，对外螺纹规定了 h、g、f 和 e 四种基本偏差，如图 6.31 所示；内、外螺纹的中径、顶径和底径基本偏差数值相同见表 6.22。

表 6.22　内、外螺纹的基本偏差　（摘自 GB/T 197—2003）　　　μm

基本偏差　螺纹　　螺距 P /mm	内螺纹		外螺纹			
	G	H	e	f	g	h
	EI		es			
0.75	+ 22	0	− 56	− 38	− 22	0
0.8	+ 24	0	− 60	− 38	− 24	0
1	+ 26	0	− 60	− 40	− 26	0
1.25	+ 28	0	− 63	− 42	− 28	0
1.5	+ 32	0	− 67	− 45	− 32	0
1.75	+ 34	0	− 71	− 48	− 34	0
2	+ 38	0	− 71	− 52	− 38	0
2.5	+ 42	0	− 80	− 58	− 42	0
3	+ 48	0	− 85	− 63	− 48	0
3.5	+ 53	0	− 90	− 75	− 60	0

2. 螺纹的旋合长度与精度等级（Hength of thread engagement and precision grade for general purpose metric screw thread）

国家标准规定了三组螺纹旋合长度，分别为短旋合长度（S）、中等旋合长度（N）和长旋合长度（L），一般采用中等旋合长度。粗牙普通螺纹的中等旋合长度值约为（0.5 ~ 1.5）d，是最常用的旋合长度尺寸。旋合长度越长，加工越难保证精度，在装配时由于弯曲和螺距偏差的影响，也较难保证配合性质。

按公差带和旋合长度，国家标准规定了三种螺纹精度等级，从高到低分别为精密级、中等级和粗糙级。表 6.23 为摘自国家标准的螺纹旋合长度值。表 6.24 为普通螺纹的推荐公差带。

表 6.23　螺纹的旋合长度　（摘自 GB/T 197—2003）　　　mm

公称直径　D、d	螺距　P	旋合长度			
		S		N	L
		≤	>	≤	>
5.6 ~ 11.2	0.75	2.4	2.4	7.1	7.1
	1	3	3	9	9
	1.25	4	4	12	12
	1.5	5	5	15	15

续表 6.23   mm

公 称 直 径 D、d	螺 距 P	旋 合 长 度			
		S		N	L
		≤	>	≤	>
11.2 ~ 22.4	1	3.8	3.8	11	11
	1.25	4.5	4.5	13	13
	1.5	5.6	5.6	16	16
	1.75	6	6	18	18
	2	8	8	24	24
	2.5	10	10	30	30
22.4 ~ 45	1	4	4	12	12
	1.5	6.3	6.3	19	19
	2	8.5	8.5	25	25
	3	12	12	36	36
	3.5	15	15	45	45

表 6.24   普通螺纹的选用公差带   （摘自 GB/T 197—2003）

	公差精度	G			H		
		S	N	L	S	N	L
内螺纹	精密	—	—	—	4H	5H	6H
	中等	(5G)	**6G**	(7G)	**5H**	<u>6H</u>	**7H**
	粗糙		(7G)	(8G)		7H	8H

	公差精度	e			f			g			h		
		S	N	L	S	N	L	S	N	L	S	N	L
外螺纹	精密	—	—	—	—	—	—	—	(4g)	(5g4g)	(3h4h)	**4h**	(5h4h)
	中等	—	**6e**	(7e6e)	—	6f	—	(5g6g)	<u>6g</u>	(7g6g)	(5h6h)	6h	(7h6h)
	粗糙	—	(8e)	(9e8e)	—	—	—	—	8g	(9g8g)	—	—	—

注：① 优先选用粗字体公差带,其次选用一般字体公差带,最后选用括号内公差带。

    ② 带方框的粗字体公差带用于大量生产的紧固件螺纹。

6.3.5   普通螺纹的精度设计

（Precision design for general purpose metric screw thread）

1. 螺纹精度与旋合长度的选用（Selection of length of thread engagement and precision for general purpose metric scread thread）

    螺纹精度的选择主要取决于螺纹的用途。精密级用于要求配合性质稳定的场合;中等级用于一般用途机械、仪器和构件;粗糙级用于要求不高或制造困难的场合,如深盲孔攻丝的螺纹。

旋合长度的选择,通常选用中等旋合长度(N),对于调整用的螺纹。可根据调整行程的长短选取旋合长度;对于铝合金等强度较低的零件上的螺纹,为了保证螺牙的强度,可选用长旋合长度(L);对于受力不大且受空间位置限制的螺纹,如锁紧用的特薄螺母的螺纹可选用短旋合长度(S)。

2. 螺纹公差带与配合的选择(Selection of tolerance and fit for general punpose metric screw thread)

为了减少刀具和量规的规格和数量,应从标准推荐的选用公差带选取,具体见表6.22。表中只有一个公差带代号(如 6H、6g)的表示中径和顶径公差带相同;有两个公差带代号(如 5g6g)的,前者表示中径公差带,后者表示顶径公差带。

为保证足够的接触高度,完工后的内、外螺纹最好组成 H/g、H/h、G/h 的配合。一般情况采用最小间隙为零的 H/h 配合;对于经常拆卸、工作温度高或需涂镀的螺纹,常采用H/g 和 G/h 等具有保证间隙的配合。温度在 450 ℃ 以上时,可选用 H/e 配合。

3. 几何公差和表面粗糙度的选择(Selection of geometrical tolerance and surface roughness for general purpose metric screw thread)

对于普通螺纹一般不规定几何公差,其几何误差不得超出螺纹轮廓公差带所限定的极限区域。仅对高精度螺纹规定了在旋合长度内的圆柱度、同轴度和垂直度等几何公差,它们的公差值一般不大于中径公差的 50% ,并按包容要求控制。

螺纹牙侧表面的粗糙度,主要根据用途和公差等级按标准选用。

4. 螺纹在图样上的标注(Indication of general purpose metric screw thread on drawing)

完整的螺纹标记由螺纹代号、公称直径、螺距、螺纹公差带代号和螺纹旋合代号(或数值)组成,各代号间用"—"隔开。螺纹公差带代号包括中径公差带代号和顶径公差带代号。若中径公差带代号和顶径公差带代号不同,则应分别注出,前者为中径,后者为顶径。若中径和顶径公差带代号相同,则合并标注一个即可。旋合长度代号除"N"不注出外,对于短或长旋合长度,应注出代号"S"或"L",也可直接用数值注出旋合长度值。基本偏差代号小写为外螺纹,大写为内螺纹。

(1)在零件图上(On the part drawing)

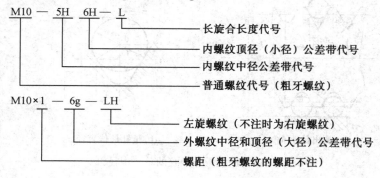

（2）在装配图上（On the assembly drawing）

M20×2 — 6H/5g6g

外螺纹中径公差带代号为 5g，顶径公差带代号为 6g
内螺纹中径和顶径公差带代号

螺纹标记在图样上标注时，应标注在螺纹的公称直径的尺寸线上。

6.3.6 普通螺纹精度的检测

（Testing of precision for general parpace metric scread thread）

对普通螺纹精度可以采用单项测量和综合测量两大类方法。

1. 单项测量（Single testing）

螺纹单项测量是指分别测量螺纹的各个几何参数，一般用于螺纹零件的工艺分析，螺纹量规、螺纹刀具以及精密螺纹的检测。常用的单项测量方法有三针法和影像法。

用三针法可以精确地测出精密外螺纹的单一中径 d_{2s}，（见图 6.32）。将三根直径相同的量针（见图 6.32）放在被测螺纹的牙槽中，然后用指示量仪测出针距 M 值，则

$$d_{2s} = M - d_0\left(1 + \frac{1}{\sin\frac{\alpha}{2}}\right) + \frac{P}{2}\cot\frac{\alpha}{2} \tag{6.10}$$

式中，螺距 P、牙型半角 $\frac{\alpha}{2}$ 和量针直径 d_0 均按理论值代入。

对于普通螺纹 $\frac{\alpha}{2} = 30°$，代入上式可简化为

$$d_{2s} = M - 3d_0 + 0.866P \tag{6.11}$$

为避免牙型半角偏差对测量结果的影响，使量针与牙侧的接触点落在中径上，最佳量针直径应为

$$d_0 = \frac{P}{2\cos\frac{\alpha}{2}} \tag{6.12}$$

对于内螺纹单项测量可用卧式测长仪或三座标测量机测量。

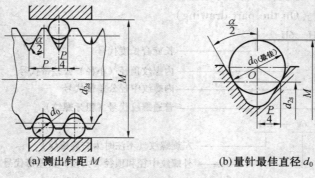

(a) 测出针距 M　　　(b) 量针最佳直径 d_0

图 6.32　三针法测量外螺纹的单一中径

2. 综合检验(Comprehensive testing)

综合检验是用按泰勒原则设计的螺纹量规检验被测螺纹的可旋合性,主要用于检验成批生产的,只要求保证可旋合性的螺纹。

检查内螺纹的量规称为螺纹塞规,如图6.33所示。检查外螺纹的量规称为螺纹环规,如图6.34所示。螺纹量规的通端是模拟被测螺纹的最大实体牙型,并具有完全牙型,其长度等于被测螺纹的旋合长度,用来检验被测螺纹的作用中径,合格的工件应该能旋合通过。此外,通规还顺便用来检验被测螺纹的底径。螺纹止规用来检验被测螺纹的单一中径,采用截短牙型,且螺纹长度只有2～2.5牙,以尽量避免被测螺纹螺距偏差和牙型半角偏差的影响。

内螺纹的小径和外螺纹的大径分别用光滑极限塞规和卡规检验。

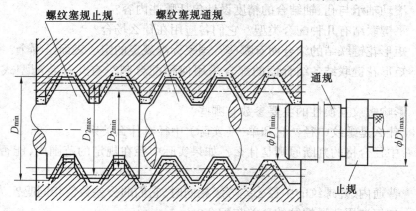

图 6.33　用螺纹塞规和光滑极限塞规检验内螺纹

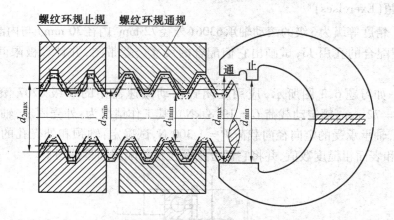

图 6.34　用螺纹环规和光滑极限卡规检验外螺纹

思考题与习题
(Questions and exercises)

1. 思考题(Questions)

6.1　向心球轴承、深沟轴承的公差等级分几级？划分的依据是什么？用得最多的是哪些等级？

6.2　滚动轴承内圈与轴颈、外圈与外壳孔的配合分别采用何种基准制？有什么特点？

6.3　选择滚动轴承与轴颈、外壳孔的配合时，应考虑哪些主要因素？

6.4　滚动轴承内圈内径公差带分布的特点是什么？为什么？

6.5　滚动轴承与孔、轴结合的精度设计包括哪些内容？

6.6　平键联结有几种配合类型？它们各应用在什么场合？

6.7　矩形花键联结的结合面有哪些？国家标准规定的定心表面是哪个？为什么？

6.8　矩形花键联结各结合面的配合采用何种配合制？有几种装配型式？应用如何？

6.9　影响螺纹互换性的主要参数有哪些？

6.10　什么是螺纹中径？它和单一（实际）中径有什么关系？

6.11　中径合格的判断原则是什么？如果实际中径在规定的范围内，能否说明该中径合格？

6.12　普通内、外螺纹的中径公差等级相同时，它们的公差数值相同吗？为什么？

6.13　如何选用普通螺纹的公差与配合？

2. 习题(Exercises)

6.1　精度等级为6级的滚动轴承6306（外径72 mm，内径30 mm）与内圈配合的轴用k5，与外圈配合的孔用J6，试画出它们配合的尺寸公差带图，并计算极限间隙和极限过盈。

6.2　如习题6.2图所示，应用在闭式传动减速器中的0级6207滚动轴承（$d = 35$ mm，$D = 72$ mm；额定动载荷 $C = 19.8$ kN），其工作情况为：外壳固定，轴旋转，转速为980 r/min，轴承承受的定向径向载荷 $P = 1\ 300$ N，试确定：轴颈和外壳孔的公差带代号、形位公差和表面粗糙度数值，并将它们分别标注在装配图和零件图上。

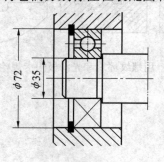

习题6.2图

6.3　某减速器中输出轴的伸出端与相配件孔采用平键的联结,要求键在轴槽和轮毂中均固定,且承受的载荷不大。轴与孔的直径为 $\phi40$,现选定键的公称尺寸为 12 mm × 8 mm。试确定轴槽和轮毂槽的剖面尺寸及其极限偏差、键槽对称度公差和键槽表面粗糙度的参数值,将各项公差值标注在习题 6.3 图所示的零件图上。

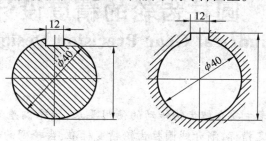

习题 6.3 图

6.4　在装配图上,花键联结的标注为:$6 \times 26 \dfrac{H7}{f7} \times 30 \dfrac{H10}{a11} \times 6 \dfrac{H11}{d10}$,试查出该配合中的内、外花键的极限偏差,画出公差带图,并指出该矩形花键配合的用途及装配形式。

6.5　查表决定螺栓 M24 × 2 - 6h 的顶径和中径的极限尺寸并绘出其公差带图。

6.6　有一个 M12 - 6g 的外螺纹,现为改进工艺,提高产品质量要涂镀保护层,其镀层厚度要求为 5 ~ 8 μm,问该螺纹基本偏差为何值时,才能满足镀后螺纹的互换性要求?

6.7　在大量生产中应用的紧固螺纹连接件,标准推荐采用 6H/6g,当确定该螺纹尺寸为 M20 × 2 时,则其内外螺纹的中径尺寸变化范围如何? 结合后中径的最小保证间隙等于多少?

6.8　测得某螺栓 M16 - 6g 的单一中径为 14.6 mm,$\Delta P_\Sigma = 35$ μm,$\Delta \dfrac{\alpha_1}{2} = -50'$,$\Delta \dfrac{\alpha_2}{2} = 40'$。试求其实际中径和作用中径所允许的变化范围;此螺栓是否合格? 若不合格,能否修复? 怎样修复?

第7章 圆柱齿轮的精度设计和检测
Chapter 7 Cylindrical Gear Precision Design and Testing

【内容提要】 本章主要介绍齿轮传动的使用要求,齿轮偏差的来源,齿轮加工偏差的分类,单个齿轮的评定指标,渐开线圆柱齿轮精度标准,齿轮副的精度,圆柱齿轮精度设计和齿轮精度检测等内容。

【课程指导】 通过本章学习,要求明确齿轮传动的基本要求;了解齿轮的加工误差;理解并掌握单个齿轮的偏差项目及其选择和单个齿轮的精度等级及其选用的基本方法;理解齿轮副的偏差项目;掌握齿厚极限偏差的确定方法;理解并掌握齿轮坯的精度及表面的粗糙度要求和齿轮精度设计方法;了解齿轮精度的检测方法。

7.1 概 述
(Overview)

齿轮传动是一种常用的机械传动形式,主要用于运动或动力的传递。由于齿轮传动具有结构紧凑,能保持恒定的传动比,传动效率高,使用寿命长及维护保养简单等特点,所以被广泛应用于机器制造和仪器制造的各部门。

各种齿轮传动都是由齿轮、轴、轴承和箱体等零、部件组成,这些零、部件的制造和安装精度,都会对齿轮传动产生影响,其中齿轮本身的制造精度和齿轮副的安装精度又起了主要的作用。

本章所涉及的国家标准主要有:GB/T 3374.1—2010《齿轮 术语和定义 第 1 部分:几何学定义》,GB/T 10095.1—2008《圆柱齿轮 精度制 第 1 部分:轮齿同侧齿面偏差的定义和允许值》,GB/T10095.2—2008《圆柱齿轮 精度制 第 2 部分:径向综合偏差和径向跳动的定义和允许值》,GB/Z 18620.1—2008《圆柱齿轮 检验实施规范 第 1 部分:轮齿同侧齿面的检验》,GB/Z 18620.2—2008《圆柱齿轮 检验实施规范 第 2 部分:径向综合偏差、径向跳动、齿厚和侧隙的检验》,GB/Z 18620.3—2008《圆柱齿轮 检验实施规范 第 3 部分:齿轮坯、轴中心距和轴线平行度的检验》, GB/Z 18620.4—2008《圆柱齿轮 检验实施规范 第 4 部分:表面结构和轮齿接触斑点的检验》等。

7.1.1 齿轮传动的使用要求
(Using requirment of gear drive)

各种机器和仪器中使用的传动齿轮因使用场合不同对齿轮传动的要求也各不相同,

综合各种使用要求,归纳为以下 4 个主要方面。

(1) 传递运动的准确性(Accuracy of drive motion)

即要求齿轮在一转范围内传动比的变化尽量小,以保证从动齿轮与主动齿轮的相对运动协调一致。齿轮的该项要求也称齿轮的运动精度要求。

(2) 传递运动的平稳性(Stationarity of drive mation)

即要求齿轮在转过一个齿的范围内,瞬时传动比的变化尽量小,以保证齿轮传动平稳,降低齿轮传动过程中的冲击,减小振动和噪声。齿轮的该项要求也称齿轮的工作平稳性要求。

(3) 载荷分布的均匀性(Uniformity of the load distribution)

即要求齿轮在啮合时齿面接触良好,载荷分布均匀,避免齿轮局部受力而引起应力集中,造成局部齿面的过度磨损和折齿,保证齿轮的承载能力和较长的使用寿命。齿轮的该项要求也称齿轮的接触精度要求。

(4) 齿侧间隙的合理性(Rationality of the backlash)

即要求齿轮副啮合时,非工作齿面间应留有一定的间隙,用以储存润滑油,补偿齿轮受力后的弹性变形、热变形以及齿轮传动机构的制造、安装误差,防止齿轮工作过程中卡死或齿面烧伤。但过大的间隙会在启动或反转时引起冲击,造成回程误差,因此侧隙的选择应在一个合理的范围内。

在以上 4 方面要求中,前 3 项是针对齿轮本身提出的要求,第 4 项是对齿轮副提出的要求。针对不同用途的齿轮,提出的要求也不同。对于控制系统和测试机构中使用的分度齿轮,应对齿轮的运动精度提出较高的要求,以保证主动齿轮与从动齿轮运动协调一致,传动比准确。对于矿山机械、轧钢机、起重机等重型机械中使用的齿轮,因其工作载荷大,传动速度低,选用齿轮的模数和齿宽都较大,应对齿轮的接触精度提出较高的要求。对于航空发动机、汽轮机中使用的齿轮,因其传递功率大,圆周速度高,要求工作时振动、冲击和噪声要小,所以除对齿轮的接触精度提出相应的要求以外,还应对齿轮的工作平稳性提出较高的要求。而对于机械制造业中常用的齿轮,如机床、汽车、拖拉机、内燃机、通用减速器等行业用的齿轮,对齿轮的运动精度、工作平稳性和接触精度的要求则基本相同。需要说明的是,无论是哪种齿轮传动,为了保证运动的灵活性,都必须要求有合理的齿侧间隙。

7.1.2　齿轮偏差的来源
(Source of the gear deviation)

齿轮的加工方法有无屑加工方法(压铸、热轧、挤压等)和切削加工方法之分,其中切削加工又可按切齿原理分为成形法和展成法两类。

用成形法加工(如铣齿、成形磨齿等)时,其切齿刀具的刀刃形状与被切齿轮的渐开线齿廓相同,是靠逐齿间断分度来完成整个齿轮齿圈的加工。

用展成法加工(如滚齿、插齿、磨齿、剃齿、珩齿、研齿等)齿轮时,齿轮表面通过专用齿轮加工机床的展成运动形成渐开线齿面。

由于组成齿轮加工工艺系统的机床、刀具、夹具、齿坯的制造、安装等存在着产生多种误差的因素,致使加工后的齿轮存在各种形式的偏差。下面以在滚齿机上加工齿轮(见图 7.1)为例,分析齿轮偏差产生的主要原因。

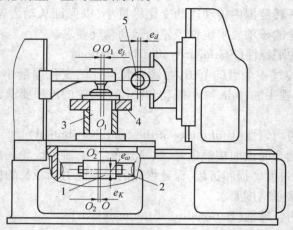

图 7.1　滚齿机滚齿加工示意图
1— 分度蜗杆;2— 分度蜗轮;3— 心轴;4— 工件(齿坯);5— 滚刀

1. 几何偏心(Geometrical eccentricity)

几何偏心产生的原因是由于齿坯在机床上安装时,齿坯的基准孔轴线($O_1 - O_2$)与机床工作台回转轴线($O-O$)不重合而引起的安装偏心,造成了齿轮齿圈的基准轴线与齿轮工作时的旋转轴线不重合。几何偏心使加工过程中齿坯基准孔的轴线与滚刀的距离发生变化,切出的齿轮轮齿一边短而宽、一边窄而长,引起齿轮的径向偏差,产生径向跳动。

2. 运动偏心(Motion eccentricity)

运动偏心产生的原因是由于齿轮加工机床分度蜗轮本身的制造误差以及在安装过程中分度蜗轮轴线($O_2 - O_2$)与机床工作台回转轴线($O-O$)不重合引起的。运动偏心使齿坯相对于滚刀的转速不均匀,而使被加工的齿廓产生切向位移。齿轮加工时,蜗杆的线速度是恒定不变的,只是蜗轮、蜗杆的中心距发生周期性变化,即蜗轮(齿坯)在一转内的转速呈现周期性的变化。当蜗轮的角速度由 ω 增加到 $\omega + \Delta\omega$ 时,使被加工齿轮的齿距和公法线都变长。当蜗轮的角速度由 ω 减少到 $\omega - \Delta\omega$ 时,又会使被加工齿轮的齿距和公法线都变短,从而使齿轮产生周期性变化的切向偏差。

3. 机床传动链周期误差(Cycle error of machin tool transmission chain)

在加工直齿齿轮时,机床传动链中分度机构各元件的误差,尤其是分度蜗杆由于安装偏心引起的径向跳动和轴向窜动,将会造成蜗轮(齿坯)在一转范围内的转速出现多次的变化,引起被加工齿轮的齿距偏差和齿形偏差。加工斜齿轮时,除受到分度机构各元件的误差影响外,还受到差动传动链误差的影响。

4. 滚刀的制造和安装误差(Manufacture and installation error of hob)

滚刀本身在制造过程中所产生的齿距、齿形等误差,都会在作为刀具加工齿轮的过程中被复映到被加工齿轮的每一个齿上,使被加工齿轮产生齿距偏差和齿廓形状偏差。另外,由于滚刀的安装偏心,也会使被加工齿轮产生径向偏差。由于滚刀的轴向窜动及轴线的歪斜,还会使进刀方向与齿轮的理论方向产生偏差,直接造成被加工齿轮的齿面沿齿长方向的歪斜,从而产生齿廓倾斜偏差,影响载荷分布的均匀性。

7.1.3 齿轮加工偏差的分类
（Classification of the gear processing deviation）

如上所述,由于齿轮加工过程中造成工艺误差的因素很多,齿轮加工后的偏差也很多。为了区分和分析齿轮各种偏差的性质、规律以及对传动质量的影响,需将齿轮的加工偏差进行分类。

1. 长周期偏差和短周期偏差（Long cycle deviation and short cycle deviation）

按偏差出现的频率有长周期偏差和短周期偏差。齿轮回转一周出现一次的周期性偏差称为长周期偏差(也称低频偏差)。齿轮加工过程中由于几何偏心和运动偏心引起的偏差属于长周期偏差,它是以齿轮的一转为周期的,如图 7.2(a) 所示。长周期偏差会对齿轮一转内传递运动的准确性产生影响,高速时,还会对齿轮传动的平稳性有影响。

齿轮转动一个齿距角的过程中出现一次或多次的周期性偏差称为短周期偏差(也称高频偏差)。短周期偏差产生的主要原因是机床的传动链、滚刀的制造和安装误差引起的,以分度蜗杆的一转或齿轮的一齿为周期,在齿轮一周中多次出现,如图 7.2(b) 所示。短周期偏差会对齿轮传动的平稳性产生影响。实际齿轮既有长周期偏差,也有短周期偏差,如图 7.2(c) 所示。

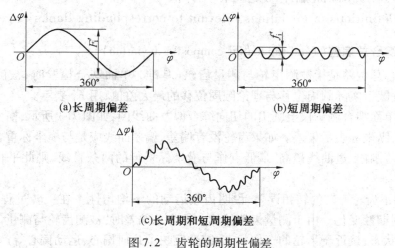

(a)长周期偏差　　　　　　　(b)短周期偏差

(c)长周期和短周期偏差

图 7.2　齿轮的周期性偏差

2. 径向偏差、切向偏差和轴向偏差（Radial deviation, tangential deviation and axial deviation）

在齿轮的加工过程中,由于切齿刀具与齿坯之间的径向距离变化而引起的加工偏差,称为径向偏差。如齿轮的几何偏心和滚刀的安装偏心,都会在切齿的过程中使齿坯相对于滚刀的距离产生变动,导致切出的齿廓相对于齿轮基准孔轴线产生径向位置的变动,造成径向偏差。

　　在齿轮的加工过程中,由于滚刀的运动相对于齿坯回转速度的不均匀,致使齿廓沿齿轮切线方向产生的偏差,称为齿廓的切向偏差。如分度蜗轮的运动偏心、分度蜗杆的径向跳动和轴向跳动以及滚刀的轴向跳动等,都会使齿坯相对于滚刀回转速度不均匀,产生切向偏差。

　　在齿轮的加工过程中,由于切齿刀具沿齿轮轴线方向进给运动偏斜产生的加工偏差,称为齿廓的轴向偏差。如刀架导轨与机床工作台回转轴线不平行、齿坯安装歪斜等,均会造成齿廓的轴向偏差。

7.2　　单个齿轮的评定指标
(Gear evaluation index)

　　图样上设计的齿轮都是理想的齿轮,由于齿轮加工机床传动链误差、刀具和齿坯的制造和安装误差,以及加工过程中的受力变形、热变形等因素,使得制造出的齿轮都存在误差。在 GB/T 10095.1—2008 和 GB/T 10095.2—2008 标准中,齿轮误差、偏差统称为齿轮偏差,并将偏差与公差(或极限偏差)共用一个符号表示,例如 F_α 既表示齿廓总偏差,又表示齿廓总公差。单项要素偏差符号用小写字母(如 f)加上相应的下标表示;而表示若干单项要素偏差组成的“累积”或“总”偏差所用的符号,采用大写字母(如 F)加上相应的下标表示。

7.2.1　　轮齿同侧齿面偏差的定义和允许值
(Definitions of deviations relevant to corresponding flanks of gear teeth)

1. 切向综合总偏差(Total tangential composite deviation)

　　切向综合总偏差是指被测齿轮与测量齿轮(基准)单面啮合检验时,被测齿轮一转内,齿轮分度圆上实际圆周位移与理论圆周位移的最大差值,用 F_i' 表示。

　　在齿轮单面啮合测量仪上画出的切向综合偏差曲线图,如图 7.3 所示,横坐标表示被测齿轮转角,纵坐标表示偏差。如果齿轮没有偏差,偏差曲线应是与横坐标重合的直线。在齿轮一转范围内,过曲线最高、最低点作与横坐标平行的两条直线,则此平行线间的距离即为 F_i'。

　　F_i' 反映了齿轮一转的转角误差,说明齿轮运动的不均匀性。在一转过程中,转速时快时慢,作周期性变化。由于测量齿轮的切向综合总偏差时,被测齿轮与测量齿轮处于无载单面啮合状态,接近于齿轮的工作状态,综合反映了几何偏心、运动偏心等产生的长、短周期偏差对齿轮转角误差的综合影响的结果,所以切向综合总偏差是评定齿轮运动准确性的较好参数,但不是必检项目。由于切向综合总偏差是在齿轮单面啮合测量仪上进行测量的,所以仅限于评定高精度齿轮。

2. 一齿切向综合偏差(Tooth to tooth tangential composite deviation)

　　一齿切向综合偏差是指被测齿轮一转中对应一个齿距角($360°/z$)内实际圆周位移与理论圆周位移的最大差值,用 f_i' 表示,在测量齿轮的切向综合总偏差 F_i' 时同时测得一齿切向综合偏差f_i'。如图 7.3 所示,过偏差曲线的最高、最低点作与横坐标平行的两条平行线,此平行线间的距离即为f_i'(取所有齿的最大值)。一齿切向综合偏差主要反映了刀具制造和安装误差以及机床传动链的短周期误差的影响。这种齿轮一转中多次重复出现每个齿距角内的转角的变化,将会影响到齿轮传递运动的平稳性。

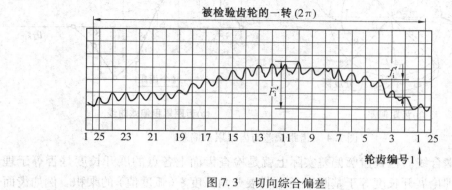

图 7.3 切向综合偏差

3. 单个齿距偏差(Single pitch deviation)

单个齿距偏差是指在端平面上,在接近齿高中部的一个与齿轮轴线同心的圆上,实际齿距与理论齿距的代数差,用$\pm f_{pt}$表示。如图 7.4 所示,$\pm f_{pt}$为第 2 个齿距偏差。当齿轮存在齿距偏差时,无论是正值还是负值都会在一对齿啮合完毕而另一对齿进入啮合时,主动齿与被动齿产生冲撞,影响齿轮传递运动的平稳性。

4. 齿距累积偏差(Cumulative pitch deviation)

齿距累积偏差是指在端平面上,在接近齿高中部的一个与齿轮轴线同心的圆上,任意k个齿距的实际弧长与理论弧长的代数差,用$\pm F_{pk}$表示。如图 7.4 所示,理论上齿距累积偏差等于k个齿距的各单个齿距偏差的代数和。国家标准规定(除另有规定),一般$\pm F_{pk}$适用于齿距数k为 2 ~ $z/8$ 范围,通常$k = z/8$。对于特殊应用的高速齿轮还需检验较小弧段,并规定相应的k数。

齿距累积偏差控制了齿轮局部圆周上(2 ~ $z/8$ 个齿距)的齿距累积误差,如果此项偏差过大,将会产生振动和噪声,影响齿轮传递运动的平稳性。

5. 齿距累积总偏差(Total cumulative pitch deviation)

齿距累积总偏差是指齿轮同侧任意弧段($k = 1$ ~ z)内的最大齿距累积偏差。它表现为齿距累积偏差曲线的总幅值,用F_P表示,如图 7.4 所示。

齿距累积总偏差反映齿轮转一转过程中传动比的变化,因此它影响齿轮传递运动的准确性。

6. 齿廓总偏差(Total profile deviation)

齿廓总偏差用F_α表示。为了说明齿廓总偏差的含义,首先要了解和齿廓总偏差有关的一些概念。

如图 7.5 所示,假设只研究由点划线表示的左齿面,用虚线画出的齿轮与基圆的交点Q为渐开线齿形滚动的起点,滚动终点为R,也是啮合的终点。AQ直线为两共轭齿轮基圆

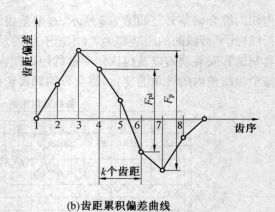

图 7.4　齿距偏差与齿距累积偏差

的公切线,即啮合线。检查齿廓偏差实际上就是检查齿面上各点的展开长度是否等于理论展开长度,理论展开长度等于基圆半径 r_b 与展开角弧度 ξ_c(弧度值)的乘积。例如齿面上分度圆上的 C 点,若该点无齿形偏差则有 $:\overline{CQ} = r_b\xi_c$。若 $\overline{CQ} > r_b\xi_c$ 则产生正的齿形偏差 $;\overline{CQ} < r_b\xi_c$ 则产生负的齿形偏差。图 7.5 中 1 为设计齿廓(即理论渐开线),2 为实际齿廓。在图的上方画出一条与啮合线 AQ 平行的直线 OO,以此作为直角坐标系的横坐标 x,表示展开长度,与其垂直的纵坐标 y,表示齿廓偏差值,向上为正,向下为负。OO 线上的 1a 段称为设计齿廓迹线,理论上应是直线。对渐开线齿轮来说若齿形上各点均无齿廓偏差时,齿廓偏差曲线是一条直线且与设计齿廓迹线重合。无论是用逐点展开法测量渐开线齿形,还是用渐开线仪器测量齿形,都是测齿形上各点实际展开长度与理论展开长度的差值,并可画出图中的齿廓偏差曲线 2a,也称实际齿廓迹线(图中曲线 y 方向放大若干倍)。图中的 F 点为齿根圆角线或挖根的起始点与啮合线的交点(相应于齿形上的点 6),E 点为相配齿轮齿顶圆与啮合线的交点(相应于齿形上的点 7),图上 A 点为齿顶圆(或倒角)与啮合线的交点(相应于齿形上的点 5),该点为滚动啮合终止点。

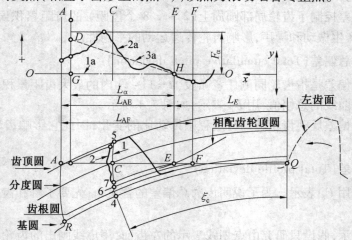

图 7.5　渐开线齿形偏差展开图

图中沿啮合线方向 AF 长度称为可用长度（因为只有这一段是渐开线），用 L_{AF} 表示。AE 长度称为有效长度，用 L_{AE} 表示，因为齿轮只可能 AE 段啮合，所以这一段才有效。从 E 点开始延伸的有效长度 L_{AE} 的 92% 称为齿廓计值范围 L_{α}。有了上述概念，对齿廓总偏差 F_{α} 可定义如下：

齿廓总偏差 F_{α} 是指在计值范围（L_{α}）内，包容实际齿廓迹线的两条设计齿廓迹线间的距离，即图 7.5 中过齿廓迹线最高、最低点作设计齿廓迹线的两条平行直线间的距离 F_{α}。

如果齿轮存在齿廓总偏差 F_{α}，其齿廓不是标准的渐开线，不能保证瞬时传动比为常数，容易产生振动与噪音，齿廓总偏差 F_{α} 是影响齿轮传递运动的平稳性的主要因素。

7. 螺旋线总偏差（Total helix deviation）

螺旋线总偏差是指在计值范围（L_{β}）内，包容实际螺旋线迹线的两条设计螺旋线迹线间的距离，用 F_{β} 表示，如图 7.6 所示。

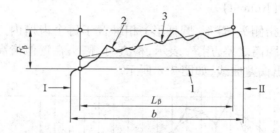

图 7.6　螺旋线偏差展开图

螺旋线总偏差 F_{β} 主要影响载荷分布的均匀性。

在螺旋线检查仪上测量非修形螺旋线的斜齿轮螺旋线偏差，原理是将被测齿轮的实际螺旋线与标准的理论螺旋线逐点进行比较，并将所得的差值在记录纸上画出偏差曲线图，如图 7.6 所示。没有螺旋线偏差的螺旋线展开后应该是一条直线（设计螺旋线迹线），即图 7.6 中的 1。如果无 F_{β}，仪器的记录笔应该走出一条与 1 重合的直线，而当存在 F_{β} 时，则走出一条曲线 2（实际螺旋线迹线）。齿轮从基准面 I 到非基准面 II 的轴向距离为齿宽 b。齿宽 b 两端各减去 5% 的齿宽或减去一个模数长度后得到的两者中的较小值为螺旋线计值范围 L_{β}，过实际螺旋线迹线最高、最低点作与设计螺旋线迹线平行的两条直线的距离即为 F_{β}。

7.2.2　径向综合偏差与径向跳动的定义

（Definitions of deviation relevant to radial composite deviations and runout information）

1. 径向综合总偏差（Total radial composite deviation）

径向综合总偏差是指在径向（双面）综合检验时，被测齿轮的左、右齿面与测量齿轮（基准）接触，并转过一整圈（即转过 360°）时出现的中心距最大值和最小值之差，用 F_i'' 表示。

在双啮仪上测量画出的 F_i'' 曲线如图 7.7 所示，横坐标表示齿轮转角，纵坐标表示偏差,过曲线最高、最低点作平行于横坐标轴的两条直线,该二平行线间的距离即为 F_i''。

2. 一齿径向综合偏差(Tooth to tooth radial composite deviation)

一齿径向综合偏差是指被测齿轮一转中对应一个齿距角(360°/z)的径向综合偏差值(取所有齿的最大值),用 f_i'' 表示,如图 7.7 所示。

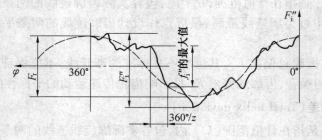

图 7.7　径向综合偏差曲线

3. 齿轮径向跳动(Runout)

齿轮径向跳动是指侧头(球形、圆柱形)相继置于每个齿槽内,从侧头到齿轮基准轴线的最大和最小径向距离之差,用 F_r 表示,检查时,侧头在近似齿高中部与左、右齿面接触,根据测量值可画出偏差曲线,如图 7.8 所示。

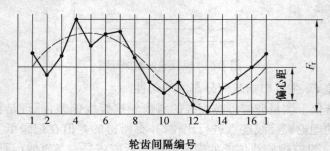

图 7.8　齿轮径向跳动曲线

齿轮径向跳动 F_r 主要是由于几何偏心引起的。切齿加工时,由于齿坯孔与心轴之间存在间隙,齿坯轴线与旋转轴线不重合,使切出的齿圈与齿坯孔产生偏心量,造成齿圈各齿到孔轴线距离不相等,并按正旋规律变化。它是以齿轮的一转为周期的,称为长周期偏差,产生径向跳动。

由于几何偏心引起的径向跳动,使齿轮孔同轴线的圆柱面上的齿距或齿厚不均匀,齿圈靠近孔的一侧的齿距变长,远离孔的一侧的齿距变短,从而引起齿距累积偏差,齿轮在一转过程中时快时慢,产生加速度变化,影响传递运动的准确性。此外,几何偏心引起的齿距偏差,还会使齿轮在转动过程中侧隙发生变化。

7.3 渐开线圆柱齿轮精度标准
(Precision standards of involute cylindrical gear)

7.3.1 齿轮的精度等级
(Precision grade of gear)

GB/T 10095.1—2008 对切向综合总公差 F_i'、一齿切向综合公差 f_i'、单个齿距极限偏差 $\pm f_{pt}$、齿距累积极限偏差 $\pm F_{pk}$、齿距累积总公差 F_p、齿廓总公差 F_α、螺旋线总公差 F_β 和径向跳动公差 F_r 分布规定了 13 个精度等级,从高到低分别用阿拉伯数字 0,1,2,…,12 表示。

GB/T 10095.2—2008 对径向综合总公差 F_i'' 和一齿径向综合公差 f_i'' 分别规定了 9 个精度等级,从高到低依次为 4,5,6,…,12 级。

在这些精度等级中,0 ~ 2 级齿轮要求非常高,目前几乎没有能够制造和测量的手段,因此属于有待发展的展望级;3 ~ 5 级为高精度等级;6 ~ 8 级为中等精度等级(使用最多);9 级为较低精度等级;10 ~ 12 级为低精度等级。

7.3.2 齿轮的公差
(Tolerance of gear)

5 级精度是齿轮的基本精度等级,它是计算其他等级偏差允许值的基础,即 5 级的公差值乘以(或除以)齿轮精度的分级公比 $\sqrt{2}$ 就可得到相邻较低(或较高)等级的公差值,5 级精度齿轮各种偏差的计算式见表 7.1。

表 7.1 5 级精度的齿轮偏差允许值的计算公式

序号	齿轮极限偏差	计算式
1	单个齿距极限偏差 $\pm f_{pt}$	$\pm f_{pt} = 0.3(m_n + 0.4\sqrt{d}) + 4$
2	齿距累积极限偏差 $\pm F_{pk}$	$\pm F_{pk} = f_{pt} + 1.6\sqrt{(k-1)m_n}$
3	齿距累积总公差 F_p	$F_p = 0.3m_n + 1.25\sqrt{d} + 7$
4	齿廓总公差 F_α	$F_\alpha = 3.2\sqrt{m_n} + 0.22\sqrt{d} + 0.7$
5	螺旋线总公差 F_β	$F_\beta = 0.1\sqrt{d} + 0.63\sqrt{b} + 4.2$
6	一齿切向综合公差 f_i'	$f_i' = K(9 + 0.3m_n + 3.2\sqrt{m_n} + 0.34\sqrt{d})$ 当 $\varepsilon_i < 4$ 时,$K = 0.2\left(\dfrac{\varepsilon_i + 4}{\varepsilon_i}\right)$;当 $\varepsilon_i \geqslant 4$ 时,$K = 0.4$
7	切向综合总公差 F_i'	$F_i' = F_p + f_i'$
8	径向综合总公差 F_i''	$F_i' = 3.2m_n + 1.01\sqrt{d} + 6.4$
9	一齿径向综合公差 f_i''	$f_i' = 2.96m_n + 0.01\sqrt{d} + 0.8$
10	齿轮径向跳动公差 F_r	$F_r = 0.8F_p = 0.24m_n + 1.0\sqrt{d} + 5.6$

表 7.1 各计算式中法向模数 m_n、分度圆直径 d 和齿宽 b 按参数范围和圆整规则中的规定,取各分段界限值的几何平均值。如果计算值大于 10 μm,则圆整到接近的整数;如果小于 10 μm,则圆整到最接近的尾数为 0.5 μm 的小数或整数;如果小于 5 μm,则圆整到最接近 0.1 μm 的一位小数或整数。

表 7.2 ~ 表 7.4 分别给出了表 7.1 中各项偏差的 5 ~ 8 级精度的允许值。

表7.2 $\pm f_{pt}$、F_p、$\pm F_{pk}$、f'_i、F'_i、F_r、F_w 偏差允许值 （摘自 GB/T 10095.1—2008/GB/T 10095.2—2008） μm

分度圆直径 d/mm	模数 m_n/mm	单个齿距极限偏差 $\pm f_{pt}$				齿距累积总公差 F_p				齿廓总公差 F_α				径向跳动公差 F_r				f'_i/K 值				公法线长度变动公差 F_w			
		5	6	7	8	5	6	7	8	5	6	7	8	5	6	7	8	5	6	7	8	5	6	7	8
5~20	0.5~2	4.7	6.5	9.5	13	11	16	23	32	4.6	6.5	9.0	13	9.0	13	18	25	14	19	27	38	10	14	20	29
	2~3.5	5.0	7.5	10	15	12	17	23	33	6.5	9.5	13	19	9.5	13	19	27	16	23	32	45	10	14	20	29
20~50	0.5~2	5.0	7.0	10	14	14	20	29	41	5.0	7.5	10	15	11	16	23	32	14	20	29	41	12	16	23	32
	2~3.5	5.5	7.5	11	15	15	21	30	42	7.0	10	14	20	12	17	24	34	17	24	34	48	12	16	23	32
	3.5~6	6.0	8.5	12	15	15	22	31	44	9.0	12	17	25	12	17	25	35	19	27	38	54	12	16	23	32
50~125	0.5~2	5.5	7.5	11	15	18	26	37	52	6.0	8.5	12	17	15	21	29	42	16	22	31	44	14	18	28	37
	2~3.5	6.0	8.5	12	17	19	27	38	53	8.0	11	16	22	15	21	30	43	18	25	36	51	14	18	28	37
	3.5~6	6.5	9.0	13	18	19	28	39	55	9.5	13	19	27	16	22	31	44	20	29	40	57	14	18	28	37
125~280	0.5~2	6.5	8.5	12	17	24	35	49	69	7.0	10	13	20	20	28	39	55	17	24	34	49	16	22	31	44
	2~3.5	6.5	9.0	13	19	25	35	50	70	9.0	13	18	25	20	28	40	56	20	28	39	56	16	22	31	44
	3.5~6	7.0	10	14	20	25	36	51	72	11	15	21	30	20	29	41	58	22	31	44	62	16	22	31	44
280~560	0.5~2	6.5	9.5	13	19	32	46	64	91	8.5	12	17	23	26	36	51	73	19	27	39	54	19	26	37	53
	2~3.5	7.0	10	14	20	33	46	65	92	10	15	21	29	26	37	52	74	22	31	44	62	19	26	37	53
	3.5~6	8.0	11	16	22	33	47	66	94	12	17	24	34	27	38	53	75	24	34	48	68	19	26	37	53

注：① 本表中 F_w 为根据我国的生产实践提出的，供参考。

② 将 f'_i/K 乘以 K 即得到 f'_i。当 $\varepsilon_\gamma < 4$ 时，$K = 0.2\left(\dfrac{\varepsilon_\gamma + 4}{\varepsilon_\gamma}\right)$；当 $\varepsilon_\gamma \geq 4$ 时，$K = 0.4$。

③ $F'_i = F_p + f'_i$。

④ $\pm F_{pk} = f_{pt} + 1.6\sqrt{(k-1)m_n}$（5级精度），通常取 $k = z/8$；按相邻两级的公比 $\sqrt{2}$，可求得其他级 $\pm F_{pk}$ 值。

表 7.3 F_β 公差值 （摘自 GB/T 10095.1—2008） μm

分度圆直径 d/mm	偏差项目 齿宽 b/mm	精度等级	螺旋线总公差 F_β		
		5	6	7	8
5 ~ 20	4 ~ 10	6.0	8.5	12	17
	10 ~ 20	7.0	9.5	14	19
20 ~ 50	4 ~ 10	6.5	9.0	13	18
	10 ~ 20	7.0	10	14	20
	20 ~ 40	8.0	11	16	23
50 ~ 125	4 ~ 10	6.5	9.5	13	19
	10 ~ 20	7.5	11	15	21
	20 ~ 40	8.5	12	17	24
	40 ~ 80	10	14	20	28
125 ~ 280	4 ~ 10	7.0	10	14	20
	10 ~ 20	8.0	11	16	22
	20 ~ 40	9.0	13	18	25
	40 ~ 80	10	15	21	29
	80 ~ 160	12	17	25	35
280 ~ 560	10 ~ 20	8.5	12	17	24
	20 ~ 40	9.5	13	19	27
	40 ~ 80	11	15	22	31
	80 ~ 160	13	18	26	36
	160 ~ 250	15	21	30	43

表 7.4 F''_i、f''_i 公差值 （摘自 GB/T 10095.2—2008） μm

分度圆直径 d/mm	公差项目 模数 精度 等级 m_n/mm	径向综合总公差 F''_i				一齿径向综合公差 f''_i			
		5	6	7	8	5	6	7	8
5 ~ 20	0.2 ~ 0.5	11	15	21	30	2.0	2.5	3.5	5.0
	0.5 ~ 0.8	12	16	23	33	2.5	4.0	5.5	7.5
	0.8 ~ 1.0	12	18	25	35	3.5	5.0	7.0	10
	1.0 ~ 1.5	14	19	27	38	4.5	6.5	9.0	13
20 ~ 50	0.2 ~ 0.5	13	19	26	37	2.0	2.5	3.5	5.0
	0.5 ~ 0.8	14	20	28	40	2.5	4.0	5.5	7.5
	0.8 ~ 1.0	15	21	30	42	3.5	5.0	7.0	10
	1.0 ~ 1.5	16	23	32	45	4.5	6.5	9.0	13
	1.5 ~ 2.5	18	26	37	52	6.5	9.5	13	19
50 ~ 125	1.0 ~ 1.5	19	27	39	55	4.5	6.5	9.0	13
	1.5 ~ 2.5	22	31	43	61	6.5	9.5	13	19
	2.5 ~ 4.0	25	36	51	72	10	14	20	29
	4.0 ~ 6.0	31	44	62	88	15	22	31	44
	6.0 ~ 10	40	57	80	114	24	34	48	67
125 ~ 280	1.0 ~ 1.5	24	34	48	68	4.5	6.5	9.0	13
	1.5 ~ 2.5	26	37	53	75	6.5	9.5	13	19
	2.5 ~ 4.0	30	43	61	86	10	15	21	29
	4.0 ~ 6.0	36	51	72	102	15	22	31	44
	6.0 ~ 10	45	64	90	127	24	34	48	67
280 ~ 560	1.0 ~ 1.5	30	43	61	86	4.5	6.5	9.0	13
	1.5 ~ 2.5	33	46	65	92	6.5	9.5	13	19
	2.5 ~ 4.0	37	52	73	104	10	15	21	29
	4.0 ~ 6.0	42	60	84	119	15	22	31	44
	6.0 ~ 10	51	73	103	145	24	34	48	68

7.3.3 齿坯的精度

（Precision of gear blank）

齿坯是指在齿轮加工前供制造齿轮用的工件。齿坯精度是指在齿坯上,影响轮齿加工和齿轮传动质量的基准表面上的误差,包括尺寸偏差、形状误差、基准面的跳动以及表面粗糙度。齿坯的精度不仅对齿轮的加工、检验和安装精度影响很大,同时也影响齿轮副的接触条件和运行状况。因此,在一定的加工条件下,用控制齿坯质量的方法来保证和提高齿轮的加工精度,改善齿轮副的接触条件和运行状况是一项有效的措施。

齿轮的加工、检验和装配,应尽量采取基准一致的原则。通常将基准轴线与工作轴线重合,即将安装面作为基准面。

1. 带孔齿轮的齿坯公差(Tolerance of perforated gear blank)

带孔齿轮的常用结构形式如图 7.9 所示,其基准表面包括:齿轮安装在轴上的基准孔(ϕD)、切齿时的定位端面(S_i)、径向基准面(S_r)和齿顶圆柱面(ϕd_a)。

基准孔的尺寸公差(采用包容要求)和齿顶圆的尺寸公差按齿轮精度等级从表 7.5 中选取。基准孔的圆柱度公差 $t_{/\!/}$ 取式(7.1)、式(7.2)中的小值。

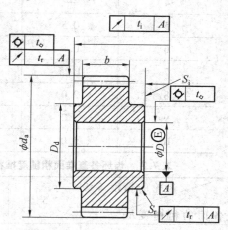

$$t_{/\!/} = 0.04(L/b)F_\beta \qquad (7.1)$$

式中　　L——箱体孔跨距;

　　　　b——齿轮宽度;

　　　　F_β——螺旋线总公差。

$$t_{/\!/} = 0.1F_p \qquad (7.2)$$

式中　　F_p——齿距累积总公差。

图 7.9　带孔齿轮的齿坯公差

表 7.5　齿坯尺寸公差　(摘自 GB/T 10095—1988)

齿轮精度等级		5	6	7	8	9	10	11	12
孔	尺寸公差	IT5	IT6	IT7		IT8		IT9	
轴	尺寸公差		IT5		IT6		IT7		IT8
顶圆直径公差		IT7		IT8			IT9		IT11

注:① 齿轮的三项精度等级不同时,齿轮的孔、轴尺寸公差按最高精度等级确定。

② 齿顶圆柱面不作基准时,齿顶圆直径公差按 IT11 给定,但不得大于 $0.1m_n$。

③ 齿顶圆的尺寸公差带通常采用 h11 或 h8。

基准端面 S_i 对基准孔轴线的端面圆跳动公差 t_i 为

$$t_i = 0.2(D_d/b)F_\beta \qquad (7.3)$$

式中　　D_d——基准端面的直径;

　　　　b——齿轮宽度。

基准端面 S_i 对基准孔轴线的径向圆跳动公差 t_r 为

$$t_r = 0.3F_p \qquad (7.4)$$

若以齿顶圆柱面作为加工或测量基准面,则除了规定上述尺寸公差外,还需要规定齿顶圆柱面的圆柱度公差和对基准孔轴线的径向圆跳动公差,其公差值分别按式(7.1)或式(7.2)和式(7.4)确定。此时,就不必给出径向基准面对基准孔轴线的径向圆跳动公差 t_r。

齿轮齿面和基准面的表面粗糙度从表 7.6 和表 7.7 中选取。

表 7.6　齿面表面粗糙度推荐极限值　（摘自 GB/Z 18620.4—2008）　μm

齿轮精度	Ra		Rz	
等　级	$m_n < 6$	$m_n \leqslant 25$	$m_n < 6$	$6 \leqslant m_n \leqslant 25$
3	—	0.16	—	1.0
4	—	0.32	—	2.0
5	0.5	0.63	3.2	4.0
6	0.8	1.00	5.0	6.3
7	1.25	1.60	8.0	10
8	2.0	2.5	12.5	16
9	3.2	4.0	20	25
10	5.0	6.3	32	40

表 7.7　齿坯各基准面粗糙度推荐的 Ra 上限值　（摘自 GB/T 10095—1988）　μm

齿 轮 的 精 度 等 级 各 面 的 粗 糙 度 Ra	5	6	7		8	9	
齿面加工方法	磨齿	磨或珩齿	剃或珩齿	精插精铣	插齿或滚齿	滚齿	铣齿
齿轮基准孔	0.32 ~ 0.63	1.25	1.25 ~ 2.5			5	
齿轮轴基准轴颈	0.32	0.63	1.25		2.5		
齿轮基准端面	2.5 ~ 1.25	2.5 ~ 5			3.2 ~ 5		
齿轮顶圆	1.25 ~ 2.5	3.2 ~ 5					

2. 齿轮轴的齿坯公差（Tolerance of gear blank of gear shaft）

齿轮轴的常用结构形式如图 7.10 所示，其基准表面包括：安装滚动轴承的两个轴径（$2 \times \phi d$）、轴向基准端面（$2 \times S_i$）和齿顶圆柱面（ϕd_a）。

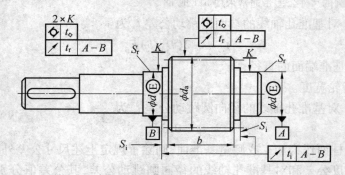

图 7.10　齿轮轴的齿坯公差

两个轴径的尺寸公差（采用包容要求）和齿顶圆的尺寸公差按齿轮精度等级从表 7.5

中选取。两轴径的圆柱度公差 $t_{/\!/}$ 按式(7.1)或式(7.2)确定;两轴径分别对它们的公共轴线(基准轴线)的径向圆跳动公差 t_r 按式(7.4)确定。基准端面($2 \times S_i$)对两轴径的公共轴线端面圆跳动公差 t_i 按式(7.3)确定。

需要指出的是,两个轴径的尺寸公差和几何公差也可按滚动轴承的公差等级确定。

若以齿顶圆柱面作为测量基准面,则除了规定上述尺寸公差外,还需要规定齿顶圆柱面的圆柱度公差和对基准轴线的径向圆跳动公差,其公差值分别按式(7.1)或式(7.2)和式(7.4)确定。

齿轮齿面和基准面的表面粗糙度从表 7.6 和表 7.7 中选取。

7.3.4 齿轮精度的标注
（Indication of gear precision）

1. 齿轮精度等级的标注（Indication of precision grade of gear）

若齿轮所有偏差项目的公差同为某一公差等级,则在图样上可只标注精度等级和标准号。例如同为 7 级时,可标注为

$$7 \text{ GB/T } 10095.1—2008 \text{ 或 } 7 \text{ GB/T } 10095.2—2001$$

若齿轮偏差项目的公差的精度等级不同,则在图样上可按齿轮传递运动的准确性、传递运动的平稳性和载荷分布的均匀性的顺序分别标注它们的精度等级及带括号的对应公差符号和标准号。例如齿距累积总公差 F_p 和单个齿距极限偏差 f_{pt}、齿廓总公差 F_α 同为 7 级,而螺旋线总公差 F_β 为 6 级,可标注为

$$7(F_p \text{、} f_{pt} \text{、} F_\alpha) \text{、} 6(F_\beta) \text{ GB/T } 10095.1—2008$$

2. 齿厚极限偏差的标注（Indication of tooth thickness limit deviation）

齿厚极限偏差 $S_{n\,E_{sni}}^{\ E_{sns}}$（或公法线长度极限偏差 $W_{k\,E_{bni}}^{\ E_{bns}}$）要标注在图样右上角的参数表中,其中 $S_n(W_k)$ 为法向公称齿厚(跨 k 个齿数的公法线平均长度),$E_{sns}(E_{bns})$ 为齿厚(公法线长度)的上极限偏差,$E_{sni}(E_{bni})$ 为齿厚(公法线长度)的下极限偏差。

7.4 齿轮副的精度和齿侧间隙
（Precision of gear pair and gear pair backlask）

7.4.1 齿轮副的精度
（Precision of gear pair）

由于齿轮副的安装偏差同样会影响齿轮的使用性能,因此必须对齿轮副的偏差加以控制。

1. 齿轮副的中心距极限偏差（Centre distance limit deviation for gear pair）

齿轮副的中心距极限偏差是指在齿轮副齿宽中间平面内,实际中心距(a_a)与公称中心距(a)之差,用 $\pm f_a$ 表示,如图 7.11 所示。齿轮副的中心距偏差的大小不仅会影响齿轮

侧隙,而且也会影响齿轮的重合度,所以必须加以控制。中心距的极限偏差 $\pm f_a$ 见表 7.8。

表 7.8　中心距极限偏差 $\pm f_a$　（摘自 GB/T 10095—1988）　　　　μm

齿轮精度等级 中心距 a / mm	5、6	7、8
6 ~ 10	7.5	11
10 ~ 18	9	13.5
18 ~ 30	10.5	16.5
30 ~ 50	12.5	19.5
50 ~ 80	15	23
80 ~ 120	17.5	27
120 ~ 180	20	31.5
180 ~ 250	23	36
250 ~ 315	26	40.5
315 ~ 400	28.5	44.5
400 ~ 500	31.5	48.5

2. 轴线平行度极限偏差（Parallelism limit deviation of axes）

由于轴线平行度与其向量的方向有关,所以规定了轴线平面内的平行度极限偏差 $f_{\Sigma\delta}$ 和垂直平面上的平行度极限偏差 $f_{\Sigma\beta}$。如果一对啮合的圆柱齿轮的两条直线不平行,形成了空间的异面（交叉）直线,则将影响齿轮的接触精度,因此必须加以控制,如图 7.11 所示。

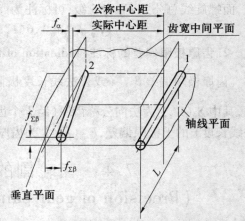

图 7.11　齿轮副轴线平行度偏差和中心距偏差

轴线平面内的平行度极限偏差 $f_{\Sigma\delta}$ 是在两轴线的公共平面上测量的,此公共平面是用两轴承跨距中较长的一个 L 和另一根轴上的一个轴承来确定的。如果两个轴承的跨距相同,则用小齿轮轴和大齿轮轴的一个轴承确定。垂直平面上的平行度极限偏差 $f_{\Sigma\beta}$ 是在与轴线公共平面相垂直的平面上测量的。$f_{\Sigma\delta}$ 和 $f_{\Sigma\beta}$ 均在全齿宽的长度上测量。

$f_{\Sigma\delta}$ 和 $f_{\Sigma\beta}$ 的最大推荐值为

$$f_{\Sigma\delta} = (L/b) F_\beta \tag{7.5}$$

$$f_{\Sigma\beta} = 0.5(L/b) F_\beta = 0.5 f_{\Sigma\delta} \tag{7.6}$$

式中　　L——轴承跨距;
　　　　b——齿轮宽度。

3. 接触斑点 (Tooth contact pattern)

接触斑点是指装配好的齿轮副,在轻微制动下运转后齿面上分布的接触擦亮痕迹,如图 7.12 所示。齿面上分布的接触斑点大小,可用于评估齿面接触精度,也可以将被测齿轮安装在机架上与测量齿轮在轻载下测量接触斑点,评估装配后齿轮螺旋线精度和齿廓精度。表 7.9 给出了装配后齿轮副接触斑点的最低要求。

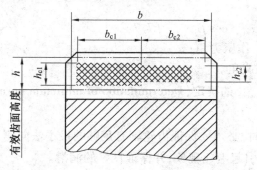

图 7.12　接触斑点分布示意图

表 7.9　齿轮装配后接触斑点　（摘自 GB/Z 18620.4—2008）　%

精度等级 参数 齿轮	$(b_{c1}/b) \times 100\%$		$(h_{c1}/h) \times 100\%$		$(b_{c2}/b) \times 100\%$		$(h_{c2}/h) \times 100\%$	
	直齿轮	斜齿轮	直齿轮	斜齿轮	直齿轮	斜齿轮	直齿轮	斜齿轮
4 级及更高	50	50	70	50	40	40	50	30
5 和 6	45	45	50	40	35	35	30	20
7 和 8	35	35	50	40	35	35	30	20
9 至 12	25	25	50	40	25	25	30	20

7.4.2　齿轮副的侧隙
（Gear pair backlash）

为保证齿轮润滑,补偿齿轮的制造误差、安装误差以及热变形等造成的误差,必须在齿轮的非工作齿面留有间隙,即齿轮副的侧隙。轮齿与配对轮齿间的配合相当于圆柱体孔、轴的配合,但这里采用的是"基中心距制",即在中心距一定的情况下,用控制轮齿的齿厚的方法获得必要的侧隙。

1. 齿轮副侧隙的表示法 (Indication of gear pair backlash)

齿轮副侧隙有法向侧隙 j_{bn} 和圆周侧隙 j_{wt} 之分,如图 7.13 所示。

法向侧隙 j_{bn} 是指当两个齿轮在工作齿面相互接触时,非工作齿面间的最小距离。法向齿侧 j_{bn} 的测量是沿着齿廓的法线,即啮合线方向进行测量。通常可用压铅丝的方法进行,即在齿轮的啮合过程中在非工作齿面的齿间处放入一块铅丝,啮合后取出压扁了的铅丝测量其厚度,也可以用塞尺直接测量。

圆周侧隙 j_{wt} 是指安装好的齿轮副,当其中一个齿轮固定时,另一个齿轮所能转过的节圆弧长的最大值,即圆周方向的转动量。

法向侧隙 j_{bn} 与圆周侧隙 j_{wt} 之间存在如下关系

$$j_{bn} = j_{wt} \cos \alpha_{wt} \cdot \cos \beta_b \qquad (7.7)$$

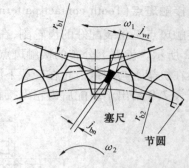

图 7.13　齿轮副侧隙

式中　α_{wt}—— 端面工作压力角;

　　　β_b—— 基圆螺旋角。

2. 最小法向侧隙 j_{bnmin} 的确定(Determination of minimum normal backlash j_{bnmin} of gear pair)

在设计齿轮传动时,必须要保证齿轮副有足够的最小法向侧隙 j_{bnmin} 以保证齿轮机构正常工作,避免因温升引起卡死现象,并保证良好的润滑。

对于用黑色金属材料制造的齿轮和箱体,工作时齿轮节圆线速度小于 15 m/s,其箱体、轴和轴承都采用常用的商业制造公差的传动齿轮。j_{bnmin} 可按下式计算

$$j_{bnmin} = \frac{2}{3}(0.06 + 0.000\,5a + 0.03\,m_n) \qquad (7.8)$$

式中　a—— 齿轮副中心距;

　　　m_n—— 齿轮法向模数。

按上式计算可以得出表 7.10 的推荐数据。

表 7.10　对于中、大模数齿轮 j_{bnmin} 的推荐数据　（摘自 GB/Z 18620.2—2002）　mm

模数 m_n	最小中心距 a					
	50	100	200	400	800	1600
1.5	0.09	0.11	—	—	—	—
2	0.10	0.12	0.15	—	—	—
3	0.12	0.14	0.17	0.24	—	—
5	—	0.18	0.21	0.28	—	—
8	—	0.24	0.27	0.34	0.47	—
12	—	—	0.35	0.42	0.55	—
18	—	—	—	0.54	0.67	0.94

3. 齿厚上、下极限偏差的计算(Calculation of upper and lower limit deviation for tooth thickness)

（1）齿厚上极限偏差 E_{sns} 的计算(Calculation of upper limit deviation E_{sns} for tooth thickness)

齿厚上极限偏差 E_{sns} 即齿厚的最小减薄量,如图 7.14 所示。它除了要保证齿轮副所需的

最小法向侧隙 j_{bnmin} 外,还要补偿齿轮和齿轮箱体的加工和安装误差所引起的侧隙减小量 J_{bn}。

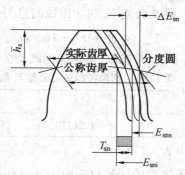

图 7.14 齿厚偏差

J_{bn} 的计算式为

$$J_{bn} = \sqrt{f_{pb_1}^2 + f_{pb_2}^2 + 2F_\beta^2 + (f_{\sum\delta}\sin\alpha_n)^2 + (f_{\sum\beta}\cos\alpha_n)^2} \tag{7.9}$$

$$f_{pb_1} = f_{pt_1}\cos\alpha_n \tag{7.10}$$

$$f_{pb_2} = f_{pt_2}\cos\alpha_n \tag{7.11}$$

式(7.9) ~ 式(7.11) 中

f_{pt_1} —— 大齿轮单个齿距的极限偏差;

f_{pt_2} —— 小齿轮单个齿距的极限偏差。

$f_{\sum\delta}$ —— 轴线平面内的平行度偏差,按式(7.5) 计算;

$f_{\sum\beta}$ —— 轴线垂直平面上的平行度偏差,按式(7.6) 计算;

α_n —— 齿轮法向压力角,一般 $\alpha_n = 20°$;

F_β —— 螺旋线总公差。

将式(7.10)、式(7.11) 和 $\alpha_n = 20°$ 代入式(7.9),得

$$J_{bn} = \sqrt{0.88(f_{pt_1}^2 + f_{pt_2}^2) + [2 + 0.34(L/b)^2]F_\beta^2} \tag{7.12}$$

考虑到实际中心距为最小极限尺寸,即中心距实际偏差为下极限偏差($-f_a$) 时,会使法向侧隙 j_{bn} 减小 $2f_a\sin\alpha_n$,可得齿厚上极限偏差(E_{sns_1},E_{sns_2}) 与最小法向侧隙 j_{bnmin}、侧隙减小量 J_{bn} 和中心距下极限偏差($-f_a$) 的关系为

$$(E_{sns_1} + E_{sns_2})\cos\alpha_n = -(j_{bnmin} + J_{bn} + 2f_a\sin\alpha_n) \tag{7.13}$$

通常为了方便设计与计算,令 $E_{sns_1} = E_{sns_2} = E_{sns}$,于是可得出齿厚上极限偏差为

$$E_{sns} = -\left(\frac{j_{bnmin} + J_{bn}}{2\cos\alpha_n} + |f_a|\tan\alpha_n\right) \tag{7.14}$$

(2) 齿厚下极限偏差 E_{sni} 的计算(Calculation of lower limit deviation E_{sni} for tooth thickness)

齿厚下极限偏差 E_{sni} 可由齿厚上极限偏差 E_{sns} 和齿厚公差 T_{sn} 求得,即

$$E_{sni} = E_{sns} - T_{sn} \tag{7.15}$$

齿厚公差 T_{sn} 的大小与齿轮的精度无关,主要由制造设备控制。齿厚公差 T_{sn} 过小将会增加齿轮的制造成本,过大又会使齿轮副侧隙加大,使齿轮正、反转空程过大,造成冲

击,因此必须对齿厚公差 T_{sn} 确定一个合理的数值。

齿厚公差 T_{sn} 由齿轮径向跳动公差 F_r 和切齿径向进刀公差 b_r 组成,按下式计算:

$$T_{sn} = \sqrt{b_r^2 + F_r^2} \cdot 2\tan \alpha_n \qquad (7.16)$$

式中切齿径向进刀公差 b_r 按表 7.11 选取,齿轮径向跳动公差 F_r 按表 7.2 选取。

表 7.11 切齿径向进刀公差 b_r 值

齿轮精度等级	4	5	6	7	8	9
b_r 值	1.26IT7	IT8	1.26IT8	IT9	1.26IT9	IT10

注:IT 值按分度圆直径尺寸从表 3.2 中查取。

4. 公法线长度上、下极限偏差的计算(Calculation of upper and lower limit deviation for base langent length)

公法线长度上、下极限偏差(E_{bns}、E_{bni})可由齿厚的上、下极限偏差(E_{sns}、E_{sni})经换算得到,它们之间的关系为

$$E_{bns} = E_{sns}\cos \alpha_n - 0.72F_r\sin \alpha_n \qquad (7.17)$$

$$E_{bni} = E_{sni}\cos \alpha_n + 0.72F_r\sin \alpha_n \qquad (7.18)$$

5. 公称齿厚的计算(Calculation of normal tooth thickness)

公称齿厚是指齿厚的理论值,公称齿厚用 S_n 表示,按下式计算。

(1)外齿轮

$$S_n = m_n\left(\frac{\pi}{2} + 2\tan \alpha_n x\right) \qquad (7.19)$$

式中 x—— 齿轮的变位系数。

(2)内齿轮

$$S_n = m_n\left(\frac{\pi}{2} - 2\tan \alpha_n x\right) \qquad (7.20)$$

式中 x—— 齿轮的变位系数。

对于斜齿轮,S_n 值应在法向平面内测量。

7.5   圆柱齿轮的精度设计
(Cylindrical gear precision design)

7.5.1   齿轮精度设计方法及步骤
(Methods and steps of cylindrical gear precision design)

1. 选择齿轮的精度等级(Selection of precision grade for cylindrical gear)

齿轮精度等级的选择依据是齿轮的用途、齿轮的使用要求和齿轮的工作条件,其选择方法主要有计算法和经验法(类比法)两种。

计算法主要用于精密传动链用齿轮设计,可按精密传动链精度要求首先计算出允许

的回转角误差大小,然后根据传递运动的准确性偏差项目,选择适宜的精度等级。

经验法是参考同类产品的齿轮精度,结合所设计齿轮的具体要求来确定精度等级。表7.12为从生产实践中搜集到的各种用途齿轮的大致精度等级,可供设计齿轮精度等级时参考。

表7.12 齿轮精度等级的应用(供参考)

齿轮用途	精度等级	齿轮用途	精度等级	齿轮用途	精度等级
测量齿轮	2 ~ 5	轻型汽车	5 ~ 8	轧钢机	5 ~ 10
汽轮机减速器	3 ~ 6	机车	6 ~ 7	起重机械	6 ~ 10
金属切削机床	3 ~ 8	通用减速器	6 ~ 8	矿山绞车	8 ~ 10
航空发动机	3 ~ 7	载重汽车、拖拉机	6 ~ 9	农业机械	8 ~ 10

在机械传动中应用最多的齿轮是既传递运动又传递动力,其精度等级与圆周速度密切相关,因此可计算出齿轮的最高圆周速度,根据最高圆周速度参考表7.13确定齿轮的精度等级。

表7.13 齿轮平稳性精度等级的选用(供参考)

精度等级	圆周速度 /(m·s⁻¹)		齿面的终加工	工作条件
	直齿	斜齿		
3级(极精密)	到40	到75	特精密的磨削和研齿;用精密滚刀或单边剃齿后的大多数不经淬火的齿轮	要求特别精密的或在最平稳且无噪声的特别高速下工作的齿轮传动;特别精密机构中的齿轮;特别高速传动(透平齿轮);检测5 ~ 6级齿轮用的测量齿轮
4级(特别精密)	到35	到70	精密磨齿;用精密滚刀或挤齿或单边剃齿后的大多数齿轮	特别精密分度机构中或在最平稳且无噪声的极高速下工作的齿轮传动;特别精密分度机构中的齿轮;高速透平传动;检测7级齿轮用的测量齿轮
5级(高精密)	到20	到40	精密磨齿;大多数用精密滚刀加工,进而挤齿或剃齿的齿轮	精密分度机构中或要求极平稳且无噪声的高速工作的齿轮传动;精密机构用齿轮;透平齿轮;检测8级和9级齿轮用测量齿轮
6级(高精密)	到16	到30	精密磨齿或剃齿	要求最高效率且无噪声的高速下平稳工作的齿轮传动或分度机构的齿轮传动;特别重要的航空、汽车齿轮;读数装置用特别精密传动的齿轮

续表 7.13

精度等级	圆周速度 /(m·s⁻¹)		齿面的终加工	工作条件
	直齿	斜齿		
7级（精密）	到10	到15	无需热处理仅用精确刀具加工的齿轮；至于淬火齿轮必须精整加工（磨齿、挤齿、珩齿等）	增速和减速用齿轮传动；金属切削机床送刀机构用齿轮；高速减速器用齿轮；航空、汽车用齿轮；读数装置用齿轮
8级（中等精密）	到6	到10	不磨齿，必要时光整加工或对研	无须特别精密的一般机械制造用齿轮；包括在分度链中的机床传动齿轮；飞机、汽车制造业中的不重要齿轮；起重机构用齿轮；农业机械中的重要齿轮，通用减速器齿轮
9级（较低精度）	到2	到4	无须特殊光整工作	用于粗糙工作的齿轮

2. 选择齿轮的检验项目（Selection of testing items for cylindrical gear）

影响选择齿轮检验项目的因素主要有如下：

（1）齿轮的精度等级和用途。

（2）检验的目的（工艺检验、产品检验）。

（3）齿轮的切齿工艺。

（4）齿轮的生产批量。

（5）齿轮的结构形式和尺寸大小。

（6）生产企业现有的检测设备情况。

GB/T 10095.1—2008 中给出的偏差项目虽然很多，但作为评价齿轮质量的客观标准，齿轮质量的检验项目应该以单向指标为主，即齿距偏差（F_p、f_{pt}、F_{pk}）、齿廓总偏差 F_α、螺旋线总偏差 F_β 和齿厚极限偏差（E_{sns}、E_{sni}）。而标准中的其他参数，一般不是必检项目，而是根据供需双方的具体要求协商确定。

GB/T 10095.2—2008 中给出的径向综合偏差的精度等级，根据需求，可选用与 GB/T 10095.1—2001 中的因素偏差（如齿距、齿廓、螺旋线等）相同或不同的精度等级。径向综合偏差的公差仅适用于产品齿轮与测量齿轮的啮合检验，而不适用于两个产品齿轮啮合的检验。

当文件需要叙述齿轮的精度等级时，应注明齿轮标准号（GB/T 10095.1—2008 或 GB/T 10095.2—2008）。

根据我国多年来的生产实践及目前齿轮生产的质量控制水平，建议供需双方依据齿轮的功能要求、生产批量和检测条件参考表 7.14 选取一个组来评价齿轮的精度等级。

表 7.14 齿轮检验组(供参考)

检验组	检验项目	适用等级	测量仪器
1	F_p、F_α、F_β、E_{sn}	3～9	齿距仪、齿形仪、齿向仪或导程仪,齿厚卡尺或公法线千分尺
2	F_p、F_{pk}、F_α、F_β、E_{sn}	3～9	齿距仪、齿形仪、齿向仪或导程仪,齿厚卡尺或公法线千分尺
3	F_p、f_{pt}、F_α、F_β、E_{sn}	3～9	齿距仪、齿形仪、齿向仪或导程仪,齿厚卡尺或公法线千分尺
4	F'_i、f'_i、F_β、E_{sn}	6～9	双面啮合测量仪,齿厚卡尺或公法线千分尺,齿向仪或导程仪
5	F_r、f_{pt}、F_β、E_{sn}	8～12	摆差测定仪(用骑架测量)、齿距仪,齿厚卡尺或公法线千分尺,齿向仪或导程仪
6	F'_i、f'_i、F_β、E_{sn}	3～6	单齿仪,齿向仪或导程仪,齿厚卡尺或公法线千分尺
7	F_r、f_{pt}、F_β、E_{sn}	10～12	摆差测量仪,齿距仪,齿向仪,齿厚卡尺或公法线千分尺

3. 选择最小法向侧隙、计算齿厚极限偏差(Selection of minimum normal backlask for cylindrical gear and calculation of its thickness limit deviation)

参照本章 7.3.4 节的内容,依据齿轮副中心距从表 7.10 中确定最小侧隙,按式(7.13)和式(7.14)计算齿厚极限偏差。

4. 确定齿坯公差和表面粗糙度(Determination of gear tolerance and surface roughness)

根据齿轮的工作条件和使用要求,参照本章 7.3.3 节的内容确定齿坯的尺寸公差、形位公差和表面粗糙度。

5. 绘制齿轮工作图(Drawing gear part drawing)

绘制齿轮工作图,填写规格数据表,标注相应的技术要求。

7.5.2 齿轮精度设计示例
(Example of cylindrical gear precision design)

【例 7.1】 一级直齿圆柱齿轮减速器装配示意图如图 7.15 所示。已知:模数 $m = 2.75$ mm,输入轴上的小齿轮的齿数 $z_1 = 22$,与之啮合的输出轴上的大齿轮的齿数 $z_2 = 82$,齿形角 $\alpha = 20°$,齿宽 $b = 63$ mm,大齿轮孔径 $D = 56$ mm,输出轴转速 $n_2 = 805$ r/min,轴承跨距 $L = 110$ mm,齿轮材料为 45 号钢,减速器箱体材料为铸铁,齿轮工作温度 55 ℃,小批量生产。试确定齿轮的精度等级、检验组、有关侧隙的指标、齿坯公差和表面粗糙度,并绘制齿轮工作图。

解 (1)确定齿轮的精度等级

因该齿轮为普通减速器传动齿轮,由表 7.12 可以得出,齿轮精度等级在 6～8 级。进一步分析该减速器为既传递运动又传递动力,因此可依据齿轮线速度确定其平稳性的精度等级,根据输出轴转速 $n_2 = 805$ r/min,可计算出齿轮的圆周速度

$$v = \frac{\pi d n}{1\,000 \times 60} = \frac{3.14 \times 2.75 \times 82 \times 805}{1\,000 \times 60} = 9.5\,(\text{m/s})$$

查表 7.13,可确定该齿轮传动的平稳性精度等级为 7 级,由于该齿轮传递运动准确性要求不高,传递的动力也不是很大,故准确性和载荷分布均匀性精度等级也都取 7 级,则

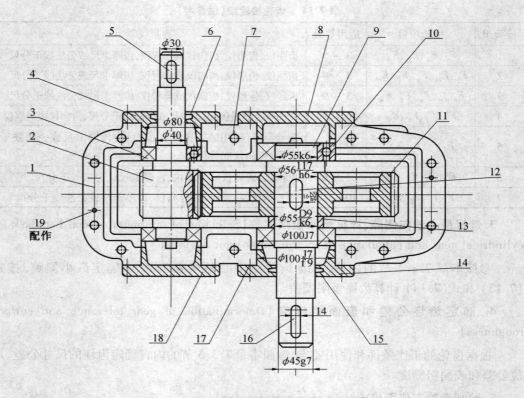

图 7.15　一级圆柱齿轮减速器装配示意图

1— 箱座;2— 输入轴;3、10— 轴承;4、8、14、18— 端盖;5、12、16— 键;6、15— 密封圈;7— 螺钉;
9— 输出轴;11— 带孔齿轮;13— 轴套;17— 螺栓垫片;19— 定位销

齿轮精度在图样上标注为

$$7 \ GB/T \ 10095.1—2008$$

（2）确定齿轮精度的检验组及其公差或极限偏差

参考表 7.14,普通减速器齿轮,小批量生产,中等精度,无振动、噪声等特殊要求,所以选择第一检验组,即选择 F_p、F_α、F_β 和 E_{sn}。

因为减速器输出轴上的大齿轮的分度圆直径

$$d_2 = mz_2 = 2.75 \times 82 = 225.5 \ （mm）$$

所以,查表 7.2 得 $F_p = 0.050 \ mm$,$F_\alpha = 0.018 \ mm$。

因为齿宽 $b = 63 \ mm$,所以查表 7.3 得 $F_\beta = 0.021 \ mm$。

（3）确定最小法向侧隙、齿厚极限偏差和公称齿厚

减速器中两齿轮的中心距为

$$a = \frac{m}{2}(z_1 + z_2) = \frac{2.75}{2}(22 + 82) = 143 \ （mm）$$

由中心距 a 和齿轮模数 m,按式(7.8)可得最小法向侧隙 j_{bnmin} 为

$$j_{bnmin} = \frac{2}{3}(0.06 + 0.000 \ 5a + 0.03 \ m_n) =$$

$$\frac{2}{3}(0.06 + 0.000\ 5 \times 143 + 0.03 \times 2.75) = 0.143\ (\text{mm})$$

确定齿厚极限偏差(E_{sns}、E_{sni})时,首先要确定补偿齿轮和齿轮箱体的制造、安装误差所引起侧隙减小量 J_{bn}。按式(7.12),根据轴承跨距 $L = 110$ mm,齿宽 $b = 63$ mm,由表7.2查得 $f_{\text{pt}_1} = 0.012$ mm,$f_{\text{pt}_2} = 0.013$ mm,表7.3查得 $F_\beta = 0.021$ mm,可得

$$J_{\text{bn}} = \sqrt{0.88(f_{\text{pt}_1}^2 + f_{\text{pt}_2}^2) + [2 + 0.34(L/b)^2]F_\beta^2} =$$
$$\sqrt{0.88(0.012^2 + 0.013^2) + [2 + 0.34(110/63)^2] \times 0.021^2} = 0.040\ 1\ (\text{mm})$$

按式(7.14),由表7.8查得 $f_a = 0.031\ 5$ mm,则齿厚上偏差为

$$E_{\text{sns}} = -\left(\frac{j_{\text{bnmin}} + J_{\text{bn}}}{2\cos\ \alpha_n} + |f_a|\tan\ \alpha_n\right) =$$
$$-\left(\frac{0.143 + 0.040\ 1}{2\cos\ 20°} + 0.031\ 5 \times \tan\ 20°\right) = -0.108\ 8\ (\text{mm})$$

按式(7.16),由表7.2查得 $F_r = 0.040$ mm,另由表7.11查得 $b_r = \text{IT9} = 0.074$ mm,因此可得齿厚公差为

$$T_{\text{sn}} = \sqrt{b_r^2 + F_r^2} \cdot 2\tan\ \alpha_n = \sqrt{0.074^2 + 0.040^2} \cdot 2\tan\ 20° = 0.061\ 2\ (\text{mm})$$

由此,根据式(7.15)可得齿厚下偏差为

$$E_{\text{sni}} = E_{\text{sns}} - T_{\text{sn}} = -0.108\ 8 - 0.061\ 2 = -0.170\ (\text{mm})$$

齿轮的公称齿厚 S_n 可按式(7.19)计算:

$$S_n = m_n\left(\frac{\pi}{2} + 2\tan\ \alpha x\right) = 2.75 \times \left(\frac{3.14}{2} + 2\tan\ 20° \times 0\right) \approx 4.320\ (\text{mm})$$

(4) 齿坯精度和表面粗糙度

① 基准孔的尺寸公差和几何公差。按表7.5查得,基准孔尺寸公差为 IT7 级,并采用包容要求,即

$$\phi56\text{H7}Ⓔ = \phi56^{+0.030}_{0}Ⓔ$$

按式(7.1)和式(7.2)计算值中的较小者为基准孔的圆柱度公差。
由式(7.1)可得

$$t_{⌀\!/} = 0.04(L/b)F_\beta = 0.04(110/63) \times 0.021 = 0.001\ 5$$

由式(7.2)可得

$$t_{⌀\!/} = 0.1F_p = 0.1 \times 0.05 = 0.005$$

因此基准孔的圆柱度公差取为 $t_{⌀\!/} = 0.001\ 5$ mm。

② 齿顶圆的尺寸公差和几何公差。齿顶圆的直径为

$$d_{a2} = (z_2 + 2)m_n = (82 + 2) \times 2.75 = 231\ (\text{mm})$$

按表7.5查得,齿顶圆的尺寸公差为 IT8 级,即

$$\phi231\text{H8} = \phi231^{0}_{-0.072}$$

按式(7.1)和式(7.2)计算值中的较小者为齿顶圆的圆柱度公差(同基准孔,略),得齿顶圆的圆柱度公差为 $t_{⌀\!/} = 0.001\ 5$ mm。

齿顶圆对基准孔轴线的径向圆跳动公差按式(7.4)计算,即

$$t_r = 0.3F_p = 0.3 \times 0.05 = 0.015\ (\text{mm})$$

得齿顶圆对基准孔轴线的径向圆跳动公差为 $t_r = 0.015$ mm。若齿顶圆柱面不作为基准,则 $t_{/\!/}$ 和 t_r 不必在图样上给出。

③基准孔端面的圆跳动公差。基准孔端面对基准孔的端面圆跳动公差按式(7.3)计算,即

$$t_i = 0.2(D_d/b)F_\beta = 0.2(231/63) \times 0.021 = 0.015 \text{ (mm)}$$

得基准孔端面对基准孔的端面圆跳动公差 $t_i = 0.015$ mm。

④轮齿齿面和齿坯表面粗糙度。由表7.6查得齿面表面粗糙度 Ra 的极限值为 1.25 μm。

由表 7.7 查得齿坯内孔表面粗糙度 Ra 的上限值为 1.25 μm,端面 Ra 的上限值为 2.5 μm,齿顶圆 Ra 的上限值为 3.2 μm,其余表面的 Ra 的上限值为 12.5 μm。

(5)确定齿轮副精度

①齿轮副中心距极限偏差 $\pm f_a$。由表 7.8 查得齿轮副中心距极限偏差 $\pm f_a = 0.031\ 5$ mm。

②轴线平行度公差 $f_{\sum\delta}$ 和 $f_{\sum\beta}$。按式(7.5)计算轴线平面内的平行度极限偏差 $f_{\sum\delta}$,即

$$f_{\sum\delta} = (L/b)F_\beta = (110/63) \times 0.021 = 0.036\ 7 \text{ (mm)}$$

按式(7.6)计算轴线平面内的平行度极限偏差 $f_{\sum\beta}$,即

$$f_{\sum\beta} = 0.5(L/b)F_\beta = 0.5f_{\sum\delta} = 0.5 \times 0.0367 = 0.018\ 4 \text{ (mm)}$$

③轮齿接触斑点。由表7.9查得轮齿接触斑点的要求,在齿长方向上 $b_{c1}/b \geqslant 35\%$ 和 $b_{c2}/b \geqslant 35\%$;在齿高方向上 $h_{c1}/h \geqslant 50\%$ 和 $h_{c2}/h \geqslant 30\%$。

(6)齿轮工作图

齿轮工作图如图 7.16 所示。

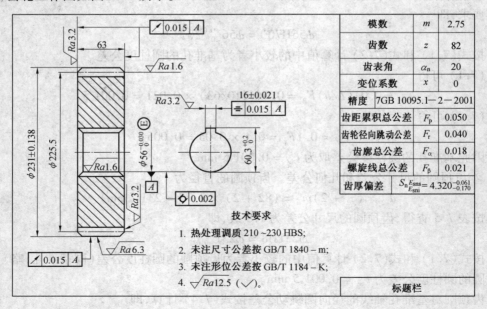

模数	m	2.75
齿数	z	82
齿表角	α_n	20
变位系数	x	0
精度	7GB 10095.1—2—2001	
齿距累积总公差	F_p	0.050
齿轮径向跳动公差	F_r	0.040
齿廓总公差	F_α	0.018
螺旋线总公差	F_β	0.021
齿厚偏差	$S_n{}^{E_{sns}}_{E_{sni}} = 4.320^{-0.061}_{-0.170}$	

技术要求

1. 热处理调质 210～230 HBS;
2. 未注尺寸公差按 GB/T 1840 – m;
3. 未注形位公差按 GB/T 1184 – K;
4. $\sqrt{Ra12.5}$ ($\sqrt{}$)。

标题栏

图 7.16　齿轮工作图

7.6　齿轮精度检测
（Testing of precision cylindrical gear）

齿轮精度的检测包括单个齿轮的精度检测和齿轮副的精度检测,本节主要介绍单个齿轮主要偏差项目的检测方法。

7.6.1　齿距和齿距累积偏差的测量

（Measurement of single pitch deviation and cumulation pitch deviation）

齿距和齿距累积偏差常用齿距仪、万能测齿仪、光学分度头等仪器进行测量。测量方法为绝对测量和相对测量,相对测量方法应用最为广泛。

如图 7.17 所示为使用齿距仪测量齿距的工作原理。测量时,先将固定侧头 3 经过调整,大致固定在仪器刻度线的一个齿距值上,通过调整定位脚 2 和 5,使固定侧头 3 和活动侧头 4 同时与相邻两同侧的齿面接触于分度圆上。以任一齿距作为基准齿距并将指示表 8 调零,然后逐个齿距进行测量,得到各个齿距相对于基准齿距的偏差 $f_{Pt相对}$,再将测得的 $f_{Pt相对}$ 逐齿累积求出相对齿距累积偏差 $\sum_{i=1}^{n} f_{Pt相对i}$,见表 7.15。

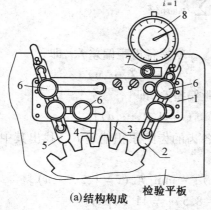
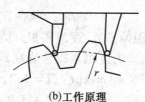

(a)结构构成　　检验平板　　(b)工作原理

图 7.17　用齿距仪测量齿距偏差

1— 仪器本体;2、5— 定位脚;3— 固定侧头;4— 活动侧头;6、7— 锁紧螺母;8— 指示表

表 7.15　相对法测量齿距误差数据处理示例

齿序	齿距相对偏差 $f_{pt相对}$	$\sum_{i=1}^{n} f_{pt相对i}$	单个齿距偏差 f_{pt}	齿距累积偏差 F_{pi}	k 个齿距累积偏差 F_{pki}
1	0	0	− 0.5	− 0.5	− 3.5(11 ~ 1)
2	− 1	− 1	− 1.5	− 2.0	− 3.5(12 ~ 2)
3	2	− 3	− 2.5	− 4.5	− 4.5(1 ~ 3)
4	− 1	− 4	− 1.5	− 6.0	− 5.5(2 ~ 4)

续表 7.15

齿序	齿距相对偏差 $f_{pt相对}$	$\sum_{i=1}^{n} f_{pt相对i}$	单个齿距偏差 f_{pt}	齿距累积偏差 F_{pi}	k 个齿距累积偏差 F_{pki}
7	+ 2	1	+ 1.5	− 4.5	+ 1.5(5 ~ 7)
5	− 2	− 6	− 2.5	−8.5	−6.5(3 ~ 5)
6	+ 3	− 3	+ 2.5	− 6.0	− 1.5(4 ~ 6)
8	+ 3	+ 2	+ 2.5	− 2	+ 6.5(6 ~ 8)
9	+ 2	+ 4	+ 1.5	− 0.5	+ 5.5(7 ~ 9)
10	+ 4	+ 8	+3.5	+3.0	+7.5(8 ~ 10)
11	− 1	+ 7	− 1.5	+ 1.5	+ 3.5(9 ~ 11)
12	− 1	+ 6	− 1.5	0	+ 0.5(10 ~ 12)

　　注:表中加方框为该项目最大或最小值。

　　由于第一个齿距是任意选定的,假设各个齿距的相对偏差 $f_{Pt相对}$ 的平均值为 $f_{Pt平均}$,则基准齿距对公称齿距的偏差 $f_{Pt平均}$ 为

$$f_{Pt平均} = \sum_{i=1}^{n} f_{Pt相对i}/z \tag{7.21}$$

式中　　z—— 齿轮齿数。

　　将各齿距的相对偏差 $f_{Pt相对}$ 分别减去 $f_{Pt平均}$ 就是各齿距偏差 f_{Pti},即

$$f_{Pti} = f_{Pt相对i} - f_{Pt平均} \qquad (i = 1, 2, \cdots, n) \tag{7.22}$$

其中绝对值最大者即为被测齿轮的单个齿距偏差 f_{Pt},即

$$f_{Pt} = \max\{|f_{Pti}| \qquad (i = 1, 2, \cdots, n)\} \tag{7.23}$$

　　将单个齿距偏差 f_{Pti} 逐齿累积,可求得各齿的齿距累积偏差 F_{Pi},找出其中的最大值、最小值,其差值即为齿距累积总偏差 F_P,即

$$F_P = \{\max[F_{Pi}(i = 1, 2, \cdots, n)] - \min[F_{Pi}(i = 1, 2, \cdots, n)]\} \tag{7.24}$$

示例中　　　　　　$F_P = \{+ 3.0 - (- 8.5)\} = 11.5(\mu m)$

　　将 f_{Pt} 值每相邻 k 个数字相加,即得出 k 个齿的齿距累积偏差 F_{Pki},其最大值与最小值之差值即为 k 个齿距累积偏差 F_{Pk},即

$$F_{Pk} = \{\max[F_{Pki}(i = 1, 2, \cdots, n)] - \min[F_{Pki}(i = 1, 2, \cdots, n)]\} \tag{7.25}$$

示例中　　　　　$k = 3, F_{Pk} = \{+ 7.5 - (- 6.5)\} = 14(\mu m)$

　　除另有规定,齿距偏差均在齿高和齿宽中部的位置实施测量。f_{Pt} 需分别对每个轮齿的两侧面进行测量。

7.6.2　齿廓偏差的测量

　　(Measurement of tooth profile deviation)

　　齿廓偏差通常用渐开线检查仪进行测量。渐开线检查仪分为万能渐开线检查仪和单盘式渐开线检查仪两种。如图 7.18 所示为单盘式渐开线检查仪示意图,其中图

7.18(a) 为工作原理图,图7.18(b) 为结构图。按照被测齿轮1的基圆直径精确制造的基圆盘2 与该齿轮同轴安装,基圆盘2 与直尺3 以一定压力接触而相切。杠杆4 安装在直尺3 上,随直尺一起移动,它一端的侧头与被测齿轮1 的齿面接触,它的另一端与千分表9 的侧头接触,或与记录器的记录笔6 连接。直尺3 作直线运动时,借摩擦力带动基圆盘2 旋转,基圆盘2 作纯滚动,被测齿轮1 与基圆盘2 同步转动。显然,如果被测齿轮1 的齿廓未经修形并且没有误差,检测过程中杠杆4 不会摆动,记录器的记录笔6 在记录纸5 上画出的是一条直线,或千分表9 指针不会变动,侧头走出的轨迹为理论渐开线。但是由于被测齿轮1 的齿面存在齿形偏差,侧头就会偏离理论渐开线,产生附加位移,该位移可由千分表9指示出来,或由记录器的记录笔6 在记录纸5 上画出偏差曲线,如图7.5所示。根据齿廓总偏差 F_α 的定义可以从偏差曲线上求出齿廓总偏差 F_α 的数值。

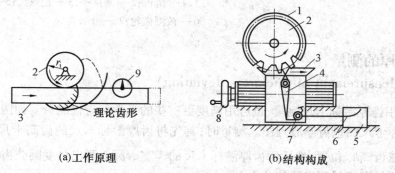

(a)工作原理   (b)结构构成

图 7.18   用单盘式渐开线检查仪测量齿宽偏差

1— 被测齿轮;2—基圆盘;3— 直尺;4—杠杆;5—记录纸;6—记录笔;7—圆筒;8—手轮;9—千分表

除另有规定,应在齿宽中部位置实施测量。当齿宽大于 250 mm 时,应增加两个测量部位,即在距齿宽每侧的 15% 的齿宽处测量。检测齿面至少要测量沿圆周均匀分布的三个轮齿的左、右齿面。

7.6.3 螺旋线偏差的测量
(Measurement of helix deviation)

直齿圆柱齿轮的螺旋线总偏差 F_β 可用如图7.19 所示的方法进行测量。被测齿轮连同测量心轴安装在具有前后顶尖的测量仪器上,将测量棒(直径大致等于 $1.68m_n$ mm) 分别至于相隔90°的齿槽间1、2的位置。分别在测量棒的两端打表测量,测得的两次示值差就可近似的作为直齿圆柱齿轮的螺旋线总偏差(齿向偏差) F_β。

斜齿圆柱齿轮的螺旋线总偏差 F_β 可在导程仪或螺旋角测量仪上进行测量。如图7.20 所示为导程仪工作原理示意图。当滑板1 沿着被测齿轮6 的轴线方向移动时,其上的正弦尺3 带动滑板4 作径向运动,滑板4 又带动与被测齿轮6 同轴的圆盘5 转动,从而使被测齿轮6 与圆盘5 同步转动,此时安装在滑板1 上的测量头2 相对于被测齿轮6 来说,其运动轨迹为理论螺旋线,它与齿轮齿面实际螺旋线进行比较从而测出螺旋线或导程偏差,并由指示表7 显示或由记录器画出偏差曲线(见图7.6)。根据螺旋线总偏差 F_β 的定义可以从偏差曲线上求出螺旋线总偏差 F_α 的数值。

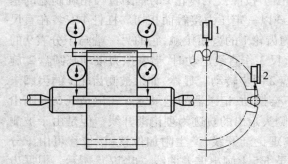 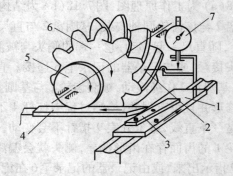

图 7.19　直齿圆柱齿轮螺旋线偏差的测量　　图 7.20　导程仪测量斜齿圆柱齿轮螺旋线偏差

1、4— 滑板;2— 测量头;3— 正弦尺;5— 圆盘;
6— 被测齿轮;7— 指示表

7.6.4　齿厚的测量
（Measurement of thickness deviation）

齿厚可用齿厚游标卡尺测量,也可用精度更高些的光学测齿仪测量。如图 7.21 所示为用齿厚游标卡尺测量齿厚原理图。测量时,首先将齿厚游标卡尺的齿高卡尺 1 调至相应于分度圆弦齿高 $\overline{h}_a$ 位置,然后用齿厚游标卡尺的齿宽卡尺 2 测出分度圆弦齿厚 $\overline{S}$ 值,将其与理论值比较即可得到齿厚偏差 E_{sn}。

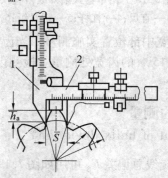

图 7.21　齿厚游标卡尺测量齿厚偏差
1— 齿高卡尺;2— 齿宽卡尺

对于非变位直齿圆柱齿轮,弦齿高 $\overline{h}_a$ 和弦齿厚 $\overline{S}$ 值可按下式计算

$$\overline{h}_a = m + \frac{mz}{2}\left[1 - \cos\left(\frac{90°}{z}\right)\right] \tag{7.26}$$

$$\overline{S} = mz\sin\frac{90°}{z} \tag{7.27}$$

对于变位直齿圆柱齿轮,弦齿高 $\overline{h}_{a变位}$ 和弦齿厚 $\overline{S}_{变位}$ 值可按下式计算

$$\overline{h}_{a变位} = m + \left[1 + \frac{z}{2}\left(1 - \cos\frac{90° + 41.7°x}{2}\right)\right] \tag{7.28}$$

$$\bar{S}_{\text{变位}} = mz\sin\left(\frac{90° + 41.7°x}{2}\right) \tag{7.29}$$

式中 x——变位系数。

对于斜齿圆柱齿轮,应测量其法向齿厚,其计算公式与直齿圆柱齿轮相同,只是应以法向参数(m_n、α_n、x_n)和当量齿数(z')代入相应公式计算。

7.6.5 径向跳动的测量
(Measurement of runout)

径向跳动通常用径向跳动检查仪、万能测齿仪等仪器进行测量。如图 7.22 所示为用径向跳动检查仪测量径向跳动原理图。当一个适当的测量头(球、砧、圆柱、圆锥等)在齿轮旋转时逐齿放入每个齿槽中,测量出相对于齿轮轴线的最大和最小径向位置之差。

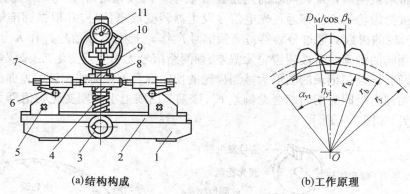

(a)结构构成   (b)工作原理

图 7.22 径向跳动检查仪测量齿轮径向跳动

1—底座;2—滑板;3—纵向位置手柄;4—立柱;5—锁紧旋钮;6—手柄;7—顶尖座;
8—调节螺母;9—回转盘;10—控制指示表手柄;11—指示表

为了保证测量径向跳动时测量头在分度圆附近与齿面接触,测量前,首先根据被测齿轮的模数,选择合适直径的球形测量头、圆柱形测量头或圆锥形、卡爪式测量头,如图7.23所示。然后将测量头装入指示表测量杆下端,球形或圆柱形测量头的直径 D_M 可近似的取为 $1.68m_n$ mm。

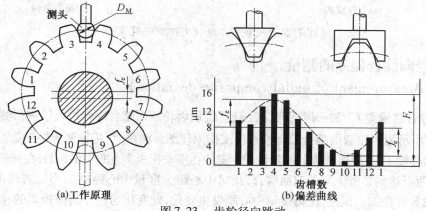

(a)工作原理   (b)偏差曲线

图 7.23 齿轮径向跳动

　　测量时,用心轴固定好被测齿轮,通过升降调整使测量头位于齿槽内,测量头在近似齿高中部与左右齿面接触。调整指示表零位,并使其指针压缩1~2圈。将测量头依次置于每个齿槽内,逐齿测量一圈,记下指示表的读数。求出测量头到齿轮轴线的最大和最小径向距离之差,即为被测齿轮的径向跳动 F_r。

7.6.6　切向综合偏差的测量
（Measurement of tangential composite deviation）

　　切向综合总偏差 F_i' 和一齿切向综合偏差 f_i' 用光栅式单啮仪进行测量。如图7.24所示为光栅式单啮仪的工作原理图,它是由两个光栅盘建立标准传动,将被测齿轮与标准蜗杆单面啮合组成实际传动。当电动机通过传动系统带动标准蜗杆和光栅盘 Ⅰ 转动时,标准蜗杆又带动被测齿轮及其同轴的光栅盘 Ⅱ 转动。高频光栅盘 Ⅰ 和低频光栅盘 Ⅱ 将标准蜗杆和被测齿轮的角位移通过光电信号发生器转变成电信号,并根据标准蜗杆的头数 K 和被测齿轮的齿数 z,通过分频器将高频信号 f_1 作 z 分频,低频信号 f_2 作 K 分频,两路信号便具有相同的频率。若被测齿轮无偏差,则两路信号无相位差变化,记录仪输出图形为一个圆;否则,记录仪记录的图形为被测齿轮的切向综合偏差曲线。该偏差曲线的最大外接圆与内切圆半径即为切向综合总偏差 F_i',该偏差曲线上小周期变化幅值即为一齿切向综合偏差 f_i',如图7.7所示。

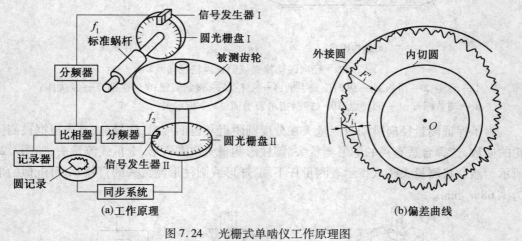

图 7.24　光栅式单啮仪工作原理图

7.6.7　径向综合偏差的测量
（Measurement of radial composite deviation）

　　径向综合总偏差 F_i'' 和一齿切向综合偏差 f_i'' 用齿轮双面啮合综合检查仪进行测量。如图7.25(a)所示为齿轮双面啮合综合检查仪工作原理图。测量时,将被测齿轮8安装在固定拖板1上的心轴7上,理想精确的测量齿轮4安装在浮动拖板2上的心轴5上,在弹簧6弹力的作用下,两者达到紧密无间的双面啮合,此时中心距为度量中心距 a'。当二者转动时,由于被测齿轮8存在加工误差,使得度量中心距发生变化,此变化通过浮动拖板2的移动传到指示表 3 或由记录仪画出偏差曲线,如图 7.25(b) 所示。从偏差曲线上可读得径向综合总偏差 F''_i 和一齿切向综合偏差 f''_i。径向综合偏差包括左、右齿面偏差的成分,它不可能得到同侧齿面的单项偏差。该方法可用于大量生产的中精度齿轮即小模数齿轮的测量。

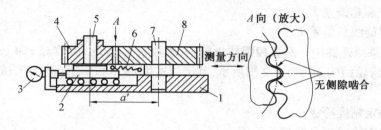

(a)结构构成

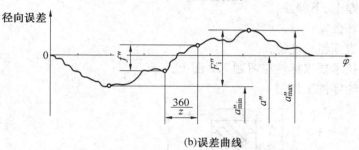

(b)误差曲线

图 7.25　齿轮双面啮合综合检查仪工作原理图

1— 固定拖板;2— 浮动拖板;3— 指示表;4— 测量齿轮;5、7— 心轴;6— 弹簧;8— 被测齿轮

思考题与习题
(Questions and exercises)

1. 思考题 (Questions)

7.1　齿轮传动有哪些使用要求?

7.2　产生齿轮偏差的主要原因是什么?

7.3　什么是几何偏心?滚齿加工中,若仅存在几何偏心,被加工齿轮有哪些特点?

7.4　什么是运动偏心?滚齿加工中,若仅存在运动偏心,被加工齿轮有哪些特点?

7.5　单个齿轮的评定指标有哪些?说明其名称和代号。

7.6　齿轮的精度等级分几级?这些等级是如何分类的?

7.7　齿轮精度指标中,哪些指标主要影响齿轮传动运动的准确性?哪些指标主要影响齿轮传动运动的平稳性?哪些指标主要影响齿轮载荷分布的均匀性?

7.8　为何要控制齿坯的精度?

7.9　为何要规定齿轮副的精度?齿轮副的精度有几项指标控制?

7.10　齿轮副侧隙的作用是什么?靠什么指标保证齿轮副侧隙?

2. 习题 (Exercises)

7.1　有一直齿圆柱齿轮,齿数 $z = 40$,模数 $m = 4$ mm,齿宽 $b = 30$ mm,齿形角 $\alpha =$

$20°$,其精度标注为 6BG/T 10095.1—2008,请查出下列公差值:

(1)单个齿距偏差 f_{Pt};

(2)齿距累积总偏差 F_P;

(3)齿廓总偏差 F_α;

(4)螺旋线总偏差 F_β。

7.2　某减速器中一对直齿圆柱齿轮副,模数 $m = 6$ mm,齿数 $z_1 = 36$、$z_2 = 84$,齿形角 $\alpha = 20°$,小齿轮结构如习题7.2图所示,其圆周速度 $v = 8$ m/s,批量生产,试对小齿轮进行精度设计:

(1)确定精度等级;

(2)确定检验项目及其公差值;

(3)确定齿厚上、下偏差;

(4)确定齿坯公差;

(5)确定各表面粗糙度值;

(6)将各项技术要求标注在习题7.2图上;

(7)完成齿轮零件工作图。

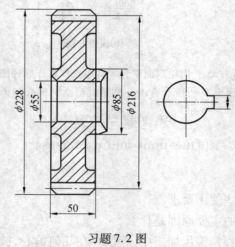

习题7.2图

第8章 尺寸链的精度设计
Chapter 8 Dimensional Chain Precision Design

【内容提要】 本章主要介绍尺寸链的基本概念、尺寸链的计算步骤、计算方法及其应用。

【课程指导】 通过本章学习,要求掌握尺寸链的基本概念,初步掌握尺寸链的建立,理解尺寸链计算的任务,掌握尺寸链的计算方法,学会用极值法和概率法计算尺寸链。

8.1 概　述
(Overview)

机器是由零部件组成,只有各个零部件之间保持正确的尺寸、位置关系,才能保证机器顺利进行装配,并能满足预定功能要求。从机器、仪器的总体装配考虑,可以运用尺寸链理论来协调各个零部件的有关尺寸、位置关系,经济合理地确定有关零部件的尺寸精度和形位精度,进行几何精度综合分析与计算。

本章涉及的尺寸链标准是:GB/T 584—2004《尺寸链　计算方法》。

8.1.1　尺寸链的定义及特点
（Definition and characteristic of dimensional chain）

在机器装配或零件加工过程中,由相互连接的尺寸形成封闭的尺寸组称为尺寸链。

如图 8.1 所示的齿轮部件,A_1、A_2、A_3、A_4、A_5 分别为 5 个不同零件的轴向设计尺寸,A_0 是 5 个零件装配后,在齿轮右端面与右挡圈之间形成的间隙,A_0 与 5 个零件轴向设计尺寸 A_1、A_2、A_3、A_4、A_5 形成了一个封闭的尺寸组,该尺寸组反映了齿轮部件装配后形成的间隙与 5 个零件的轴向设计尺寸之间的关系,因此构成了一个装配尺寸链。

如图 8.2 所示的齿轮轴,由 4 个端平面的轴向尺寸 A_1、A_2、A_3 和 A_0 形成了一个封闭的尺寸组,该尺寸组反映了齿轮轴上 3 个台阶设计尺寸之间的关系,因此构成了一个零件尺寸链。

如图8.3 所示的零件在加工过程中,以 B 面为定位基准获得尺寸 A_1、A_2,A 面到 C 面的距离 A_0 也就随之确定,尺寸 A_1、A_2 和 A_0 形成了一个封闭的尺寸组,该尺寸组反映了零件上的加工关系,因而构成了一个工艺尺寸链。

综上所述,尺寸链具有如下两个特点:

① 封闭性。组成尺寸链的各个尺寸按一定顺序构成一个封闭系统。

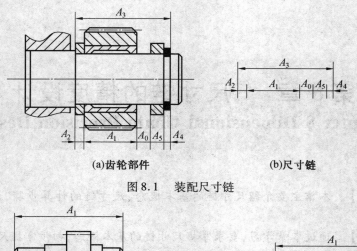

(a)齿轮部件　　　　　　　(b)尺寸链

图 8.1　装配尺寸链

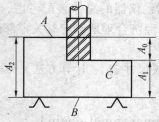

(a)齿轮轴　　　　　　　(b)尺寸链

图 8.2　零件尺寸链

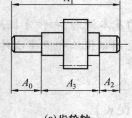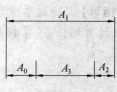

(a)加工示意图　　　　　　　(b)尺寸链

图 8.3　工艺尺寸链

② 相关性。尺寸链中一个尺寸变动将影响其他尺寸变动。

8.1.2　尺寸链的组成和分类
(Composition and classification of dimensional chain)

1. 尺寸链的组成(Composition of dimensional chain)

列入尺寸链中的每一个尺寸,称为环,分为封闭环和组成环,如图 8.1 中的 A_1、A_2、A_3、A_4、A_5、A_0,图 8.2 中的 A_1、A_2、A_3、A_0,图 8.3 中的 A_1、A_2、A_0。

(1) 封闭环(Closing link)

尺寸链中在装配过程中或加工过程最后形成的一环,称为封闭环。如图 8.1、图 8.2、图 8.3 中的 A_0。

（2）组成环（Component link）

尺寸链中对封闭环有影响的全部环，称为组成环。如图8.1中的A_1、A_2、A_3、A_4、A_5，图8.2中的A_1、A_2、A_3，图8.3中的A_1、A_2，这些环中的任意环的变动必然引起封闭环的变动。

根据组成环对封闭环影响的不同，组成环又分为增环和减环。

① 增环。尺寸链中的组成环，由于该环的变动引起封闭环的同向变动。同向变动指该环增大时封闭环也增大，该环减小时封闭环也减小，具有这种性质的组成环称为增环。如图8.1中的A_3，图8.2中的A_1，图8.3中的A_2。

② 减环。尺寸链中的组成环，由于该环的变动引起封闭环的反向变动。反向变动指该环增大时封闭环减小，该环减小时封闭环增大，具有这种性质的组成环称为减环。如图8.1中的A_1、A_2、A_4、A_5，图8.2中的A_2、A_3，图8.3中的A_1。

③ 补偿环。尺寸链中预先选定的某一组成环，可以通过改变其大小或位置，使封闭环达到规定的要求，具有这种性质的组成环称为补偿环。如图8.4中的A_2。

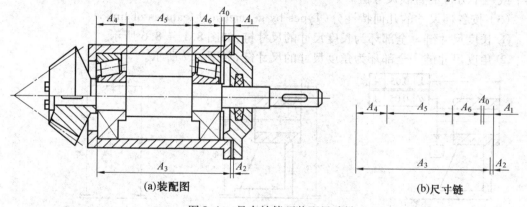

(a)装配图　　　　　　　　　　(b)尺寸链

图8.4　具有补偿环装配尺寸链

2. 尺寸链的分类（Classification of dimensional chain）

可以从不同的角度来划分尺寸链的形式。

（1）按应用场合分（Types by application places）

① 装配尺寸链。全部组成环为不同零件设计尺寸所形成的尺寸链，如图8.1、8.4所示。

② 零件尺寸链。全部组成环为同一零件设计尺寸所形成的尺寸链，如图8.2所示。

③ 工艺尺寸链。全部组成环为同一零件工艺尺寸所形成的尺寸链，如图8.3所示。

（2）按各环所在空间位置分（Types by spatial locations of link）

① 直线尺寸链。全部组成环平行于封闭环的尺寸链，如图8.1～8.4所示。

② 平面尺寸链。全部组成环位于一个或几个平行平面内，但某些组成环不平行于封闭环的尺寸链，如图8.5所示。

③ 空间尺寸链。组成环位于几个不平行平面内的尺寸链，如图8.6所示。

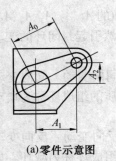

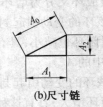

(a)零件示意图　　　　(b)尺寸链

图8.5　平面尺寸链

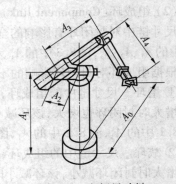

图8.6　空间尺寸链

尺寸链中常见的是直线尺寸链、平面尺寸链或空间尺寸链,均可用投影的方法得到两个或三个方位的直线尺寸链。

(3) 按各环尺寸的几何特性分(Types by geometrical features of link)

① 长度尺寸链。全部环为长度尺寸的尺寸链,如图8.1 ~ 8.6 所示。

② 角度尺寸链。全部环为角度尺寸的尺寸链,如图8.7 所示。

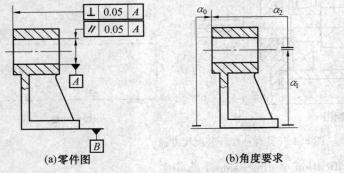

(a)零件图　　　　　　(b)角度要求　　　　　　(c)尺寸链

图8.7　角度尺寸链

8.1.3　尺寸链的建立、计算与计算方法

(Establishment, calculation and calculation methods of dimensional chain)

1. 尺寸链的建立(Establishment of dimensional chain)

正确建立和描述尺寸链是进行尺寸链计算的基础,其具体步骤如下。

(1) 确定封闭环(Determening closing link)

正确建立和分析尺寸链的首要条件是正确确定封闭环,一个尺寸链中有且只有一个封闭环。

装配尺寸链中,封闭环就是机器上有装配要求的尺寸,如为了保证机器可靠工作,对机器同一部件中各零件之间相互位置提出的尺寸要求或为了保证机器中相互配合零件配合性质要求而提出的间隙或过盈量。在建立尺寸链之前,必须查明在机器装配和验收的技术要求中规定的全部几何精度要求项目,这些项目往往就是某些尺寸链的封闭环。

零件尺寸链中,封闭环应为公差等级要求最低的环,一般在零件图上不进行标注,以免引起加工中的混乱。例如，如图 8.2(a) 所示的尺寸 A_0 是不进行标注的。

工艺尺寸链中，封闭环是在加工中最后自然形成的环，一般为被加工零件要求达到的设计尺寸或工艺过程中需要的余量尺寸。加工顺序不同，封闭环也不同，所以，工艺尺寸链的封闭环必须在加工顺序确定之后才能确定。

（2）查找组成环（Finding component link）

查找装配尺寸链时，先从封闭环的任意一端开始，找相邻零件的尺寸，然后再找与第一个零件相邻的第二个零件的尺寸，这样一环接一环，直到封闭环的另一端为止，从而形成一个封闭的尺寸组。

如图 8.8 所示的车床主轴轴线与尾架轴线高度差的允许值 A_0 是装配的技术要求，此为封闭环。组成环可以从主轴顶尖开始查找，主轴顶尖轴线到床面的高度 A_1、与床面相连的尾架底板的厚度 A_2、尾架顶尖轴线到底面的高度 A_3，最后回到封闭环 A_0。A_1、A_2、A_3 均为组成环。

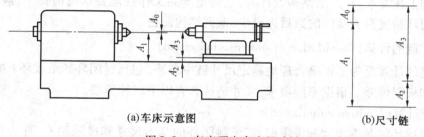

(a)车床示意图　　　　　　　　　(b)尺寸链

图 8.8　车床顶尖高度尺寸链

一个尺寸链中最少要有两个组成环。组成环中，可能只有增环而没有减环，但不可能只有减环而没有增环。

在封闭环有较高技术要求或形位误差较大的情况下，建立尺寸链时，还要考虑形位误差对封闭环的影响。

（3）绘制尺寸链图（Drawing dimensional chain）

要进行尺寸链分析和计算，首先必须绘制出尺寸链图。尺寸链图是由封闭环和组成环构成的一个封闭回路图。绘制尺寸链图时，不需要画出零件或部件的具体结构，也不必按照严格比例，只需将尺寸链中各尺寸依次画出即可。如图 8.1 ～ 8.5 的（b）图、图 8.7(c)、8.8(b) 所示。

为了进行尺寸链计算，在确定了封闭环、组成环以及绘制尺寸链图之后，还要对组成环中的增环和减环做出判断。具体判断方法如下。

① 按定义判断。根据增环、减环的定义，对逐个组成环，分析其尺寸的增减对封闭环尺寸的影响，以判断其为增环还是减环。

② 按箭头方向判断。如图 8.9 所示，首先在封闭环符号 A_0 上面按与尺寸平行的任意方向画一箭头，然后在每个组成环符号 A_1、A_2、A_3 和 A_4 上面各画一箭头，全部箭头要依次首尾相连，组成环中的箭头与封闭环箭头方向相同者为减环，相反者为增环。

在建立尺寸链时，应遵循装配尺寸链组成的最短路线（环数最少）原则，对于某一封闭环，若存在多个尺寸链，则应选取组成环环数最少的那一个尺寸链。这是因为在封闭环

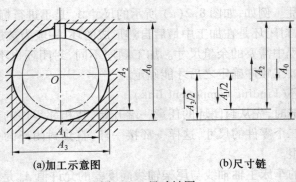

(a)加工示意图　　　　　(b)尺寸链

图8.9　尺寸链图

精度要求一定的条件下,尺寸链中组成环的环数越少,则对组成环的精度要求越低,从而可以降低产品制造成本。

为达到上述要求,在产品结构设计时,在满足产品工作性能要求的前提下,应尽可能使影响封闭环精度有关零件的数目为最少,做到结构简化。

2. 尺寸链的计算(Calculation of dimensional chain)

尺寸链的计算是为了正确合理地确定尺寸链中各环(包括封闭环和组成环)的尺寸、尺寸公差和极限偏差。根据不同要求,尺寸链计算有以下三种类型。

(1) 正计算(Positive calculation)

已知组成环的基本尺寸和极限偏差,求封闭环的基本尺寸和极限偏差,称为正计算,又称校核计算。正计算主要用来验证设计的准确性。

(2) 反计算(Reverse calculation)

已知封闭环的基本尺寸和极限偏差及各组成环的基本尺寸,求各组成环的极限偏差,称为反计算,又称设计计算。反计算常用于设计机器或零件时,合理地确定各部件或零件上各有关尺寸的极限偏差,即根据设计的精度要求,进行公差分配。

(3) 中间计算(Intermediate calculation)

已知封闭环和部分组成环的基本尺寸和极限偏差,求某一组成环的基本尺寸和极限偏差,称为中间计算,又称工艺计算。中间计算常用于工艺设计,如基准的换算和工序尺寸的确定等。

3. 尺寸链的计算方法(Methods of dimensional chain)

尺寸链的计算方法主要有以下几种。

(1) 极值法(Extremum method)

从尺寸链各环的最大与最小极限尺寸出发进行尺寸链计算,不考虑各环实际尺寸的分布情况。按此法计算出来的尺寸加工各组成环,装配时各组成环不需挑选或辅助加工,装配后即能满足封闭环的公差要求,即可实现完全互换,故极值法又称为完全互换法。

极值法的特点是:装配质量稳定可靠,装配过程简单,生产率高,易于实现装配工作机械化、自动化,便于组织流水作业和零、部件的协作和专业化生产。但当装配精度要求较高,尤其是组成环较多时,则零件难以按经济精度加工。因此极值法常用于高精度及少环尺寸链或低精度、多环尺寸链以及大批大量生产中的装配场合。

（2）概率法（Probability method）

概率法又称大数互换法，是根据各组成环尺寸分布情况，按统计公差公式进行计算的。按此法计算出来的尺寸加工各组成环，在装配时绝大多数的组成环（通常为99.73%）不需挑选，装配后即能达到封闭环的公差要求。

概率法的装配特点与极值法相同，但由于零件所规定的公差要大于极值法所规定的公差，有利于零件的经济加工。装配过程与极值法一样简单、方便，结果使绝大多数产品能保证装配精度要求。对于极少数不合格的予以报废或采取工艺措施进行修复。

概率法常用于高精度、多环尺寸链以及大批大量生产中的装配场合。

（3）其他方法（Other methods）

在某些场合，为了获得更高的装配精度，而生产条件又不允许提高组成环的制造精度时，还常常采用分组互换法、修配补偿法和调整补偿法。

8.2　用极值法计算尺寸链
（Calculation of dimensional chain by extremum method）

8.2.1　极值法的基本公式
（Basic formulas of extremum method）

设尺寸链的组成环数为 m，其中 n 个增环，$m-n$ 个减环，A_0、A_{0max}、A_{0min}、ES_0、EI_0 和 T_0 分别为封闭环的公称尺寸、上极限尺寸、下极限尺寸、上极限偏差、下极限偏差和公差，A_i、A_{imax}、A_{imin}、ES_i、EI_i 和 T_i 分别为组成环的公称尺寸、上极限尺寸、下极限尺寸、上极限偏差、下极限偏差和公差，则对于直线尺寸链有如下公式。

（1）封闭环的公称尺寸（Nominal size of closing link）

$$A_0 = \sum_{i=1}^{n} A_i - \sum_{i=n+1}^{m} A_i \qquad (8.1)$$

即封闭环的公称尺寸等于所有增环的公称尺寸之和减去所有减环的公称尺寸之和。

（2）封闭环的极限尺寸（Limits of size of closing link）

$$A_{0max} = \sum_{i=1}^{n} A_{imax} - \sum_{i=n+1}^{m} A_{imin} \qquad (8.2)$$

$$A_{0min} = \sum_{i=1}^{n} A_{imin} - \sum_{i=n+1}^{m} A_{imax} \qquad (8.3)$$

即封闭环的上极限尺寸等于所有增环的上极限尺寸之和减去所有减环的下极限尺寸之和；封闭环的下极限尺寸等于所有增环的下极限尺寸之和减去所有减环的上极限尺寸之和。

（3）封闭环的极限偏差（Limit deviations of closing link）

$$ES_0 = \sum_{i=1}^{n} ES_i - \sum_{i=n+1}^{m} EI_i \qquad (8.4)$$

$$EI_0 = \sum_{i=1}^{n} EI_i - \sum_{i=n+1}^{m} ES_i \qquad (8.5)$$

即封闭环的上极限偏差等于所有增环的上极限偏差之和减去所有减环的下极限偏差之和;封闭环的下极限偏差等于所有增环的下极限偏差之和减去所有减环的上极限偏差之和。

（4）封闭环的公差（Tolerance of closing link）

$$T_0 = \sum_{i-1}^{m} T_i \qquad (8.6)$$

即封闭环的公差等于所有组成环公差之和。

8.2.2　正计算（校核计算）
（Positive calculation（check calculation））

尺寸链的正计算问题就是在已知组成环的基本尺寸和极限偏差的情况下,求封闭环的基本尺寸和极限偏差的问题。

【例8.1】　加工如图8.10(a) 所示的轴套。其径向尺寸加工顺序是:车外圆 $\phi70_{-0.08}^{-0.04}$;镗内孔 $\phi60_{0}^{+0.06}$,同时要保证内孔与外圆的同轴度公差 $\phi0.02$ mm。求壁厚。

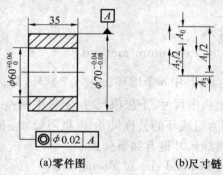

(a)零件图　　　　(b)尺寸链

图8.10　轴套尺寸链

解　按尺寸链建立的步骤和极值法的基本公式解题。

（1）确定封闭环

由于径向尺寸加工后自然形成的尺寸就是壁厚,故壁厚即为封闭环 A_0。

（2）查找组成环

组成环为外圆尺寸 A_1、内孔尺寸 A_2 和内孔与外圆的同轴度公差 A_3。

（3）绘制尺寸链图

由于尺寸 A_1、A_2 相对于加工基准具有对称性,故应取半值绘制尺寸链图,同轴度公差 A_3 可作一个线性尺寸处理,如图8.10(b) 所示,根据同轴度公差带对实际被测要素的限定情况,可定 A_3 为 0 ± 0.01。

以外圆圆心 O 为基准,按加工顺序分别绘制出 $A_1/2$、A_3、$A_2/2$ 和 A_0,得到封闭回路,如图8.10(b) 所示。

（4）判断增环和减环

画出各环箭头方向，如图 8.10（b）所示，依据箭头方向判断法可定 $A_1/2$、A_3 为增环，$A_2/2$ 为减环。

因为 A_1 为 $\phi70^{-0.04}_{-0.08}$、A_2 为 $\phi60^{+0.06}_{0}$，故 $A_1/2$ 为 $\phi35^{-0.02}_{-0.04}$、$A_2/2$ 为 $\phi30^{+0.03}_{0}$。

（5）计算壁厚的基本尺寸和极限偏差

由式（8.1）得壁厚的基本尺寸为

$$A_0 = \left(\frac{A_1}{2} + A_3\right) - \frac{A_2}{2} = 35 + 0 - 30 = 5 \text{（mm）}$$

由式（8.4）得壁厚的上偏差为

$$\mathrm{ES}_0 = (\mathrm{ES}_{A_1/2} + \mathrm{ES}_{A_3}) - \mathrm{EI}_{A_2/2} = [(-0.02) + (+0.01)] - 0 = -0.01 \text{（mm）}$$

由式（8.5）得壁厚的下偏差为

$$\mathrm{EI}_0 = (\mathrm{EI}_{A_1/2} + \mathrm{EI}_{A_3}) - \mathrm{ES}_{A_2/2} = [(-0.04) + (-0.01)] - (+0.03) = -0.08 \text{（mm）}$$

（6）校验计算结果

由公差与极限偏差之间的关系可得壁厚的公差为

$$T_0 = |\mathrm{ES}_0 - \mathrm{EI}_0| = |(-0.01) - (-0.08)| = 0.07 \text{（mm）}$$

由式（8.6）得壁厚的公差为

$$T_0 = T_{A_1/2} + T_{A_3} + T_{A_2/2} = (\mathrm{ES}_{A_1/2} - \mathrm{EI}_{A_1/2}) + (\mathrm{ES}_{A_3} - \mathrm{EI}_{A_3}) + (\mathrm{ES}_{A_2/2} - \mathrm{EI}_{A_2/2}) =$$
$$[(-0.02) - (-0.04)] + [(+0.01) - (-0.01)] + [(+0.03) - 0] = 0.07 \text{（mm）}$$

校验结果说明计算无误，所以壁厚为

$$A_0 = 5^{-0.01}_{-0.08}$$

需要指出的是，同轴度公差 A_3 如作为减环处理，结果是不变的。

8.2.3　反计算（设计计算）

（Reverse calculation（Design calculation））

尺寸链的反计算问题就是在已知封闭环的基本尺寸和极限偏差及各组成环的基本尺寸的情况下，求各组成环的公差和极限偏差的问题。反计算有相等公差法和相同公差等级法两种解法。

（1）相等公差法（Equal tolerance method）

假定各组成环的公差相等，可将封闭环的公差平均分配给各组成环，即各组成环的公差为

$$T_i = \frac{T_0}{m} \tag{8.7}$$

式（8.7）适用于各组成环的基本尺寸相差不大且加工的难易程度相近的情况。但当各组成环的基本尺寸相差较大且加工的难易程度和功能要求不尽相同时，也可以对式（8.7）的分配结果进行调整，但调整的结果应满足下式：

$$\sum_{i=1}^{m} T_i \leqslant T_0 \tag{8.8}$$

（2）相同公差等级法（Same tolerance grade method）

假定各组成环的公差等级相同，即各组成环的公差等级系数相等，由式（8.6），有

$$T_0 = ai_1 + ai_2 + \cdots + ai_m$$

$$a = \frac{T_0}{\sum\limits_{i=1}^{m} i_i} \tag{8.9}$$

式中　i——标准公差因子，由本书3.2可知，当基本尺寸 $\leqslant 500$ mm 时，$i = 0.45\sqrt[3]{D} + 0.001D$，$D$ 为各组成环基本尺寸所在尺寸段的几何平均值，即 $D = \sqrt{D_n \cdot D_{n+1}}$。

为应用方便，将公差等级系数 a 的值和标准公差因子 i 的数值列于表8.1和表8.2中。

表8.1　公差等级系数 a 的数值

公差等级	IT8	IT9	IT10	IT11	IT12	IT13	IT14	IT15	IT16	IT17	IT18
系数 a	25	40	64	100	160	250	400	640	1 000	1 600	2 500

表8.2　公差等级系数 i 的数值

尺寸段 D /mm	1 ~ 3	3 ~ 6	6 ~ 10	10 ~ 18	18 ~ 30	30 ~ 50	50 ~ 80	80 ~ 120	120 ~ 180	180 ~ 250	250 ~ 315	315 ~ 400	400 ~ 500
公差因子 i /μm	0.54	0.73	0.90	1.08	1.31	1.56	1.66	2.17	2.52	2.90	3.23	3.54	3.89

由式（8.9）计算出 a 值后，按标准查取与之相近的公差等级系数，进而查表确定各组成环的公差。最后，根据各组成环加工的难易程度和功能要求等因素适当调整，调整后的各组成环公差应满足式（8.8）。

上述两种解法，在确定各组成环公差值以后，一般按"入体原则"确定各组成环的极限偏差。即包容尺寸按基孔制公差带 $H(A_0^{+T})$，被包容尺寸按基轴制公差带 $h(A_{-T}^{0})$，一般长度尺寸用 js$(A \pm \frac{T}{2})$。为使各组成环极限偏差协调，计算时，应留一组成环待定（称为协调环），用式（8.4）和式（8.5）核算确定其极限偏差。

进行尺寸链的反计算时，最后必须进行校核，以保证设计的正确性。

【例8.2】　如图 8.11（a）所示齿轮箱，根据使用要求，应保证间隙 A_0 为 1 ~ 1.75 mm。已知各零件的基本尺寸为：$A_1 = 101$ mm，$A_2 = 50$ mm，$A_3 = A_5 = 5$ mm，$A_4 = 140$ mm，试设计各组成环的公差和极限偏差。

解　按尺寸链建立的步骤和极值法的基本公式解题。

（1）确定封闭环

由于间隙 A_0 是装配后得到的，故间隙 A_0 为封闭环。

（2）查找组成环

组成环为左箱体结合面到左箱体齿轮孔内侧面尺寸 A_1、右箱体结合面到右箱体齿轮孔内侧面尺寸 A_2、齿轮轴左支撑套定位抬肩厚度 A_3、齿轮轴长度 A_4 和齿轮轴右支撑套定位抬肩厚度 A_5。

（3）绘制尺寸链图

按图 8.11（a）各零件加工后装配顺序，依次画出 A_1、A_2、A_3、A_4 和 A_5，最后用 A_0 将其连接成封闭回路，如图 8.11（b）所示。

（4）判断增环和减环

画出各环箭头方向，如图 8.11（b）所示，依据箭头方向判断法可定 A_1 和 A_2 为增环，A_3、A_4 和 A_5 为减环。

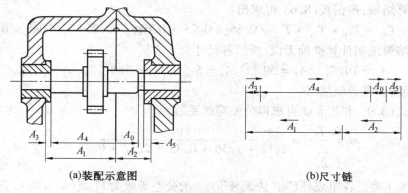

(a)装配示意图   (b)尺寸链

图 8.11　齿轮轴组件尺寸链

（5）确定各组成环的极限偏差

① 确定"协调环"。理论上，任意组成环均可选为"协调环"，但一般情况下选比较容易加工的尺寸作为"协调环"，这里选定齿轮轴长度 A_4 为"协调环"。

② 计算封闭环的基本尺寸、极限偏差和公差。由式（8.1）得封闭环的基本尺寸为

$$A_0 = (A_1 + A_2) - (A_3 + A_4 + A_5) = (101 + 50) - (5 + 140 + 5) = 1 \text{（mm）}$$

根据基本尺寸和极限偏差及公差之间的关系，有

$$ES_0 = A_{0max} - A_0 = 1.75 - 1 = +0.75 \text{（mm）}$$

$$EI_0 = A_{0min} - A_0 = 1 - 1 = 0 \text{（mm）}$$

$$T_0 = A_{0max} - A_{0min} = ES_0 - EI_0 = 1.75 - 1 = 0.75 - 0 = 0.75 \text{（mm）}$$

③ 确定各组成环的公差和极限偏差。

ⅰ. 相等公差法

根据式（8.6）可知

$$T_0 = T_{A_1} + T_{A_2} + T_{A_3} + T_{A_4} + T_{A_5}$$

根据式（8.7），得各组成环的公差为

$$T_i = \frac{T_0}{m} = \frac{0.75}{5} = 0.15 \text{（mm）}$$

但如果对构成此部件的零件的公差都定为 0.15 mm，显然是不合理的。由于 A_1、A_2 为箱体内尺寸，不易加工，故应将公差放大，按标准（表 3.2）取 $T_{A_1} = 0.35$ mm，$T_{A_2} = 0.25$（mm）。尺寸 A_3、A_5 为小尺寸，且容易加工，可将公差减小，按标准（表 3.2），取 $T_{A_3} = T_{A_5} = 0.048$ mm。

根据式（8.6）可推出"协调环" A_4 的公差为

$$T_{A_4} = T_0 - T_{A_1} - T_{A_2} - T_{A_3} - T_{A_5} = 0.75 - 0.35 - 0.25 - 0.048 - 0.048 = 0.054 \text{ (mm)}$$

由图 8.11 可知，A_1 和 A_2 为包容面尺寸，A_3、A_4 和 A_5 为被包容面尺寸，按"入体原则"确定极限偏差，故有

$$A_1 = 101^{+0.35}_{0}, A_2 = 50^{+0.25}_{0}, A_3 = 5^{0}_{-0.048}, A_4 = 140^{0}_{-0.054}, A_5 = 5^{0}_{-0.048}$$

校验计算结果，由已知条件，得

$$T_0 = A_{0\max} - A_{0\min} = 1.75 - 1 = 0.75 \text{ (mm)}$$

由计算结果，根据式（8.6）可求出

$$T_0 = T_{A_1} + T_{A_2} + T_{A_3} + T_{A_4} + T_{A_5} = 0.35 + 0.25 + 0.048 + 0.054 + 0.048 = 0.75 \text{ (mm)}$$

校核结果说明计算准确无误，所以各尺寸为

$$A_1 = 101^{+0.35}_{0}, A_2 = 50^{+0.25}_{0}, A_3 = 5^{0}_{-0.048}, A_4 = 140^{0}_{-0.054}, A_5 = 5^{0}_{-0.048}$$

ⅱ. 相同公差等级法

根据式（8.9）和表 8.2 可求得公差等级系数为

$$a = \frac{T_0}{\sum_{i=1}^{m} i_i} = \frac{750}{2.17 + 1.56 + 0.73 + 2.52 + 0.73} \approx 97$$

由表 8.1 确定各组成环（除"协调环"外）的公差等级为 11 级（$a = 100$），查表（公差值标准）得 $T_{A_1} = 0.22$ mm，$T_{A_2} = 0.16$ mm，$T_{A_3} = T_{A_5} = 0.075$ mm。

"协调环" A_4 的公差为

$$T_{A_4} = T_0 - T_{A_1} - T_{A_2} - T_{A_3} - T_{A_5} = 0.75 - 0.22 - 0.16 - 0.075 - 0.075 = 0.22 \text{ (mm)}$$

同样，按"入体原则"确定各组成环的极限偏差，其结果为

$$A_1 = 101^{+0.22}_{0}, A_2 = 50^{+0.16}_{0}, A_3 = 5^{0}_{-0.075}, A_4 = 140^{0}_{-0.22}, A_5 = 5^{0}_{-0.075}$$

校验计算结果，根据式（8.6）可求出

$$T_0 = T_{A_1} + T_{A_2} + T_{A_3} + T_{A_4} + T_{A_5} = 0.22 + 0.16 + 0.075 + 0.22 + 0.075 = 0.75 \text{ (mm)}$$

校核结果说明计算准确无误。

相同公差等级法除了个别组成环（"协调环"）外，均为标准公差和极限偏差，方便合理。

8.2.4 中间计算（工艺尺寸计算）

（Intermediate calculation（Process dimensional calculation））

尺寸链的中间计算问题就是在已知封闭环、部分组成环的基本尺寸和极限偏差的情况下，求某一组成环的基本尺寸和极限偏差的问题。

【例 8.3】 如图 8.12（a）所示，在轴上铣一键槽。其径向尺寸加工顺序是：车外圆 $\phi70.5^{0}_{-0.1}$；铣键槽；磨外圆 $\phi70^{0}_{-0.06}$。要求磨完外圆后，保证键槽深度尺寸 $62^{0}_{-0.03}$，求铣键槽的深度。

解 按尺寸链建立的步骤和极值法的基本公式解题。

（1）确定封闭环

由于磨完外圆后形成的键槽深度 A_0 为最后自然形成的尺寸，故 A_0 可确定为封闭环。

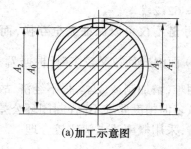 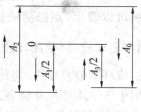

(a)加工示意图　　　　　　(b)尺寸链

图 8.12　铣键槽工艺尺寸链

（2）查找组成环

组成环为车外圆尺寸 A_1、铣键槽深度 A_2 和磨外圆尺寸 A_3。

（3）绘制尺寸链图

选外圆圆心 O 为基准，按加工顺序分别绘制出 $A_1/2$、A_2、$A_3/2$ 和 A_0，得到封闭回路，如图 8.12(b) 所示。

（4）判断增环和减环

画出各环箭头方向，如图 8.12(b) 所示，依据箭头方向判断法可定 $A_1/2$ 为减环，A_2 和 $A_3/2$ 为增环。

（5）计算铣键槽的深度 A_2 的基本尺寸和极限偏差

由式(8.1) 计算 A_2 的基本尺寸，因为

$$A_0 = \left(A_2 + \frac{A_3}{2}\right) - \frac{A_1}{2}$$

则有

$$A_2 = A_0 + \frac{A_1}{2} - \frac{A_3}{2} = 62 + \frac{70.5}{2} - \frac{70}{2} = 62.25 \ (\text{mm})$$

由式(8.4) 计算 A_2 的上偏差，因为

$$ES_0 = (ES_{A_2} + ES_{A_3/2}) - EI_{A_1/2}$$

则有

$$ES_{A_2} = ES_0 + EI_{A_1/2} - ES_{A_3/2} = 0 + (-0.05) - 0 = -0.05 \ (\text{mm})$$

由式(8.5) 计算 A_2 的下偏差，因为

$$EI_0 = (EI_{A_2} + EI_{A_3/2}) - ES_{A_1/2}$$

则有

$$EI_{A_2} = EI_0 + ES_{A_1/2} - EI_{A_3/2} = (-0.3) + 0 - (-0.03) = -0.27 \ (\text{mm})$$

（6）校验计算结果

由已知条件可求出

$$T_0 = |ES_0 - EI_0| = |0 - (-0.3)| = 0.3 \ (\text{mm})$$

由计算结果，根据式(8.6) 可求出

$$T_0 = T_{A_1/2} + T_{A_2} + T_{A_3/2} = (ES_{A_1/2} - EI_{A_1/2}) + (ES_{A_2} + EI_{A_2}) + (ES_{A_3/2} + EI_{A_3/2}) =$$
$$[0 - (-0.05)] + [(-0.05) - (-0.27)] + [0 - (-0.03)] = 0.3 \ (\text{mm})$$

校核结果说明计算无误，所以铣键槽的深度 A_2 为

$$A_2 = 62.25^{-0.05}_{-0.27} = 62.2^{0}_{-0.22}$$

通过上述各例可以看出,用极值法计算尺寸链不仅可以保证完全互换,而且计算简便、可靠。但在精度要求较高(封闭环公差较小)而组成环数又较多时,根据 $T_0 = \sum\limits_{i=1}^{m} T_i$ 的关系式分配给各组成环的公差很小,将使加工困难,增加制造成本,很不经济,故用极值法计算尺寸链一般用于 3 ～ 4 环尺寸链,或环数虽多但精度要求不高(封闭环公差较大)的场合。对精度要求较高,且环数也较多的尺寸链,采用概率法求解比较合理。

8.3 用概率法计算尺寸链
(Calculation of dimensional chain by probability method)

极值法是按尺寸链中各环的极限尺寸来计算公差和极限偏差的。近年来,生产企业随着全面质量管理工作的开展,积累了大量有关零件尺寸误差与形状误差在其公差带的分布数据。由生产实践和大量统计资料表明,在大批量生产中,零件的实际尺寸大多数分布于公差带的中间区域,靠近极限尺寸的尺寸是极少数。在一批产品装配中,尺寸链各组成环恰为两个极限尺寸相结合的情况更少出现,在这种情况下,按极值法计算零件尺寸公差和极限偏差,显然是不合理的。而按概率法计算,在相同的封闭环公差条件下,可使各组成环公差扩大,从而获得良好的技术经济效果,也比较科学、合理。

8.3.1 概率法的基本公式
(Basic formulas of probability method)

(1) 公称尺寸的计算(Nominal size calculation)

封闭环与各组成环的公称尺寸关系按式(8.1)计算。

(2) 公差的计算(Tolerance calculation)

根据概率论原理,将尺寸链各组成环看成独立的随机变量。如各组成环实际尺寸均按正态分布,则封闭环尺寸也按正态分布。各环取相同的置信概率 $P_c = 99.73\%$,则封闭环和各组成环的公差分别为

$$T_0 = 6\sigma_0 \tag{8.10}$$

式中 σ_0—— 封闭环的标准偏差。

$$T_i = 6\sigma_i \tag{8.11}$$

式中 σ_i—— 组成环的标准偏差。

根据正态分别规律,封闭环公差等于各组成环公差平方和的平方根,即

$$T_0 = \sqrt{\sum_{i=1}^{m} T_i^2} \tag{8.12}$$

如果各组成环尺寸为非正态分布(如三角分布、均匀分布、瑞利分布和偏态分布),随着组成环数的增加(如环数 ≥ 5),而 T_i 又相差不大时,封闭环仍趋向正态分布。

(3) 中间偏差的计算(Intermecliate deviation calculation)

中间偏差用 Δ 表示,其物理意义是上偏差与下偏差的平均值,即

$$\Delta = \frac{ES + EI}{2} \tag{8.13}$$

当各组成环为对称分布（如正态分布）时，封闭环中间偏差等于增环中间偏差之和减去减环中间偏差之和，即

$$\Delta_0 = \sum_{i=1}^{n} \Delta_i - \sum_{i=n+1}^{m} \Delta_i \tag{8.14}$$

（4）极限偏差的计算（limit deviation calculation）

各环上偏差等于其中间偏差加 1/2 该环公差，各环下偏差等于其中间偏差减 1/2 该环公差，即

$$ES_0 = \Delta_0 + \frac{T_0}{2} \tag{8.15}$$

$$EI_0 = \Delta_0 - \frac{T_0}{2} \tag{8.16}$$

$$ES_i = \Delta_i + \frac{T_i}{2} \tag{8.17}$$

$$EI_i = \Delta_i - \frac{T_i}{2} \tag{8.18}$$

8.3.2 正计算（校核计算）
（Positive calculation（Check calculation））

【例 8.4】 试用概率法求解例 8.1 题。

解 （1）确定封闭环

（2）查找组成环

（3）绘制尺寸链图

（4）判断增环和减环

以上 4 步的解法同例 8.1 题。

（5）计算壁厚的基本尺寸和极限偏差

① 计算壁厚的基本尺寸。由式（8.1）得壁厚的基本尺寸为

$$A_0 = \left(\frac{A_1}{2} + A_3 \right) - \frac{A_2}{2} = 35 + 0 - 30 = 5 \ (\text{mm})$$

② 计算壁厚的公差。由式（8.12）得壁厚的公差为

$$T_0 = \sqrt{T_{A_1/2}^2 + T_{A_2/2}^2 + T_{A_3}^2} = \sqrt{(0.02)^2 + (0.03)^2 + (0.02)^2} \approx 0.04 \ (\text{mm})$$

③ 计算壁厚的中间偏差。由式（8.13）和式（8.14）得壁厚的中间偏差为

$$\Delta_0 = \Delta_{A_1/2} + \Delta_{A_3} - \Delta_{A_2/2} = \frac{ES_{A_1/2} + EI_{A_1/2}}{2} + \frac{ES_{A_3} + EI_{A_3}}{2} - \frac{ES_{A_2/2} + EI_{A_2/2}}{2} =$$

$$\frac{(-0.02) + (-0.04)}{2} + \frac{(+0.01) + (-0.01)}{2} - \frac{(+0.03) + 0}{2} = -0.045 \ (\text{mm})$$

④ 计算壁厚的极限偏差。由式(8.15)和式(8.16)得壁厚的极限偏差为

$$ES_0 = \Delta_0 + \frac{T_0}{2} = -0.045 + \frac{0.04}{2} = -0.025 \ (\text{mm})$$

$$EI_0 = \Delta_0 - \frac{T_0}{2} = -0.045 - \frac{0.04}{2} = -0.065 \ (\text{mm})$$

（6）校验计算结果

由公差与极限偏差之间的关系可得壁厚的公差为

$$T_0 = |ES_0 - EI_0| = |(-0.025) - (-0.065)| = 0.04 \ (\text{mm})$$

由式(8.12)得壁厚的公差为

$$T_0 = \sqrt{T_{A_1/2}^2 + T_{A_2/2}^2 + T_{A_3}^2} =$$

$$\sqrt{(ES_{A_1/2} - EI_{A_1/2})^2 + (ES_{A_2/2} - EI_{A_2/2})^2 + (ES_{A_3} - EI_{A_3})} =$$

$$\sqrt{[(-0.02) - (-0.04)]^2 + [(+0.03) - 0]^2 + [(+0.01) - (-0.01)]^2} \approx 0.04 \ (\text{mm})$$

校验结果说明计算无误,所以壁厚为

$$A_0 = 5_{-0.065}^{-0.025}$$

上面的结果与极值法求得的结果 $5_{-0.08}^{-0.01}$（例8.1）比较,可以看出,在组成环公差未改变的情况下,应用概率法求解尺寸链使封闭环的公差减小了,即提高了试用性能。

8.3.3 反计算(设计计算)
(Reverse calculation(design calculation))

【例8.5】 试用概率法求解例8.2题。

解 （1）确定封闭环

（2）查找组成环

（3）绘制尺寸链图

（4）判断增环和减环

以上4步的解法同例8.2题。

（5）计算壁厚的基本尺寸和极限偏差

① 确定"协调环"。选定齿轮轴长度 A_4 为"协调环"。

② 计算封闭环的基本尺寸、极限偏差和公差。由式(8.1)得封闭环的基本尺寸为

$$A_0 = (A_1 + A_2) - (A_3 + A_4 + A_5) = (101 + 50) - (5 + 140 + 5) = 1 \ (\text{mm})$$

根据基本尺寸和极限偏差及公差之间的关系,有

$$ES_0 = A_{0max} - A_0 = 1.75 - 1 = +0.75 \ (\text{mm})$$

$$EI_0 = A_{0min} - A_0 = 1 - 1 = 0 \ (\text{mm})$$

$$T_0 = A_{0max} - A_{0min} = ES_0 - EI_0 = 1.75 - 1 = 0.75 - 0 = 0.75 \ (\text{mm})$$

③ 确定各组成环的公差和极限偏差。设各组成环的公差相等,根据式(8.12)得各组成环的平均公差 T_{av} 为

$$T_{av} = \frac{T_0}{\sqrt{m}} = \frac{0.75}{\sqrt{5}} \approx 0.34 \ (\text{mm})$$

同样道理,以 T_{av} 为参考,根据各组成环加工的难易程度,参照标准(表 3.2),调整各组成环公差为

$$T_{A_1} = 0.54 \text{ mm}, T_{A_2} = 0.39 \text{ mm}, T_{A_3} = T_{A_5} = 0.048 \text{ mm}$$

为了满足式(8.12)的要求,对"调整环" A_4 的公差应进行计算,即

$$T_{A_4} = \sqrt{T_0^2 - (T_{A_1}^2 + T_{A_2}^2 + T_{A_3}^2 + T_{A_5}^2)} =$$
$$\sqrt{0.75^2 - (0.54^2 + 0.39^2 + 0.048^2 + 0.048^2)} \approx 0.34 \text{ (mm)}$$

④ 确定除"协调环"以外各组成环的极限偏差。按"入体原则"确定,其结果为

$$A_1 = 101^{+0.54}_{0}, A_2 = 101^{+0.39}_{0}, A_3 = 101^{0}_{-0.048}, A_5 = 101^{0}_{-0.048}$$

⑤ 计算"协调环"的中间偏差。由式(8.14)得"协调环"的中间偏差为

$$\Delta_{A_4} = \Delta_{A_1} + \Delta_{A_2} - \Delta_{A_3} - \Delta_{A_5} - \Delta_0 =$$
$$\frac{ES_{A_1} + EI_{A_1}}{2} + \frac{ES_{A_2} + EI_{A_2}}{2} - \frac{ES_{A_3} + EI_{A_3}}{2} - \frac{ES_{A_5} + EI_{A_5}}{2} - \frac{ES_0 + EI_0}{2} =$$
$$\frac{+0.54 + 0}{2} + \frac{+0.39 + 0}{2} - \frac{0 + (-0.048)}{2} - \frac{0 + (-0.048)}{2} - \frac{+0.75 + 0}{2} = +0.138 \text{ (mm)}$$

⑥ 计算"协调环"的极限偏差。由式(8.17)和式(8.18)得"协调环"的极限偏差为

$$ES_{A_4} = \Delta_{A_4} + \frac{T_{A_4}}{2} = +0.138 + \frac{0.34}{2} = +0.308 \text{ (mm)}$$

$$EI_{A_4} = \Delta_{A_4} - \frac{T_{A_4}}{2} = +0.138 - \frac{0.34}{2} = -0.032 \text{ (mm)}$$

由此,得

$$A_4 = 140^{+0.308}_{-0.032} = 140.308^{0}_{-0.34}$$

(6) 校验计算结果

由已知条件可得

$$T_0 = A_{0max} - A_{0min} = 1.75 - 1 = 0.75 \text{ (mm)}$$

根据确定的结果,由式(8.12)可得

$$T_0 = \sqrt{T_{A_1}^2 + T_{A_2}^2 + T_{A_3}^2 + T_{A_4}^2 + T_{A_5}^2} =$$
$$\sqrt{(ES_{A_1} - EI_{A_1})^2 + (ES_{A_2} - EI_{A_2})^2 + (ES_{A_3} - EI_{A_3})^2 + (ES_{A_4} - EI_{A_4})^2 + (ES_{A_5} - EI_{A_5})^2} =$$
$$\sqrt{[(+0.54) - 0]^2 + [(+0.39) - 0]^2 + [0 - (-0.048)]^2 + [0 - (-0.34)]^2 + [0 - (-0.048)]^2} \approx$$
$$0.75 \text{ (mm)}$$

校验结果说明计算无误,所以各组成环尺寸为

$$A_1 = 101^{+0.54}_{0}, A_2 = 101^{+0.39}_{0}, A_3 = 101^{0}_{-0.048}, A_4 = 140.308^{0}_{-0.34}, A_5 = 101^{0}_{-0.048}$$

表 8.3 为极值法和概率法计算结果的比较。显然,在满足同一封闭环公差要求的情况下,用概率法比用极值法放大了各组成环的公差,因此可使加工成本降低,从而获得相当明显的经济效果。

表 8.3　极值法与概率法计算结果比较

各零件公差		T_{A_1}	T_{A_2}	T_{A_3}	T_{A_4}	T_{A_5}	T_0
极值法	相等公差法	0.35	0.25	0.048	0.054	0.048	0.75
	相同等级法	0.22	0.16	0.075	0.22	0.075	0.75
概率法		0.54	0.39	0.048	0.34	0.048	0.75

8.3.4　中间计算(工艺尺寸计算)

(Intermediate calculation(process dimension calculation))

【例 8.6】　试用概率法求解例 8.3 题。

解　(1)确定封闭环

(2)查找组成环

(3)绘制尺寸链图

(4)判断增环和减环

以上 4 步的解法同例 8.3 题。

(5)计算铣键槽的深度 A_2 的基本尺寸和极限偏差

① 计算铣键槽的深度 A_2 的基本尺寸。由式(8.1)得铣键槽的深度的 A_2 基本尺寸为

$$A_2 = A_0 + \frac{A_1}{2} - \frac{A_3}{2} = 62 + \frac{70.5}{2} - \frac{70}{2} = 62.25 \text{ (mm)}$$

② 计算铣键槽的深度 A_2 的公差。由式(8.12)得铣键槽的深度 A_2 的公差为

$$T_{A_2} = \sqrt{T_0^2 - T_{A_1/2}^2 - T_{A_3/2}^2} = \sqrt{0.3^2 - 0.05^2 - 0.03^2} = 0.294 \text{ (mm)}$$

③ 计算铣键槽的深度 A_2 的中间偏差。由式(8.14)的铣键槽的深度 A_2 的中间偏差为

$$\Delta_{A_2} = \Delta_0 + \Delta_{A_1/2} - \Delta_{A_3/2} = \frac{ES_0 + EI_0}{2} + \frac{ES_{A_1/2} + EI_{A_1/2}}{2} - \frac{ES_{A_3/2} + EI_{A_3/2}}{2} =$$

$$\frac{0 + (-0.3)}{2} + \frac{0 + (-0.05)}{2} - \frac{0 + (-0.03)}{2} = -0.16 \text{ (mm)}$$

④ 计算铣键槽的深度 A_2 的极限偏差。由式(8.17)和式(8.18)得铣键槽的深度 A_2 的极限偏差为

$$ES_{A_2} = \Delta_{A_2} + \frac{T_{A_2}}{2} = -0.16 + \frac{0.294}{2} = -0.013 \text{ (mm)}$$

$$EI_{A_2} = \Delta_{A_2} - \frac{T_{A_2}}{2} = -0.16 - \frac{0.294}{2} = -0.307 \text{ (mm)}$$

由此,得

$$A_2 = 62.25_{-0.307}^{-0.013} = 62.2_{-0.257}^{+0.037}$$

(6)校验计算结果

由已知条件

$$T_0 = |ES_0 - EI_0| = |0 - (-0.3)| = 0.3 \text{ (mm)}$$

根据计算的结果,由式(8.12) 可得

$$T_0 = \sqrt{T_{A_1/2}^2 + T_{A_2}^2 + T_{A_3/2}^2} =$$

$$\sqrt{(ES_{A_1/2} - EI_{A_1/2})^2 + (ES_{A_2} - EI_{A_2})^2 + (ES_{A_3/2} - EI_{A_3/2})^2} =$$

$$\sqrt{[0 - (-0.05)]^2 + [(+0.037) - (-0.257)]^2 + [0 - (-0.03)]^2} = 0.3 \text{ (mm)}$$

校验结果说明计算无误,所以铣键槽的深度为

$$A_2 = 62.2_{-0.257}^{+0.037}$$

上面的结果与极值法求得的结果 $62.2_{-0.22}^{0}$(例 8.3) 比较,可以看出,在相同条件下,应用概率法进行尺寸链计算,使组成环的公差扩大了,便于加工。

思考题与习题
(Questions and exercises)

1. 思考题(Questions)

8.1 什么是尺寸链?

8.2 尺寸链由哪些环组成,它们之间有何关系?

8.3 在建立尺寸链时应遵循什么原则? 为什么要遵循这个原则?

8.4 按尺寸链的应用场合分类,尺寸链分哪几类? 各是什么尺寸链? 有什么特点?

8.5 尺寸链的计算类型有几种? 都应用于什么场合?

8.6 尺寸链反计算有等公差法和相同公差等级法两种解法,这两种解法各有什么特点?

8.7 尺寸链的计算方法有几种? 各有什么特点?

8.8 齿轮的精度等级分几级? 这些等级是如何分类的?

2. 习题(Exercises)

8.1 如习题8.1 图所示零件,已知尺寸 $A_1 = 16_{-0.043}^{0}$ mm,$A_2 = 6_{0}^{+0.046}$ mm。试用极值法求封闭环的基本尺寸和极限偏差。

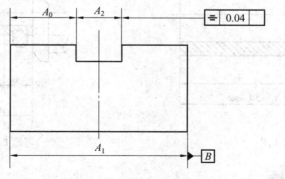

习题 8.1 图

8.2 某尺寸链如习题8.2 图所示,封闭环尺寸 A_0 应为19.7 ~ 20.3 mm,试校核各组成环公差、极限偏差的正确性。

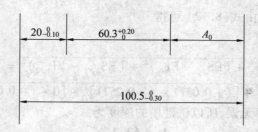

习题 8.2 图

8.3 如习题 8.3 图所示零件，$A_1 = 30_{-0.053}^{0}$ mm，$A_2 = 16_{-0.043}^{0}$ mm，$A_3 = 14 \pm 0.021$ mm，$A_4 = 6_{0}^{+0.048}$ mm，$A_5 = 24_{-0.084}^{0}$ mm，试分析图（a）、图（b）、图（c）三种尺寸标注中，哪种尺寸标注法可使 A_0 变动范围最小。

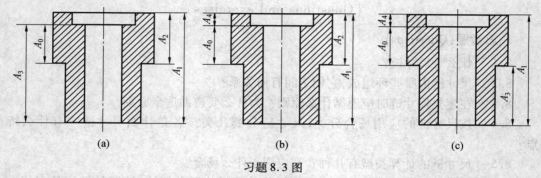

习题 8.3 图

8.4 如习题 8.4 图所示零件，按图样注出的尺寸 A_1 和 A_3 加工时不易测量，现改为按尺寸 A_1 和 A_2 加工，为了保证原设计要求，试计算 A_2 的基本尺寸和偏差。

8.5 如习题 8.5 图所示曲轴、连杆和衬套等零件装配图，装配后要求间隙为 $A_0 = 0.1 \sim 0.2$ mm，而图样设计时，$A_1 = 150_{0}^{+0.019}$ mm，$A_2 = A_3 = 75_{-0.06}^{-0.02}$ mm，试验算设计图样给定零件的极限尺寸是否合理？

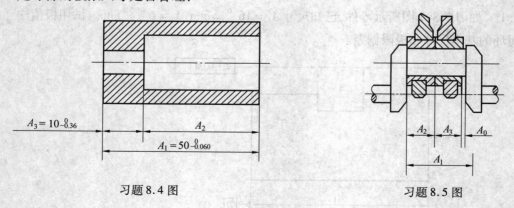

习题 8.4 图　　　　　　　　　　习题 8.5 图

8.6　如习题 8.6 图所示为机床部件装配图,要求保证间隙 $A_0 = 0.25$ mm,若给定尺寸 $A_1 = 25^{+0.100}_{0}$ mm, $A_2 = 25 \pm 0.100$ mm, $A_3 = 0 \pm 0.005$ mm。试校核这几项的偏差能否满足装配要求,并分析产生原因及应采取的对策。

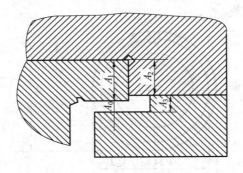

习题 8.6 图

8.7　如习题 8.7 图所示某齿轮机构,已知 $A_1 = 30^{0}_{-0.06}$ mm, $A_2 = 5^{0}_{-0.04}$ mm, $A_3 = 38^{+0.16}_{+0.10}$ mm, $A_4 = 3^{0}_{-0.06}$ mm,试计算齿轮右端面与挡圈左端面的轴向间隙 A_0 的变动范围。

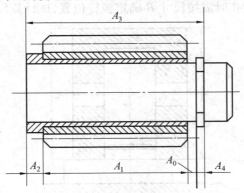

习题 8.7 图

8.8　如习题 8.8 图所示齿轮内孔,加工工艺过程为:先粗镗孔至 $\phi 84.80^{+0.07}_{0}$ mm,插键槽后,再精镗孔尺寸至 $\phi 85.00^{+0.036}_{0}$ mm,并同时保证键槽深度尺寸 $87.90^{+0.28}_{0}$ mm。试求插键槽工序中的工序尺寸 A 及其误差。

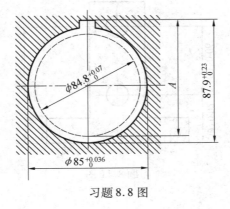

习题 8.8 图

8.9 如习题 8.9 图所示花键套筒，其加工工艺过程为：先粗、精车外圆至尺寸 $\phi 24.4_{-0.050}^{0}$ mm，再按工序尺寸 A_2 铣键槽，热处理，最后粗、精磨外圆至尺寸 $\phi 24_{-0.013}^{0}$ mm，完工后要求键槽深度为 $21.5_{-0.100}^{0}$ mm。试画出尺寸链简图，并区分封闭环、增环、减环，计算工序尺寸 A_2 及其极限偏差。

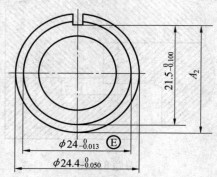

习题 8.9 图

8.10 如习题 8.10 图所示镗活塞销孔，要求保证尺寸 $A = 61 \pm 0.05$ mm，在前工序中得到 $C = 103_{-0.98}^{0}$ mm。镗孔时需按尺寸 B 确定镗杆位置，试计算尺寸 B 的大小。

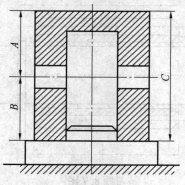

习题 8.10 图

8.11 如习题 8.11 图所示，两个孔均以底面为定位和测量基准，求孔 1 到底面的尺寸 A 应控制在多大范围内才能保证尺寸 60 ± 0.060 mm？

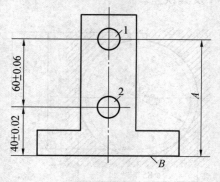

习题 8.11 图

8.12　加工如习题8.12图所示钻套,先按尺寸 $\phi 30^{+0.041}_{+0.020}$ mm 磨内孔,再按 $\phi 42^{+0.083}_{+0.017}$ mm 磨外圆,外圆对内孔的同轴度公差为 $\phi 0.012$ mm。试计算钻套壁厚尺寸的变化范围。

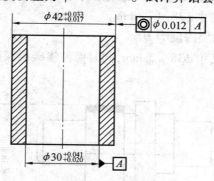

习题 8.12 图

8.13　加工如习题8.13图所示轴套。加工顺序为:车外圆、车内孔,要求保证壁厚为 10 ± 0.05 mm,试计算轴套孔对外圆的同轴度公差,并标注在图样上。

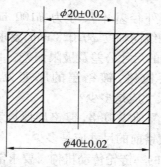

习题 8.13 图

8.14　加工如习题8.14图所示轴套,加工顺序为:车外圆、车内孔,要求保证壁厚为 5 ± 0.05 mm,已知轴套孔对外圆的同轴度公差为 $\phi 0.02$ mm,求外圆尺寸 A_4。

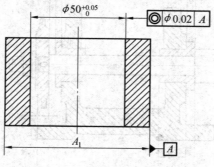

习题 8.14 图

8.15   如习题8.15图所示偏心轴零件,表面A处表示渗碳处理,渗碳层深H_1规定为0.5 ~ 0.8 mm。零件上与此有关的加工过程如下:

(1)精车A面,保证尺寸$\phi 38.4_{-0.1}^{0}$mm。

(2)渗碳处理,控制渗层深度为H_1。

(3)精磨A面,保证尺寸$\phi 38_{-0.016}^{0}$mm,同时保证渗碳层深度达到规定的要求,试确定H_1数值。

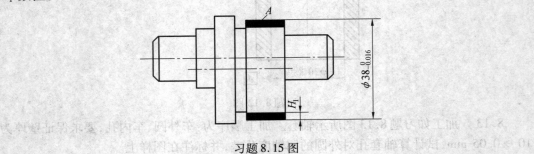

习题8.15图

8.16   加工一轴套,轴套外径基本尺寸为$\phi 100$ mm,轴套内孔的基本尺寸为$\phi 80$ mm,已知外圆轴线对内孔轴线同轴度$\phi 0.028$ mm,要求完工后轴套的壁厚为9.96 ~ 10.014 mm。求轴套内径和外径的尺寸公差及极限偏差。

8.17   某一轴装配前需要镀铬,镀铬层的厚度为10 ± 2 μm,镀铬后尺寸为$\phi 80_{-0.080}^{-0.030}$mm。问没有镀铬前的尺寸应是多少?

8.18   有一孔、轴配合,装配前需镀铬,镀铬层厚度为10 ± 2 μm,镀铬后应满足$\phi 30$H7/f7 的配合,问该轴没有镀铬前的尺寸应是多少?

8.19   如习题8.19图所示的一链轮传动机构。要求链轮与轴承端面保持间隙A_0为0.5 ~ 0.95 mm,试确定机构中有关尺寸的平均公差等级和极限偏差。

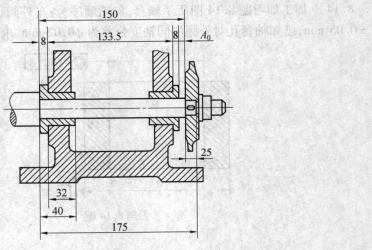

习题8.19图

8.20 一对开式齿轮箱如习题 8.20 图所示,根据使用要求,间隙 A_0 为 1 ~ 1.75 mm 的范围内,已知各零件的基本尺寸为 $A_1 = 101$ mm,$A_2 = 50$ mm,$A_3 = A_5 = 5$ mm,$A_4 = 140$ mm,求各环的尺寸偏差。

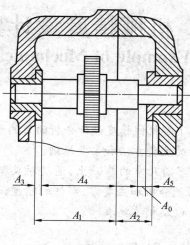

习题 8.20 图

第 9 章 机械精度设计典型实例
Chapter 9 Typical Example of Mechanical Precision Design

【内容提要】 本章要求了解机械精度设计分析的目的和任务,掌握机械精度设计的基本内容,初步掌握精度设计的主要方法和主要原则。

【课程指导】 本章在学习前几章的基础上,通过对典型产品——单级圆柱齿轮减速器和 C616 型车床尾座的功能分析和主要零、部件的精度设计作实例,初步掌握机械精度设计的基本设计方法、原则以及相关要求。

9.1 概　述
(Overview)

机械产品的精度和使用性能在很大程度上取决于机械零件的精度及零件之间的结合正确性。机械零件的精度是零件的主要质量指标之一,因此,零件的精度设计在机械设计中占有重要地位。

机械精度设计包括机械零件的尺寸精度设计、几何精度设计、表面精度(表面粗糙度)设计以及零件间相互结合表面间的装配精度设计,同时,将精度设计内容正确地标注在装配图与零件图上。机械精度设计的基础是误差理论及现行的有关标准。

机械精度设计要满足多方面提出的各种要求,包括:精度,经济性(制造成本),使用性能,工作效率。在这些要求中,对于一些精密机械、精密仪器,精度要求是主要的,离开一定的精度而考虑经济、效率和使用性能是没有意义的;但片面强调精度而不考虑其他要求的做法也不行。特别要克服那种不进行经济核算,不计成本的片面做法。因此,机械精度设计最根本的目标是:在保证所要求精度的前提下,尽量降低成本,提高效率和完善机械产品的性能。

如何设计好机械产品,在长期实践中,机械设计人员在总结经验的基础上,提出了机械精度设计所应遵循的基本原则。

1.基准统一原则(Principle of unified datum)

零件的几何形体是由点、线、面等几何要素结合而成的。"基准"就是可以作为确定其他几何要素方向、位置的基础,包括:装配基准、设计基准、工艺基准和测量基准。各种基准原则上应该统一一致。如设计时,应选择装配基准为设计基准;加工时,应选择设计基准为工艺基准;测量时,测量基准应按测量目的来选定;对中间(工艺)测量,应选工艺基准;对终结(验收)测量,应选择装配基准为测量基准。

基准统一原则,不仅是精度设计中遵循的原则,也是其他设计、加工、测量时应遵循的原则。遵循基准统一原则,可以避免误差积累的影响:加工时,可充分利用设计给定的公差;在测量时,能以较高的测量精度保证零件的公差要求,或在保证达到公差要求的前提下,不至于对测量精度提出过高的要求。

2. 传动链、测量链或尺寸链最短原则(Principle of driving chain or measuring chain or dimensional chain)

传动链、测量链或尺寸链最短原则是指在一台设备中传动链、测量链或尺寸链环节的构件数目应最少。因为传动链、测量链或尺寸链各环节对机械设备或仪器精度的影响最为敏感,环节一多,误差就增多,不利于提高产品的精度,故传动链、测量链或尺寸链环节的构件效应最少,即传动链、测量链或尺寸链最短原则。

3. 变形最小原则(Principle of minimum deformation)

在几何精度设计时,应力求保证由于重力、内应力及热变形等影响所引起的变形为最小。使机械产品在使用过程中,受力或温度影响后产生的变形最小,这个问题在强度设计、刚度设计时考虑得较多。但在目前具体设计计算或研究分析中,由于各种原因引起产品变形,特别是对一些精密设备或精密仪器变形方面的工作,做得还不够深入,这就使得现在的某些设计工作缺乏足够的依据和带有相当程度的盲目性。因此深入进行这方面的研究工作是很有价值的。

4. 精度匹配原则(Principle of precision matching)

在对产品进行总体精度分析的基础上,根据产品中各部分各环节对整机精度影响程度的不同,根据现实可能,分别对各部分各环节提出不同精度要求和恰当的精度分配。例如在精密测量食品仪器中,对于测量链中的各环节要求精度最高,应当设法使这些环节保持足够的精度,对于其他链中的各个环节,则根据不同的要求分配不同的精度,要相互协调,特别要注意各部分要求上的衔接问题。

5. 经济原则(Principle of ecomomy)

经济原则是精度设计要遵守的一个基本而重要的原则。一般可以从工艺性要求、合理的精度要求、合理选材、合理调整环节以及提高整机使用寿命五个方面考虑。

9.2　单级圆柱齿轮减速器的精度设计
(Precision design of single stage cylindrical gear reducer)

　　减速器是机械传动系统中常用的减速装置,所以我们就以这个常用装置为例,来具体说明机械零件的精度设计问题。如图9.1为通用单级圆柱齿轮减速器,该减速器传递额定功率为 4.0 kW,主动轮转速为 1 450 r/min,根据强度、结构设计选定齿轮法向模数 $m_n = 3$ mm,法向压力角 $\alpha_n = 20°$,螺旋角 $\beta = 8°6'34''$,变位系数 $x = 0$,齿数 $z_1 = 20$,$z_2 = 79$。对此减速器的主要零件进行精度设计。

9.2.1　齿轮的精度设计
(Precision design of cylindrical gear)

　　齿轮的齿宽 $b = 60$ mm,齿轮基准孔的公称尺寸为 $d = \phi58$ mm,滚动轴承孔的跨距 $L = 100$ mm,齿轮为钢制,箱体材料为铸铁。

　　齿轮类零件精度设计内容包括:根据齿轮的使用要求和工作条件合理确定齿轮的精度等级,轮齿部分和齿轮坯(简称齿坯)的尺寸偏差、几何公差和表面粗糙度的允许值。现以图9.1减速器中的从动齿轮(大齿轮)为例来说明。

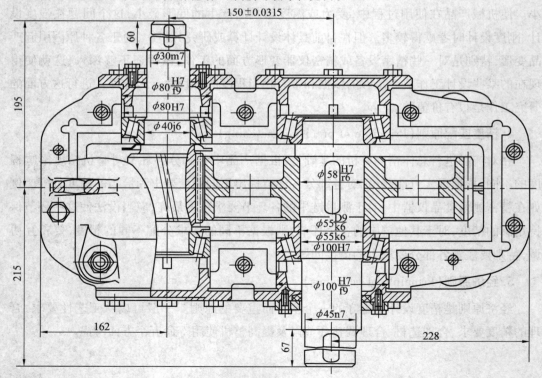

图 9.1　减速器

1. 确定齿轮的精度等级/Determimation of precision grade for cylindrical gear

齿轮精度等级的确定一般采用类比法。首先从表 7.12 中可知该齿轮精度为 6 ~ 9 级。进一步可计算其圆周线速度,然后根据齿轮圆周线速度确定其平稳性精度等级。

齿轮圆周速度计算过程为:

从动轮转速

$$n_2/(\mathrm{r \cdot min^{-1}}) = n_1/i = 1\ 450/3.95 = 367$$

从动轮分度圆直径为

$$d_2/\mathrm{mm} = m_n z_2/\cos\beta = 3 \times 79/\cos 8°6'34'' = 3 \times 79/0.99 = 239.394$$

则

$$v/(\mathrm{m \cdot s^{-1}}) = \frac{\pi d_2 n_2}{60 \times 1\ 000} = \frac{\pi \times 239.394 \times 367}{60 \times 1\ 000} = 4.6$$

由表 7.13 可确定减速器从动齿轮平稳性精度为 8 级,考虑减速器齿轮的运动准确性精度要求不高和载荷分布均匀性精度一般不低于平稳性精度,因此确定该齿轮传递运动准确性、传动平稳性和载荷分布均匀性的精度等级分别为 8 级、8 级和 7 级。

2. 确定齿轮偏差检验项目及其允许值(Determination of inspection terms and allowable values for cylindrical gear)

因该齿轮为一般减速器的齿轮,对传递运动准确性、传动平稳性和载荷分布均匀性精度的必检参数分别为 F_p(不必规定 F_{pk}),f_{pt} 与 F_α 和 F_β。由表 7.2 查得齿距累积总偏差 $F_p = 0.07$ mm、单个齿距偏差 $f_{pt} = \pm 0.018$ mm、齿廓偏差 $F_\alpha = 0.025$ mm,由表 7.3 得螺旋线总偏差 $F_\beta = 0.021$ mm。

3. 确定齿轮的最小法向侧隙和齿厚上、下极限偏差(Determination of minimum normal backlash and upper and lower limit deviation of tooth thickness for cylindrical gear)

(1)最小法向侧隙 j_{bnmin} 的确定(Determination of minimum nornal backlash j_{bmin})

先计算出齿轮中心距 a

$$a/\mathrm{mm} = \frac{m_n(z_1 + z_2)}{2\cos\beta} = \frac{3 \times (20 + 79)}{2 \times \cos 8°6'34''} = 150$$

参考表 7.10,$a = 150$ mm 介于 100 与 200 之间,因此用插值法(或按式(7.8)计算)得 $j_{bnmin} = 0.155$ mm。

(2)齿厚上、下极限偏差的计算(Calulation of upper and lower limit deviation of tooth thickness)

首先计算补偿齿轮和齿轮箱体的制造、安装误差所引起法向侧隙减小量 J_{bn},按式(7.4),由表 7.2、表 7.3 查得 $f_{pt1} = 17$ μm,$f_{pt2} = 18$ μm。$F_\beta = 21$ μm 和 $L = 100$ mm,$b = 60$ mm 得

$$J_{bn}/\mathrm{\mu m} = \sqrt{0.88(f_{pt_1}^2 + f_{pt_2}^2) + [2 + 0.34(L/b)^2 F_\beta^2]} =$$
$$\sqrt{0.88(17^2 + 18^2) + [2 + 0.34(100/60)^2 \times 21^2]} = 31$$

然后按式(7.14),由表7.8查得$f_a = 31.5\ \mu m$,则齿厚上极限偏差为

$$E_{sns}/mm = -\left(\frac{j_{bnmin} + J_{bn}}{2\cos \alpha_n} + f_a\tan \alpha_n\right) = -\left(\frac{0.155 + 0.031}{2\cos 20°} + 0.031\ 5 \times \tan 20°\right) = -0.110$$

按式(7.16),由表7.2查得$F_r = 0.056$ mm,由表7.11查得$b_r/mm = 1.26IT9 =$ $1.26 \times 0.115 = 0.145$,因此齿厚公差为

$$T_{sn}/mm = \sqrt{b_r^2 + F_r^2} \cdot 2\tan 20° = \sqrt{0.145^2 + 0.056^2} \cdot 2\tan 20° = 0.113$$

最后可得齿厚下极限偏差为

$$E_{sni}/mm = E_{sns} - T_{sn} = -0.110 - 0.113 = -0.223$$

(3) 公法线长度及其上、下极限偏 差的计算(Calculation of upper and lower limit deviation for base langent length)

通常对于中等模数的齿轮,测量公法线长度比较方便,且测量精度较高,故用检查公法线长度偏差来代替齿厚偏差。

首先计算公称公法线长度,非变位斜齿轮公法线长度W_k的计算公式为

$$W_k = m_n\cos \alpha_n[\pi(k - 0.5) + z'\text{inv } \alpha_n]$$

端面分度圆压力角α_t为

$$\tan \alpha_t = \frac{\tan \alpha_n}{\cos \beta} = \frac{\tan 20°}{\cos 8°6'34''} = 0.367\ 65$$

由此求得

$$\alpha_t = 20°11'10''$$

在W_k的计算式中,引用齿数

$$z' = z\frac{\text{inv } \alpha_t}{\text{inv } \alpha_n} = 79 \times \frac{\text{inv } 20°11'10''}{\text{inv } 20°} = 79 \times \frac{0.015\ 339}{0.014\ 904} = 81.31$$

卡量齿数

$$k = \frac{z'}{9} + 0.5 = \frac{81.31}{9} + 0.5 = 9.53(\text{取 } 10)$$

则

$$W_k/mm = 3 \times \cos 20°[\pi(10 - 0.5) + 81.31 \times 0.014\ 904] = 87.551$$

然后按式(7.17)、式(7.18)和$F_r = 0.056$可得公法线长度上、下极限偏差为

$$E_{bns}/mm = E_{sns}\cos \alpha_n - 0.72F_r\sin \alpha_n = -0.110\cos 20° - 0.72 \times 0.056\sin 20° = -0.117$$
$$E_{bni}/mm = E_{sni}\cos \alpha_n + 0.72F_r\sin 20° = -0.223\cos 20° + 0.72 \times 0.056\sin 20° = -0.196$$

按计算结果,在图样上标注为

$$W_k = 87.551_{-0.196}^{-0.117}\ mm$$

4. 确定齿坯精度(Determination of precision for gear blank)

(1) 基准孔的尺寸公差和几何公差(Size tolerance and geometrical)

由表7.5得基准孔$\phi58$的公差为IT7,并采用包容要求,即$\phi58H7Ⓔ = \phi58_0^{+0.03}Ⓔ$。

按式(7.1)和式(7.2)计算值中较小者为基准孔的圆柱度公差:$t_{/\!/}/mm = 0.04(L/b)F_\beta = 0.04(100/60) \times 0.021 = 0.001\ 4$和$0.1F_p = 0.1 \times 0.07 = 0.007$,为便于加工,取$t_{/\!/} = 0.003$ mm。

（2）齿顶圆的尺寸公差和几何公差（Size tolerance and geometrical tolerance of tip circle）

由表 7.5 得齿顶圆的尺寸公差为 IT8，即 $\phi 245.39 h8 = \phi 245.39 {_{-0.072}^{0}}$。

齿顶圆的圆柱度公差值 $t_{/\!/} = 0.003$ mm（同基准孔）。

按式（7.4）得齿顶圆对基准孔的径向圆跳动公差 $t_r/\text{mm} = 0.3 F_p = 0.3 \times 0.07 = 0.021$。

如果齿顶圆不做基准时，其尺寸公差带为 h11，图样上不必给出几何公差。

（3）基准端面的圆跳动公差（Run-out tolerance of basic transverse plane）

按式（7.3）得基准端面对基准孔的轴向圆跳动公差 $t_i/\text{mm} = 0.2(D_d/b) \times F_\beta = 0.2(232/60) \times 0.021 = 0.016$。

5. 确定齿轮副精度（Determination of precision of gear pair）

（1）齿轮副中心距极限偏差（Centre distance limit deviation for gear pair）

由表 7.8 查得 $f_a = \pm 0.0315$ mm，则在图样上标注为：$a = (150 \pm 0.0315)$ mm。

（2）轴线平行度偏差（Parallelism deriation of axes）

轴线平面上和垂直平面上的轴线平行度偏差的最大推荐值分别按式（7.5）和式（7.6）确定

$$f_{\sum \delta}/\text{mm} = (L/b)F_\beta = (100/60) \times 0.021 = 0.035$$
$$f_{\sum \beta}/\text{mm} = 0.5(L/b)F_\beta = 0.018$$

6. 确定内孔键槽尺寸及其极限偏差（Determination of keyways of inner hole for gear and its limit deviation）

齿轮内孔与轴结合采用普通平键联结。根据齿轮孔直径 $D = \phi 58$ mm 和参照某些机器中所采用的平键尺寸，选键槽宽度 $b = 16$ mm，键和键槽配合面采用"正常联结"，查表 6.8 得键槽宽度的公差带为 16JS9（± 0.0215）；轮毂槽深 $t_2 = 4.3$ mm，$D + t_2 = 62.3$ mm，其上、下极限偏差分别为 $+0.20$ mm 和 0。键槽配合表面的中心平面对基准孔轴线对称度公差取 8 级，由表 4.12 查得对称度公差值为 0.02 mm。

7. 确定齿轮各部分的表面粗糙度（Determination of surface roughness for all parts of gear）由表 7.6，按 7 级精度查得齿轮齿面的表面粗糙度 Ra 的上限值为 1.25 μm。由表 7.7 查得基准孔表面粗糙度 Ra 上限值为 1.25 ~ 2.5 μm，取 2 μm；基准端面和顶圆表面粗糙度 Ra 上限值为 2.5 ~ 5 μm，取 3.2 μm。键槽配合表面 Ra 的上限值取 3.2 μm，非配合表面 Ra 的上限值取 6.3 μm，齿轮其余表面 Ra 的上限值取 12.5 μm。

8. 确定齿轮上未注尺寸及几何公差等级（Determination of tolerance grade for size and geometrical tolerance without individual tolerance indications）

齿轮上未注尺寸公差按 GB/T 1804—2000 给出，这里取中等级 m；未注几何公差按 GB/T 1184—1996 给出，这里取 K 级。

9. 将上述技术要求标注在齿轮零件图上（见图 9.2）（Indication of the above technical requirements on part drawing of gear）

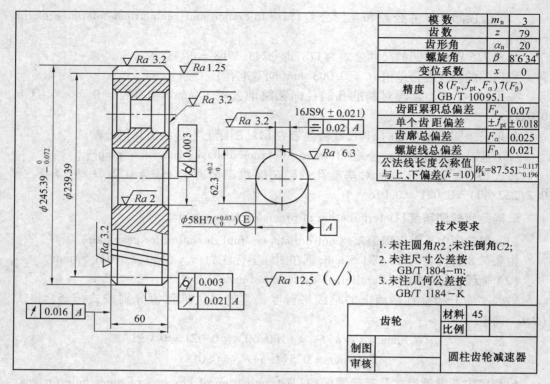

图 9.2 齿轮零件图

9.2.2 轴的精度设计
(Precision design of shafts)

轴类零件的精度设计应根据与轴相配零件(如滚动轴承、齿轮等)对轴的精度要求,合理确定轴的各部位的尺寸精度、几何精度和表面粗糙度参数值。轴的直径的极限偏差应根据轴上零件与轴相应部位的配合来确定,与轴承内圈配合的轴颈应规定圆柱度公差,两轴颈还应规定同轴度公差(或径向圆跳动公差),有轴向定位要求的轴肩应规定轴向圆跳动公差等。现以图 9.1 减速器中输出轴为例来说明。

1. 确定尺寸精度(Determination of size precision)

参看图 9.1 所示一级斜齿圆柱齿轮减速器其输出轴上的两个 $\phi 55$ mm 轴径分别与两个规格相同的滚动轴承的内圈配合,$\phi 58$ mm 的轴颈与齿轮基准孔配合,$\phi 45$ mm 轴头与减速器开式齿轮传动的主动齿轮(图中未画出)基准孔相配合,$\phi 65$ mm 轴肩的两端面分别为齿轮和滚动轴承内圈的轴向定位基准面。

考虑到该轴的转速不高,承受的载荷不大,但轴上有轴向力,故轴上的一对滚动轴承均采用 0 级 30211($d \times D \times B = 55 \times 100 \times 21$)圆锥滚子轴承,其额定动负荷为 86 500 N。根据减速器的技术特性参数进行齿轮的受力分析,求出轴承所受的径向力和轴向力,计算出两个滚动轴承的当量动负荷分别为 1 804 N 和 1 320 N。它们与额定动负荷 86 500 N 的比值均小于 0.07,根据本书 6.1.4 所述,可知滚动轴承的负荷状态属于轻负荷。

　　轴承工作时承受定向负荷的作用,内圈与轴颈一起转动,外圈在与箱体固定不旋转,因此,轴承内圈相对于负荷方向旋转,根据表 6.8 确定输出轴两个轴颈的公差带代号皆为 $\phi55$k6。

　　与齿轮基准孔相配合的轴径的尺寸公差应根据齿轮精度等级确定。按安装在 $\phi58$ mm 轴颈上的从动齿轮的最高精度等级为 7 级,查表 7.5,确定齿轮内孔尺寸公差为 IT7。轴可比孔高 1 级,则取 IT6。同理,安装在该轴端部 $\phi45$ mm 轴径上的开式齿轮的精度等级为 9 级(一般开式齿轮传动齿轮的精度等级定为 9 级),确定该轴头的尺寸公差为 IT7。$\phi58$ mm 轴径与齿轮基准孔的配合采用基孔制,齿轮基准孔的公差带代号为 $\phi59$H7。按表 3.11 中基本偏差应用实例推荐,并考虑到输出轴上齿轮传递的扭矩较大,应采用过盈配合,轴径的尺寸公差带确定为 $\phi58$r6。 齿轮与轴的配合代号为 $\phi58$H7/r6(但由于 r 的过盈量不大,为了保证可靠联结,齿轮孔与轴还需采用平键联结)。该过盈配合还能保证齿轮基准孔与轴的同轴度精度,从而保证大齿轮 8 级精度要求。同理,$\phi45$ mm 轴与开式齿轮孔的配合亦采用基孔制,并考虑该齿轮在轴头上装拆方便,轴的尺寸公差带确定为 $\phi45$n7,开式齿轮基准孔的公差带根据齿轮的精度级确定为 $\phi45$H8,则它们的配合代号确定为 $\phi45$H8/n7。

　　$\phi55$k6、$\phi58$r6 和 $\phi45$n7 的极限偏差可从表 3.3 和表 3.5 查出。$\phi58$r6 和 $\phi45$n7 两个轴径与轴上零件的固定采用普通平键联结。这两处轴上键槽宽度和深度尺寸分别按轴径 $\phi58$ mm、$\phi45$ mm 和某些机器中所采用的平键尺寸,确定键槽宽度分别为 $b = 16$ mm 和 $b = 14$ mm。 它们的键槽宽度公差带皆选择表 6.11 中的正常联结而分别确定为 16N9($^{0}_{-0.043}$) 和 14N9($^{0}_{-0.043}$)。它们的键槽深度极限偏差皆按表 6.11 分别确定为 $52^{0}_{-0.2}$ 和 $39.5^{0}_{-0.2}$。

2. 确定几何精度(Determination of geometrical precision)

　　为了保证选定的配合性质,轴上 $\phi55$k6(两处)、$\phi58$r6 和 $\phi45$n7 四处都采用包容要求。对于与滚动轴承配合的轴颈形状精度要求较高,所以规定圆柱度公差。按 0 级滚动轴承的要求,查表 6.10 选取轴颈的圆柱度公差值为 0.005 mm。此外,$\phi65$ mm 轴肩两端面用于齿轮和轴承内圈的轴向定位,应规定轴向圆跳动公差,从表 6.10 查得公差值为 0.015 mm。

　　为了保证输出轴的使用要求,轴上 $\phi55$(两处)、$\phi58$ 和 $\phi45$ 四处的轴线应分别与安装基准即两个轴颈颈 $\phi55$ 的公共轴线同轴。因此,根据齿轮的精度为 8 级,按式(7.4)确定两个轴颈对它们的公共基准轴线 A—B 的径向圆跳动公差值为 $t_r = 0.3F_p = 0.3 \times 0.07 = 0.021$,$\phi58$ mm 轴对公共基准轴线 A—B 的径向圆跳动公差值按类比法为 0.022 mm,$\phi45$ mm 轴头对基准轴线的径向圆跳动公差按类比法确定为 0.017 mm。

　　$\phi58$r6 和 $\phi45$n7 两个轴径上的键槽分别相对于这两个轴的轴线对称度公差值,查表 4.12 按 8 级确定为 0.02 mm。

3. 确定表面粗糙度(Determination of surface roughness)

　　按表 6.9 选取两个 $\phi55$k6 轴颈表面粗糙度参数 Ra 的上限值为 0.8 μm,轴承定位轴肩端面的 Ra 的上限值为 3.2 μm。参考表 5.6 选取 $\phi45$n7 和 $\phi58$r6 两轴径表面粗糙度参数 Ra 的上限值都为 0.8 μm。定位端面 Ra 的上限值分别为 3.2 μm 和 1.6 μm。

$\phi52$ mm轴径的表面与密封件接触,此轴径表面粗糙度参数 Ra 的上限值一般取为 1.6 μm 即可。

键槽配合表面的表面粗糙度参数 Ra 的上限值可取为 1.6 ~ 3.2 μm,本例取为 3.2 μm;非配合表面的 Ra 的上限值取为 6.3 μm。

输出轴其他表面粗糙度参数 Ra 的上限值取为 12.5 μm。

4. 确定未注尺寸公差等级与未注几何公差等级(Determination of tolerance grade for size and geometrical tolerance without individual tolerance indications)

输出轴上未注尺寸公差及几何公差分别按GB/T 1804—m 和GB/T 1184—K 给出,并在零件图"技术要求"中加以说明。

5. 将上述技术要求标注在轴的零件图上(见图 **9.3**)(Indication of the above technical requirements on part drawing of shaft)

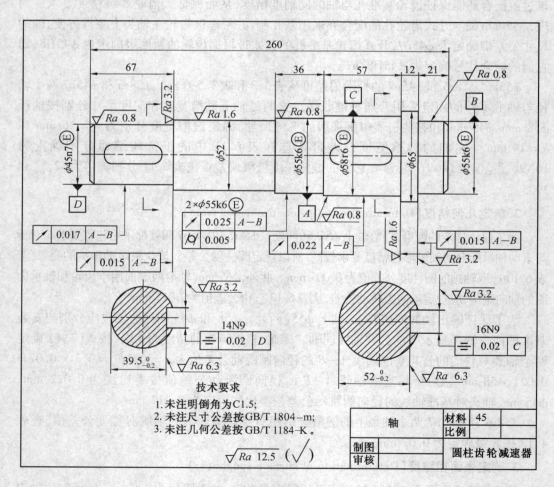

图 9.3　输出轴零件图

9.2.3　箱体的精度设计
（Precision design of housing）

　　箱体主要起支承作用,为了保证传动件的工作性能,箱体应具有一定要求的强度和支承刚度,还应具有规定的尺寸精度和几何精度。特别是箱体上安装输出轴和齿轮轴的轴承孔,应根据齿轮传动的精度要求,规定它们的中心距极限偏差和轴线间的平行度极限偏差,这些孔尺寸精度主要根据滚动轴承外圈与箱体轴承孔的配合性质确定。为了防止轴承外圈安装在这些孔中产生过大的变形,还应对它们分别规定圆柱度公差。为了保证箱盖和箱座上的通孔能够与螺栓顺利安装,箱体上这些通孔和螺孔也应分别规定位置度公差。为了保证箱盖与箱座联接的紧密性,应规定它们的结合面的平面度公差。为了保证轴承端盖在箱体轴承孔中的位置正确,应规定箱体上轴承孔端面对轴承孔轴线的垂直度公差。箱体精度设计还包括确定螺纹公差和箱体各部位的表面粗糙度参数值。现以图9.1 减速器中下箱体为例说明箱体精度的设计。

1. 确定尺寸精度（Determination of size precision）

（1）轴承孔的公差带（Toterance zone of bearing hole）

　　由图 9.1 可知,箱体四个轴承孔分别与滚动轴承外圈配合,前者的公差带主要根据轴承精度、负荷大小和运转状态来确定。该减速器中轴承工作时承受定向负荷的作用,外圈与箱体孔固定,不旋转。因此,该外圈承受定向负荷的作用。由上述输出轴精度设计可知,输出轴上两圆锥滚子轴承的负荷状态属于轻负荷。同理,可分析确定齿轮轴上两个 0 级 30208（$d \times D \times B = 40 \times 80 \times 18$）的圆锥滚子轴承的负荷状态也属于轻负荷状态,同时,考虑减速器箱体为剖分式,根据表 6.7 确定箱体上分别支承齿轮轴和输出轴的轴承孔的公差带代号为 $\phi80H7(^{+0.030}_{0})$ 和 $\phi100H7(^{+0.035}_{0})$。

（2）中心距允许偏差（Allowable deviation of centre distance）

　　根据齿轮副的中心距 150 mm 和减速器中齿轮的精度等级（按 8 级）,查表 7.8,该中心距的极限偏差 $\pm f_a = 31.5$ μm,而箱体齿轮孔轴线的中心距极限偏差 f'_a 一般取为 $(0.7 \sim 0.8)f_a$,本例取 $\pm f'_a = \pm 0.8 f_a = \pm 25$ μm。

（3）螺纹公差（Toterance of screw threads）

　　箱体轴承孔端面上安装轴承端盖螺钉的 M8 螺孔和箱座右侧安装油塞的 M16 × 1.5 螺也精度要求不高,按表 6.24 选取它们的精度等级为中等级,采用优先选用的螺纹公差带 6H,它们的螺纹代号分别为 M8 – 6H 和 M16 × 1.5 – 6H（6H 可省略标注）。安装油标的 M12 螺孔的精度要求较低,选用粗糙级,采用公差带 7H,螺纹代号为 M12 – 7H。

2. 确定几何精度（Determination of geometrical tolerance）

　　为了保证齿轮传动载荷分布的均匀性,应规定箱体两对轴承孔的轴线的平行度公差。根据齿轮载荷分布均匀性精度为 7 级和式（7.5）、（7.6）已求得轴线平面内的平行度偏差推荐最大值 $f_{\sum \delta}$ 和垂直平面上的平行度极限偏差推荐最大值 $f_{\sum \beta}$ 分别为 $f_{\sum \beta} = 0.018$ mm, $f_{\sum \beta} = 0.035$ mm（见本章齿轮精度设计）。实际箱体轴线平行度极限偏差,一般取 $f'_{\sum \delta} = f_{\sum \delta} = 0.035$ mm, $f_{\sum \beta} = f_{\sum \delta} = 0.018$ mm。若箱体上支承同一根轴的两个轴承孔分别采用包容要求,即使按包容要求检验合格,但控制不了它们的同轴度误差,而同轴度误差会影响轴承孔与轴承外圈的配合性质。因此,一对轴承孔可采用最大实体要求的零几何公差给出同轴度公差,以保证要求的配合性质。此外,对该轴承孔应进一步规定圆柱度公差。查表 6.10 确定 ϕ80H7 和 ϕ100H7 轴承孔的圆柱度公差分别为 0.008 mm 和 0.01 mm。

减速器的箱盖和箱座用螺栓联结成一体。对箱体结合面上的螺栓孔(通孔)应规定位置度公差,公差值为螺栓大径与通孔之间最小间隙数值。所使用的螺栓为 M12,通孔的直径为 ϕ13H12,故取箱盖和箱座的位置度公差值分别为 ϕ1 mm,并采用最大实体要求。

为了保证轴承端盖在箱体轴承孔中的正确位置,根据经验规定轴承孔端面对轴承孔轴线的垂直度公差为 8 级,其公差值由表 4.11 查得为 0.08 mm。为了保证箱盖与箱座结合面的紧密性,这两个结合面要求平整。因此,应对这两个结合表面分别规定平面度公差也是 8 级。查表 4.9 得平面度公差值为 0.06 mm。

为了能够用 6 个螺钉分别顺利穿过均布在轴承端盖上的 6 个通孔,将它紧固在箱体上,对箱体轴承孔端上的螺孔应规定位置度公差。位置度公差值为轴承端盖通孔与螺钉之间最小间隙数值的一半。所使用的螺钉为 M8,通孔直径为 ϕ9H12。取位置度公差值为 $t = (9 - 8)/2 = \phi0.5$ mm,该位置度公差以轴承孔端面为第一基准,以轴承孔轴线为第二基准,并采用最大实体要求。

3. 确定表面粗糙度(Determination of surface roughness)

按表 6.9 选取 ϕ80H7 和 ϕ100H7 轴承孔的表面粗糙度参数 Ra 的上限值皆为 1.6 μm。轴承孔端面的表面粗糙度参数 Ra 的上限值为 3.2 μm。

根据经验,箱盖和箱座结合面的表面粗糙度参数 Ra 的上限值取为 6.3 μm,箱座底平面的表面粗糙度参数 Ra 的上限值取为 12.5 μm。其余表面粗糙度参数 Ra 的上限值为 50 μm。

4. 确定未注公差(Determination of tolerance without individual tolerance indications)

箱体未注尺寸公差及未注几何公差分别按 GB/T 1804 – m 和 GB/T 1184 – K 给出,并在零件图"技术要求"中加以说明。

本例箱体的箱座零件图如图 9.4 所示,箱盖零件图上公差的标注与箱座类似。

9.2.4 轴承端盖的精度设计
(Precision design of bearing end cover)

轴承端盖用于轴承外圈的轴向定位,它与轴承孔的配合要求为装配方便且不产生较大的偏心,因此,该配合宜采用间隙配合。由于轴承孔的公差带已经按轴承要求确定 (H7),故应以轴承孔公差带为基准来选择轴承端盖圆柱面的公差带,由表 9.1 可知,轴承端盖圆柱面的基本偏差代号为 f;另外考虑加工成本,轴承端盖圆柱面的标准公差等级应比轴承孔低 2 级为 9 级。因此可以确定两对轴承孔处的轴承端盖圆柱面的公差带分别为 ϕ80f9 和 ϕ100f9。

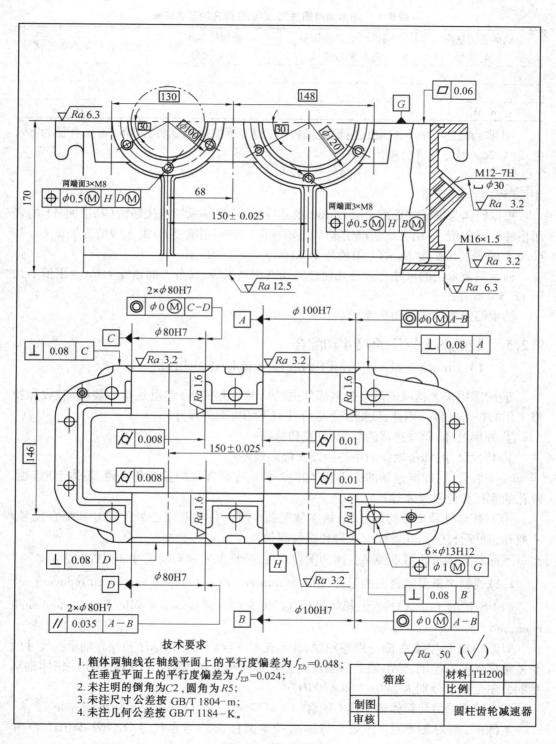

图 9.4　箱座零件图

表 9.1　轴承端盖圆柱面、定位套筒孔的基本偏差

轴承孔的基本 偏差代号	轴承端盖圆柱面的 基本偏差代号	轴颈的基本 偏差代号	套筒孔的基本偏差代号
H	f	h	F
J	e	j	E
K、M、N	d	k、m、n	D

对轴承端盖上的 6 个通孔应规定位置度公差,所使用的螺钉为 M8,通孔直径为 $\phi 9$,由式(4.26)得位置度公差值为

$$t = 0.5X_{min} = 0.5 \times (9 - 8) = 0.5$$

并采用最大实体要求。

根据箱体与轴承端盖配合处($\phi 100$ 或 $\phi 8$)、箱体与轴承端盖接触面(基准面 A)的表面粗糙度参数值,应用类比法确定 $\phi 100f9$ 圆柱面的表面粗糙度 Ra 的上限值为 $3.2\ \mu m$,基准面 A 的表面粗糙度 Ra 的上限值为 $3.2\ \mu m$。

轴承端盖未注的尺寸公差和几何公差均选用最低级,其余表面粗糙度 Ra 上限值不大于 $12.5\ \mu m$。

轴承端盖零件图如图 9.5 所示。

9.2.5　装配图上标注的尺寸和配合

（Indication of size and fit on assembly drawing）

装配图用来表达减速器中各零部件的结构及相互关系,它也是指导装配、验收和检修工作的技术文件。因此,装配图上应标注以下四方面的尺寸:

① 外形尺寸,即减速器的总长、总宽和总高;

② 特性尺寸,如传动件的中心距及其极限偏差;

③ 安装尺寸,即减速器的中心高,轴的外伸端配合部位的长度和直径,箱体上地脚螺栓孔的直径和位置尺寸等;

④ 有配合性质要求的尺寸,包括在装配图中零部件相互结合处的尺寸和配合代号,一般孔、轴配合代号,花键配合代号和螺纹副代号等。

下面着重就减速器重要结合面的配合尺寸、特性尺寸和安装尺寸加以说明。

1. 减速器中重要结合面的配合（Fits of important combination surface in reducer）

（1）圆锥滚子轴承与轴颈、箱体轴承孔的配合（Fit of tappered roller bearing and shaft neck and housing bearing hole）

对滚动轴承内圈、外圈分别与轴颈、轴承孔相配合的尺寸只标注轴颈和轴承孔尺寸的公差带代号。齿轮轴、输出轴上的轴颈的公差带代号分别为 $\phi 45n7$ 和 $\phi 55k6$。箱体轴承孔的公差带代号分别为 $\phi 80H7$ 和 $\phi 100H7$。

（2）轴承端盖与箱体轴承孔的配合（Fit of bearing end cover and bearing hole）

本例中,两对轴承孔(四处)与轴承端盖圆柱面的与合代号分别为 $\phi 80H7/f9$ 和 $\phi 100H7/f9$。

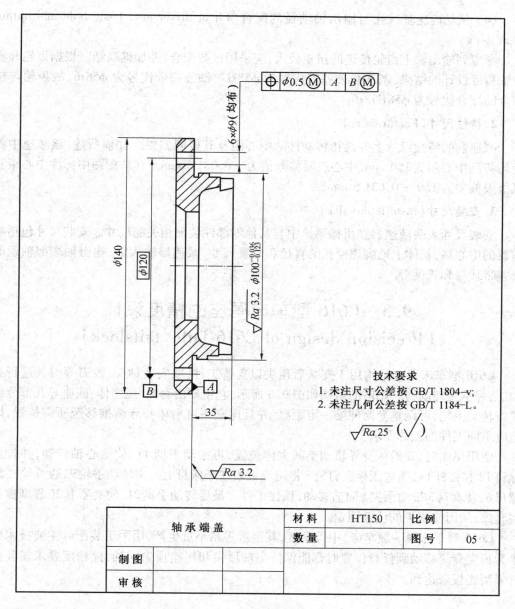

图 9.5　轴承端盖零件图

（3）套筒孔与轴径的配合（Fit of sleeve and shaft neck）

套筒用于从动齿轮与轴承内圈的轴向定位。套筒孔与轴径的配合要求跟轴承端盖圆柱面与箱体轴承孔的配合要求类似,由轴径基本偏差确定套筒孔的基本偏差,见表 9.2。套筒孔的标准公差等级比轴颈低 2 ～ 3 级。本例中轴径的基本偏差代号为 k,故套筒孔与轴径的配合代号确定为 $\phi55D9/k6$。

（4）从动齿轮基准孔与输出轴轴径的配合（Fit of driver gear basic hole and output shaft neck）

考虑到输出轴上齿轮传递的扭矩较大，应采用过盈配合，并加键联结。根据齿轮和输出轴精度设计的结果，基准孔公差带代号为 $\phi58H7$，轴公差带代号为 $\phi58r6$，故齿轮与轴配合的配合代号为 $\phi58H7/r6$。

2. 特性尺寸（Feature size）

减速器的特性尺寸主要是指传动件的中心距及其极限偏差。如前所述，该减速中斜齿轮传动中心距为150 mm，中心极限偏差值为 ±0.0315 mm。在装配图中标注中心距及其极限偏差为 150 ± 0.0315 mm。

3. 安装尺寸（Installation size）

安装尺寸表明减速器在机械系统中与其他零部件装配相关的尺寸。安装尺寸包括减速器的中心高，箱体上地脚螺栓孔的直径和位置尺寸，减速器输入轴、输出轴端部轴颈的公差带代号和长度等。

9.3　C616 型车床尾座的精度设计
（Precision design of C616 lathe tailslock）

C616 型车床尾座结构用于安装后顶尖以支持工件，或安装钻头、铰刀等刀具进行孔加工，并承受切削力。尾座的结构如图 9.6 所示，它主要由套筒、尾座体、底座等几部分组成。转动手轮，可调整套筒伸缩一定距离，并且尾座还可沿床身导轨推移至所需位置，以适应不同工件加工的要求。

使用尾座时，先沿床身导轨调整其大体位置，再搬动手柄 11，使偏心轴转动，并拉紧螺钉 12 和杠杆 14，通过压板上钉钉 8 将尾座夹紧在车床身上。再转动手轮 9，通过丝杠 5、螺母 6，使套筒 3 带动顶尖 1 向前移动，顶住工件。最后转动手柄 21，使夹紧套 20 靠摩擦夹住套筒，从而使顶尖的位置固定。

C616 型车床属一般车床，中等精度，其制造多系小批生产，用手工装配。主要技术要求为顶尖套筒移动到任意位置时都能保持主轴顶尖和尾座顶尖同轴，此精度要求靠装配时修刮底板来达到。

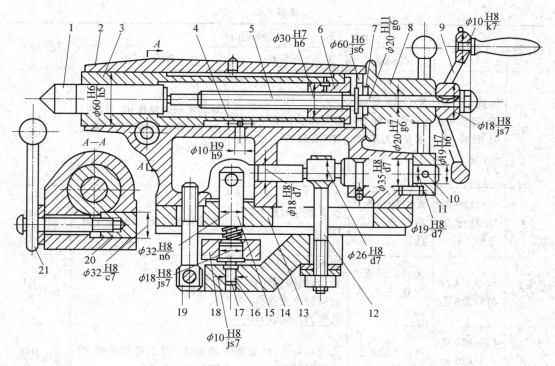

图 9.6　C616 型车床尾座

1— 顶尖;2— 尾座体;3— 套筒;4— 定位块;5— 丝杠;6— 螺母;7— 挡油圈;8— 后盖;9— 手轮;
10— 偏心轴;11— 手柄;12— 拉紧螺钉;13— 滑座;14— 杠杆;15— 圆柱;16— 压块;17— 压块;
18— 压板;19— 螺钉;20— 锁紧套;21— 锁紧手柄

表 9.2　C616 型车床尾座公差与配合选择一览表

序号	部位	选择理由			选择结果
		基准制	公差等级	配合选择	
1	套筒 3 外圆与尾座体 2 孔	无特殊情况,应优先用基孔制	直接影响机床的加工精度,选精密配合中高的公差等级,即孔取 IT6,轴取 IT5	套筒在调整时要在孔中移动,需选用间隙配合;但移动速度不高,移动时导向精度要求高,间隙不能大,采用精度高间隙小的间隙配合	$\phi 60\dfrac{H6}{h5}$
2	套筒 3 孔与螺母 6 外圆	无特殊情况,应优先用基孔制	影响性能的重要配合,选用精密配合中较高的公差等级,即孔取 IT7,轴取 IT6	为径向定位配合,用螺钉固定。为装配方便,不能用过盈连接,但为避免螺母安装偏心,影响丝杠移动的灵活性,间隙也不应过大	$\phi 32\dfrac{H7}{h6}$

续表 9.2

序号	部位	选择理由			选择结果
		基准制	公差等级	配合选择	
3	套筒 3 长槽与定位块 4(图中未示出)	定位块宽度按平键标准取 h9,为基轴制	次要部位的配合,取 IT9 或 IT10	对套筒起防转作用,考虑长槽与套筒轴线有歪斜,取较松的配合	$12\dfrac{D9}{h9}$
4	定位块 4 圆柱面与尾座体 2 孔	无特殊情况,应优先用基孔制	次要部分的配合,取 IT9	要求装配方便,可略为转动	$\phi10\dfrac{H9}{h9}$
5	丝杠 5 轴颈与后盖 8 孔	无特殊情况,应优先用基孔制	影响性能的重要配合,选用精密配合中较高的公差等级,即孔取 IT7,轴取 IT6	低速转动配合	$\phi20\dfrac{H7}{g6}$
6	挡油圈 7 孔与丝杠 5 轴颈	丝杠 5 轴颈已选定为 g6	无定心要求,挡油圈也精度可取低些	挡油圈要易于套上轴颈,间隙要求不严格	$\phi20\dfrac{H11}{g6}$
7	后盖 8 凸肩与尾座体 2 孔	尾座体 2 孔已选定为 H6	影响性能的重要配合,选用精密配合中较高的公差等级	径向定位配合,装订时要求有间隙,使后盖丝杠轴能灵活转动。本应选 H6/h6,考虑孔口加工时易做成喇叭口,可选紧一些的轴公差带	$\phi60\dfrac{H6}{js6}$
8	手轮 9 孔与丝杠 5 轴端	无特殊情况,应优先用基孔制	要求比影响性能的重要配合为低,孔取 IT8,轴取 IT7	装拆要方便,用半圆键连接,要避免手轮在轴上晃动	$\phi18\dfrac{H8}{js7}$
9	手柄轴与手轮 9 孔	无特殊情况,应优先用基孔制	要求比影响性能的重要配合为低,孔取 IT8,轴取 IT7	本可用过盈配合,但手轮系铸件,配合过盈不能太大,如不紧可铆边	$\phi10\dfrac{H8}{k7}$
10	手柄 11 孔与偏心轴 10	无特殊情况,应优先用基孔制	要求比影响性能的重要配合为低,孔取 IT8,轴取 IT7	用销作紧固连接件,装配时要调整手柄与偏心轴的相对位置(配作销孔),配合不能有过盈或过大间隙	$\phi19\dfrac{H8}{h7}$

续表 9.2

序号	部位	选择理由			选择结果
		基准制	公差等级	配合选择	
11	偏心轴 10 与尾座体 2 上两支承孔	无特殊情况,应优先用基孔制	要求比影响性能的重要配合为低,孔取 IT8,轴取 IT7	配合要使偏心轴能在两支承孔中转动。考虑到两轴颈间和两支承孔间的同轴度误差,采用间隙较大的配合	$\phi 35 \dfrac{\text{H8}}{\text{d7}}$ $\phi 18 \dfrac{\text{H8}}{\text{d7}}$
12	偏心轴 10 偏心圆柱与拉紧螺钉 12 孔	无特殊情况,应优先用基孔制	要求比影响性能的重要配合为低,孔取 IT8,轴取 IT7	有相对摆动,没有其他要求,考虑装配方便,用间隙较大的配合	$\phi 26 \dfrac{\text{H8}}{\text{d7}}$
13	压块 16 圆柱销与杠杆 14 孔,压块 17 圆柱销与压板 18 孔	无特殊情况,应优先用基孔制	要求比影响性能的重要配合为低,孔取 IT8,轴取 IT7	此处配合无特殊要求,只希望压块装上后不掉下来,间隙不能太大	$\phi 10 \dfrac{\text{H8}}{\text{js7}}$ $\phi 18 \dfrac{\text{H8}}{\text{js7}}$
14	杠杆 14 孔与圆柱销(图中未示出)	无特殊情况,应优先用基孔制	影响性能的重要配合,选用精密配合中较高的公差等级,即孔取 IT7,轴取 IT6	杠杆孔与销之间配合需紧些,一般无相对运动,选用标准圆柱销 $\phi 16 \text{n6}$	$\phi 16 \dfrac{\text{H7}}{\text{n6}}$
15	螺钉 19 孔与圆柱销(圆中未示出)	圆柱销已选定为 n6,采用混合制	配合要求不高,孔的精度可低一些	配合比序号 14 松一些,可有相对运动	$\phi 16 \dfrac{\text{D8}}{\text{n6}}$
16	圆柱 15 与滑座 13 孔	无特殊情况,应优先用基孔制	影响性能的重要配合,选用精密配合中较高的公差等级,即孔取 IT7,轴取 IT6	圆柱用锤打入孔中,要求在横向推力作用下不松动,但必要时需将圆柱在孔中转位,采用偏紧的过渡配合	$\phi 32 \dfrac{\text{H8}}{\text{e7}}$
17	夹紧需 20 与尾座体 2 孔	无特殊情况,应优先用基孔制	要求比影响性能的重要配合为低,孔取 IT8,轴取 IT7	要求间隙较大,以便当手柄 21 放松后,夹紧套易于退出	$\phi 32 \dfrac{\text{H8}}{\text{e7}}$

思考题与习题
(Questions and exercises)

1. 思考题(Questions)

9.1　机械精度设计包括哪些内容?

9.2　在装配图上要标注哪些尺寸和配合?

9.3　轴类零件应标注哪些尺寸精度和几何精度?

9.4　箱体类零件应标注哪些尺寸精度和几何精度?

2. 习题(Exercises)

9.5　如习题9.1(a)图所示,为小型发动机的活塞部件。发动机工作时,在活塞上部的气缸空间内,燃料燃烧使气体膨胀,推动活塞在气缸内作直线运动,通过曲柄连杆机构使曲柄轴回转,输出动力,因而此部件是发动机中的重要部件。此部件中的活塞和活塞销等一直在高温下,且承受冲击。其发动机的功率为2 kW,曲轴最高转速为3 000 r/min,生产条件为大批量生产。

(1) 确定以下各配合处的基准制、公差等级与配合类别,简述理由,并将结果标注在装配图上。

① 活塞1和活塞销2(ϕ14);

② 活塞销2和连杆小铜套3(ϕ14);

③ 连杆小铜套3和连杆4(ϕ18);

④ 连杆4和连杆大铜套5(ϕ24);

⑤ 连杆大铜套5和曲柄销6(ϕ18);

⑥ 曲柄销6和曲柄7(ϕ18);

⑦ 曲柄7和滚动轴承304内圈(ϕ20);

⑧ 滚动轴承304外圈和曲轴箱孔(ϕ52)。

(2) 确定零件曲柄销6(图(b))和曲柄7(图(c))的尺寸公差、形位公差和表面粗糙度参数值,并标注在图(b)和图(c)的零件图上。

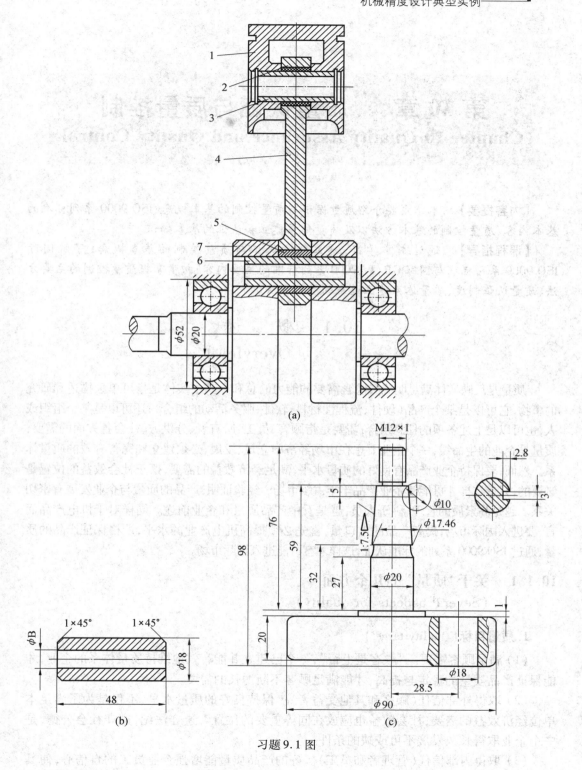

习题 9.1 图

第 10 章　质量保证与质量控制
Chapter 10 Quality Assurance and Quality Control

【内容提要】　本章主要介绍质量保证与质量控制的基本概念、ISO 9000 系列标准的基本内容、质量控制的基本方法以及质量体系建立和认证的基本知识。

【课程指导】　通过本章学习,建立质量保证与质量控制的基本概念;了解国际 ISO 9000 系列标准与国家 GB/T 19000 系列标准的主要内容;初步掌握质量控制的主要方法、质量认证制度、质量体系建立过程的基本方法。

10.1　概　　述
(Overview)

质量是反映实体满足明确和隐含需要的能力的总和。其中实体是指可单独描述和研究的事物,它可以是某个产品(硬件、流程性材料、软件、服务活动的组合),还可以是某个组织或人,也可以是上述各项的任意组合;需要是指顾客、员工、所有者、分供方、社会各方面的需要;质量是企业的生命线,一个企业要想在市场经济中立足、发展、必须建立和完善有效的质量体系。然而,要保持企业产品有良好的质量水平,满足经济效益的需要,摆正社会效益的位置是必要的,只有这样才可能使企业产品牢牢占领市场。经验证明,产品的质量与企业发展有密切关系。越是高素质的管理、科研人员,越是看中产品质量和企业前途。同样对于机电产品而言,要进入国际市场,提高产品的出口量,首先必须提高机电产业的水平,严格保证产品的质量,通过 ISO 9000 系列的标准认证,这样才有可能进入国际市场。

10.1.1　关于"质量"的几个方面
(Several aspects for quality)

1. 质量目标(Quality target)

(1)满足顾客需要。"顾客是上帝",一个已建立并能有效地维持质量体系的企业,才能保证产品质量的稳定与提高,才能满足顾客不断增长的需要。

(2)取得外部信任(顾客和其他受益者)。保持良好的质量水平,不仅是为了满足本单位经济效益的需要,社会效益也应放在同等重要的位置。遵守法纪,遵守社会公德,是一个企业取得长久发展不可或缺的条件。

(3)取得内部信任(管理者和员工)。好的产品质量能增强企业员工的自信心,使其全身心地去工作。而企业若把不好质量关,员工每天都在"破产"、"倒闭"的危险中工作,其后果将是什么?

2. 质量的四种水平(4 levels of quality)

(1)产品设计质量,即设计/开发过程的质量,是科研部门将产品需要转化为产品特性,并将特性设计到产品中去。

(2)与产品设计符合性有关的质量,即制造过程的质量,生产制造部门在生产过程中保证与产品设计的符合性与一致性。

(3)产品营销质量,即营销部门在市场调研、质量反馈等过程中的质量水平。

(4)产品检验质量,这是产品出厂前的最后一道把关,应最大可能地将次品剔除掉,保证产品出厂质量。

3. 质量的相对性(Relativity of quality)

质量具有时间性、动态性、空间性,即质量也会因人、因地、因时不同而不同。现代与古代,发达地区与不发达地区,不同嗜好的人们对质量的理解、要求相差甚远。

4. 质量评价(Quality evaluation)

对实体具备的满足规定要求能力的程度所做的有系统地检查。质量评价可用于确定供方质量能力。在这种情况下,质量评价的结果可用于鉴定、批准、注册、认证或认可等目的。质量评价有三方面的问题:

(1)方法,即过程是否被确定,过程程序是否被恰当地形成文件?

(2)展开,过程是否被充分展开并按文件要求贯彻实施?

(3)结果,在提供预期的结果方面,过程是否有效?

对以上三个问题综合回答,才可以决定评价的结果。

10.1.2 几个重要质量术语
(Several important terms of quality)

1. 质量方针(Quality policy)

由组织的最高管理者正式发布的该组织总的质量宗旨和质量方向。质量方针表明了企业的质量宗旨和对质量以及质量管理的基本态度,表达了对顾客和社会的承诺,同时也规定了质量目标、质量方向、实现质量目标和质量改进所应遵守的途径。

2. 质量管理(Quality management)

质量管理是指"确定质量方针、目标和职责,并在质量体系中通过诸如质量策划、质量控制、质量保证和质量改进使其实施的全部管理职能的所有活动"。质量管理是各级管理者的职责,但必须由最高管理者领导,质量管理的实施涉及企业中的所有成员。

"全面质量管理"(TQM),是质量管理的一种有效形式。TQM是指一个组织以质量为中心,以全员参与为基础,目的在于通过让顾客满意和本企业所有成员及社会受益而达到长期成功的管理途径。TQM是一种管理理论和策略,充分强调了员工能动性的发挥,并导致了长期的全球性的管理战略的调整。它要求企业所有部门所有层次人员秉承质量观念,以质量为中心,以全员参与为基础,将全部管理目标的实现与质量联系起来。在一个现代制造企业内,从组织、营销、设计、开发、采购、制造、审核到销售、售后服务,质量概念渗透到了每一个环节,涉及每一位员工。

3. 质量保证(Quality Assurance)

质量管理所定下的目标必须有一定的质量保证,否则无法取得预期效果。质量保证是指为了提供足够的信任表明实体能够满足质量要求,而在质量体系中实施并根据需要进行证实的全部有计划有系统的活动。

质量保证必须以客观证据为依据,积累并提供需要的证据来证实。它是一个有计划、有系统的活动,由一系列相关的活动组成,对各种活动进行连续评价和审核,控制了影响质量的全部因素。质量保证全部落实到位,才能提供足够的信任,这种信任包括两方面:在组织内部,质量保证向管理者提供信任;在合同或其他情况下,质量保证向顾客或他方提供信任。

4. 质量控制(Quality control)

质量控制指为达到质量要求所采取的作业技术和活动,它与质量保证的某些活动是相互关联的。质量控制包括作业技术和活动,其目的在于监视过程并排除质量环中所有阶段中导致不满意的原因,以取得经济效益。一个完整的质量控制过程由若干作业技术和控制活动构成。其中作业技术包括操作方法、检验方法、判定方法和控制方法等,它贯穿于产品形成的全过程;活动则包括确定标准、检测结果、发现差异和采取调整措施等。

5. 质量体系(Quality management system)

质量体系是指为实施质量管理所需的组织结构、程序、过程和资源。

质量管理通过质量体系来实施,质量体系是由组织结构、程序、过程和资源四个部分组成的有机整体。组织结构指组织为行使其职能按某种方式建立的职责、权限及相互关系,它包括一个组织的机构设置和每个机构的行政领导关系或隶属关系,一般用组织结构图表示。程序是为进行某项活动所规定的途径,对质量活动的目的、范围、做什么、谁来做、何时、何地、如何做、用什么材料、设备及文件、控制和记录等涉及质量管理的活动都作出了规定。过程指质量形成的各个阶段和为了控制每个阶段需开展的质量活动。例如,产品设计是产品质量形成的一个重要过程,为了保证设计质量,要具体到设计计划编制、设计、设计评审、样品试制和鉴定、控制设计、定型、质量改进等过程。资源包括人力资源和物质资源两种:人力资源指人的能力,应具备的资格,经验和培训要求,使每个岗位人员都能胜任本职工作;物质资料指资金、设施、设备,建立并实施质量体系,资源必须得到适当的保证。

6. 五个基本术语之间的关系(Relationship between 5 basic terms)

质量方针、质量管理、质量体系、质量控制和质量保证是五个基本术语,它们的关系如图 10.1 所示。

A:整个方框表示企业管理中的质量管理方面,包括质量体系、质量控制和质量保证。

B:大虚线圆为质量体系,其内涵除组织结构外,可分为质量控制和内部质量保证两个方面。质量体系几乎充满了整个方框,说明建立质量体系并使其有效运行是质量管理的中心任务。

C:质量控制和内部质量保证是相互关联的两个方面:质量控制侧重于控制的措施、方法、活动;内部质量保证侧重于控制结果的证明和证明的提供。

D：外部质量保证只在订合同中供需双方签订有质量保证协议时才存在。如果在合同中需方没有提出对供方的质量体系要求时，则在供方的质量管理中不存在外部质量保证。

E：外部质量保证的大部分内容已包括在企业的质量体系之中（图中与质量体系重叠的部分阴影）。也就是说，企业的质量体系主要是满足其内部质量管理的需要，比某一特定顾客的质量保证要求更广泛，顾客评价的只是企业质量体系的一部分；企业根据自身的需要建立起来的质量体系，在正常情况下，应能基本满足各个潜在需方对供方质量体系的要求。

F：图中与质量体系不重叠的阴影部分属于需方提出的特殊要求。例如，需方要求由认可的独立试验机构对特殊的安全性能进行试验。这些特殊要求虽然不包括在供方自身的质量体系中，但由于他们是合同的一部分，供方应通过质量管理确保实现。

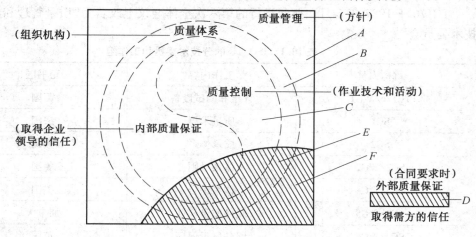

图 10.1　五个基本术语之间的关系图

10.2　ISO 9000 系列标准
（ISO 9000 series standards）

10.2.1　ISO 9000 系列标准产生的客观因素
（Establish ISO 9000 series standards of objective factors）

①科学技术的进步和社会生产力水平的提高，是产生 ISO 9000 系列标准的客观条件。随着科学技术的进步和社会生产力水平的不断提高，产品的品种越来越多，结构越来越复杂（精密度提高，产品价值日益昂贵），市场也越来越广泛。有越来越多的一般使用者无法凭借自己的能力来判断所购商品的质量是否可靠。而现代产品大多是多环节的产物，一旦某环节失控，就不能保证产品质量，而这些产品发生质量事故时，其影响范围之大，损失之巨是难以估量的。

②质量保证活动的成功经验，为 ISO 9000 的产生奠定了坚实的实践基础。

③质量管理学的发展为 ISO 9000 的产生提供了必要的理论基础。

④全球经济的形成和世界范围内贸易竞争是产生 ISO 9000 的现实要求。

1979 年国际标准化组织（ISO）成立了 ISO/TC176"质量保证技术委员会"，着手制订质量管理与质量保证方面的国际标准。

质量管理和质量保证标准的产生绝不是偶然的,它既是生产力发展的必然产物,又是质量管理科学发展的成果和标志,它既适应国际商品经济发展的需要,又为企业加强质量管理,提高管理水平提供指导。

10.2.2　ISO 9000 系列标准的制订
（Establishment of ISO 9000 series standards）

ISO 于 1979 年成立了 TC176 后,于 1980 年 5 月加拿大渥太华会议成立了分技术委员会(SC) 和工作组(WG),见表 10.1。

TC176 于 1987 年 6 月在挪威举行的第六次全体会议上改名为"质量管理和质量保证技术委员会"。

表 10.1　ISO/TC 的分技术委员和工作组

机构人员	工作内容	秘书国
TC176/WG1	计量和测试设备	英国
SC1	质量术语	法国
SC2	质量体系	英国
SC2/WG2	体系导则	美国
SC2/WG4	体系综合	美国
SC2/WG5	软件质量保证	加拿大
SC2/WG6	服务质量保证	英国
SC2/WG7	质量审核	法国

10.2.3　世界各地采用 ISO 9000 系列标准概况
（Application of 9000 series standards in the world）

由于 ISO 9000 总结、提取了各国质量管理和质量保证理论的精华,澄清并统一了质量术语的概念和质量管理学的原理、方法和程序,反映和发展了世界上技术先进、工业发达国家质量管理的实践,因此,标准一经发布,就受到了世界各国的普遍重视和采用。

我国从等效采用到等同采用 ISO 9000、GB/T 6583—2000(ISO 8402—86)、GB/T 19000—2000— 19004—2000(ISO 9000—87—9004—87)。

1987 年 3 月 ISO 9000 正式发布后,我国根据当时经济形势和条件,在原国家标准局的统一领导下,组成了"全国质量保证标准化特别工作组",负责制订等效采用 ISO 9000 的国家标准。

1988 年 12 月 10 日正式发布 GB/T 10300《质量管理与质量保证》系列国家标准,1989 年 8 月 1 日起在全国实施。

10.2.4　GB/T **19000** 系列标准的构成

（Composition of GB/T 19000 series standards）

GB/T 19000 系列标准包括五个具体标准。系列标准的构成如图 10.2 所示。

1. GB/T **19000** 标准（GB/T 19000 standard）

GB/T 19000《质量管理和质量保证标准 —— 选择和使用指南》是整个系列标准的总说明,它阐述了三个问题:

第一,五个基本术语的定义和它们之间的关系;

第二,质量体系环境的特点;

第三,质量管理类型（GB/T 19004）和质量保证类型（GB/T 19001、19002、19003）两类标准的使用说明。

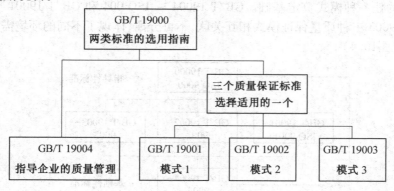

图 10.2　系列标准的构成

2. GB/T **19004** 标准（GB/T 19004 standard）

GB/T 19004《质量管理和质量体系要素 —— 指南》标准的目的是为了对企业进行质量管理、建立质量体系时提供指导,其使用条件是合同环境或非合同环境。任何企业,无论在何种环境下生产产品时,为了使产品质量能够持续稳定地满足规定的要求,都需要进行质量管理,建立质量体系。这时,就可以使用 GB/T 19004 标准,结合本企业的具体情况,建立起适用的质量体系,并使之有效运行,以减少、消除、特别是预防质量缺陷的产生。

3. 三个质量保证标准（3 quality assurance standards）

三个质量保证是:GB/T 19001《质量体系 —— 设计／开发、生产、安装和服务的质量标准保证模式》,GB/T 19002《质量体系 —— 生产和安装的质量保证模式》,GB/T 19003《质量体系 —— 最终检验和试验的质量模式》。这三个标准的主要目的是提供给供需双方在鉴定质量保证协议时选择和使用。使用的条件是,在合同中需方需要对供方的质量体系提出要求时,才使用这三个标准,从中选择适用的一个。换句话说,如果是在非合同环境中,则不需要使用这三个质量保证标准。

4. GB/T **19000** – ISO **9000** 内容简介（Abstract of GB/T 19000—ISO 9000）

GB/T 19000 – ISO 9000 质量管理和质量保证标准 —— 选择和使用指南。

该标准阐明了 GB/T 19000 系列标准所引用的五个关键术语的概念及其相互关系,这些术语是质量方针、质量管理、质理体系、质量控制和质量保证;阐述了一个组织应力求达到的质量目标、质量体系环境的特点和质量体系标准的类型;规定了质量体系标准的应用范围以及三种质量保证模式选择的程序和选择的因素;规定了证实和文件应包括的内容以及供需双方在鉴订合同前应做的准备。

GB/T 19000 – ISO 9000 是指导性标准(见图 10.3),在应用其他四个标准时,首先应对GB/T 19004 – ISO 90004,参照 GB/T 19004 – ISO 9004 提出的企业质量体系的基本要素,结合企业的具体情况,确定所采用的质量体系要素及采用的程度,建立、健全企业的质量体系。若为了满足合同环境下外部质量保证的需要,供需双方则应参照 GB/T 19001 ~ 19002 –ISO 9001 ~ 9002 确定其中最适合的一个模式。若有必要,可对选定模式作适当剪裁,以对供需双方都有利(见表 10.2)。GB/T 19004 – ISO 9004 是基础性标准,参照 GB/T 19004 – ISO 9004 建立、健全质量体系的企业,将为满足合同环境下外部质量保证需要用选用的任一种模式奠定基础。GB/T 19004 ~ ISO 004 和 GB/T 19001 ~ 19003 – ISO 9001 ~ 9003 三种质量保证模式相互关联,不可分离,体现了不同的环境需要,用于不同的目的(见图10.4)。

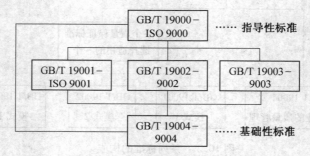

图 10.3　ISO 9000 系列标准间的关系

表 10.2　GB/T 19001 – ISO 9001 和 GB/T 19002 – ISO 9002 的内容比较

标题	GB/T 19001 – ISO 9001	GB/T 19002 – ISO 9002
管理职责、验证手段和人员	验证活动包括对设计生产、安装和服务等过程和(或)对产品的检验、试验和监视;设计评审和质量体系、过程和(或)产品的审核应由与该项工作无直接责任的人员进行	验证活动包括对生产安装等过程和(或)对产品的检验、试验和监视;质量体系和(或)过程和产品的审核应由与该项工作无直接责任的人员进行
内部质量审核	供方应建立全面的内部质量审核制度,以验证质量活动是否符合计划安排,并确定质量体系的有效性	供方应进行内部质量审核,以验证质量活动是否符合计划安排,并确定质量体系的有效性
培训质量审核	供方应制订和执行培训程序,明确培训要求,并对所有从事对质量有影响的工作人员都提供培训	供方应制订和执行培训程序,明确培训要求,并对制造和安装过程中从事对质量有影响的工作人员都提供培训

GB/T 19003 – ISO 9003 企业质量体系要求的严格程度明显比前两种保证模式要低一级,它仅要求企业做好检验把关,而没有提出"预防为主,检验把关相结合"的完整质量体系要求。因此,它对质量体系的每项要求都比前两种模式要低(见表 10.3)。

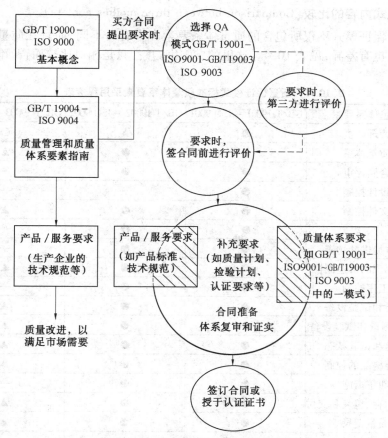

图 10.4　ISO 9000 系列标准间的应用

表 10.3　GB/T 19001 – ISO 9001 与 GB/T 9003 – ISO 9003 的内容比较

标题	GB/T 19001 – ISO 9001	GB/T 19003 – ISO 9003
职责和职权	对影响质量管理、实现和验证工作的所有人员,特别是对需独立行使权力开展下述工作的人员应规定其职责、职权和相互关系: (1) 采取措施,防止产品出现不合格; (2) 确认和记录产品质量问题; (3) 通过规定的渠道,提出采取或推荐解决办法; (4) 验证解决办法的实施效果; (5) 对不合格品的进一步加工、交付中安装采取必要控制措施,直到缺陷或不满意的情况得到纠正。	应规定从事最终检验和(或)试验的全体人员的职责、职权和相互关系
质量体系	供方应建立并保持文件化的质量体系,以保证产品符合规定要求,即: (1) 根据本标准的要求,编制质量体系程序和规程; (2) 有效贯彻上述文件。	供方应建立对产品进行检验和试验的质量体系,其中包括有关最终检验的操作程序,包括技艺标准和质量记录,并保持有效运行

5. 三种模式内容的比较(Comparison between three modles content)

三种质量保证模式不仅所包含的质量体系要素多少有所不同,而且在质量体系要素的采用程度上也有差异,见表 10.4。这里的"采用程度"只是相对比较而言,不可能定量化。

表 10.4　质量保证模式标准质量体系要素采用程度表

序号	质量体系要素	GB/T 19001 - ISO 9001	GB/T 19002 - ISO 9002	GB/T 19003 - ISO 9003
1	管理职责	●	▲	○
2	质量体系	●	●	▲
3	合同评审	●	●	—
4	设计控制	●	—	—
5	文件控制	●	●	▲
6	采购	●	●	—
7	需方提供的物资	●	●	—
8	产品标识的可追溯性	●	●	▲
9	工序控制	●	●	—
10	检验和试验设备	●	●	▲
11	检验、测量和试验设备	●	●	▲
12	检验和试验状态	●	●	▲
13	不合格品的控制	●	●	▲
14	纠正措施	●	●	—
15	搬运、贮存、包装和交付	●	●	▲
16	质量记录	●	●	▲
17	内部质量审核	●	▲	—
18	培训	●	▲	○
19	售后服务	●	—	—
20	统计技术	●	●	▲

注:①● 全部要求。

　　②▲ 比 GB/T 19001 - ISO 9001 要求低。

　　③○ 比 GB/T 19002 - ISO 9002 要求低。

6. 三种模式的选用(Selection of three modles)

根据不同产品的需要,综合安全性、经济性等因素,顾客可从中选择最适合自己需要的质量保证模式(见图 10.5)。对于耐用品来说,顾客往往要选择 GB/T 19001 - ISO 9001 或 GB/T 1992 - ISO 9002,而对于低值易耗品,也许只需要选择 GB/T 19003 - ISO 9003。此三种模式在满足适用性要求上是没有差别的。

三种模式的差别主要是模式所要求的质量体系范围上的差别。很显然,一个要满足顾客所要求的设计／开发、制造和售后服务的质量保证模式的企业,它所需要的体系(GB/T 19001 - ISO 9001),比那些只要求按已确定的规范组织生产的质量保证模式的企业所需的体系(GB/T 19002 - ISO 9002)要广泛而深入。据此,三种模式要求供方提供的证据范围也有大小之分。例如,GB/T 19001 - ISO 9001 就要求提供设计／开发和售后服务的能力的证据,而 GB/T 19002 – ISO 9002 则只需要提供生产制造过程的能力的证据就可以了。

三种质量保证模式不是以推荐或建议性语言写成的,而是以强制性语言写成的,比如"应该"、"必须"之类的词汇,因为它往往被合同所采用或成为合同的一部分,具有强制性意义。

7. 20 世纪 90 年代国际质量标准化(International quality standardization in 1990's)

20 世纪 90 年代国际质量标准化,如图 10.6 所示。

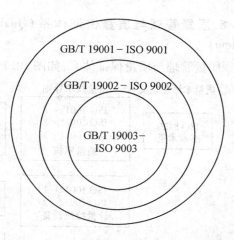

图 10.5 质量保证模式包容关系示意图

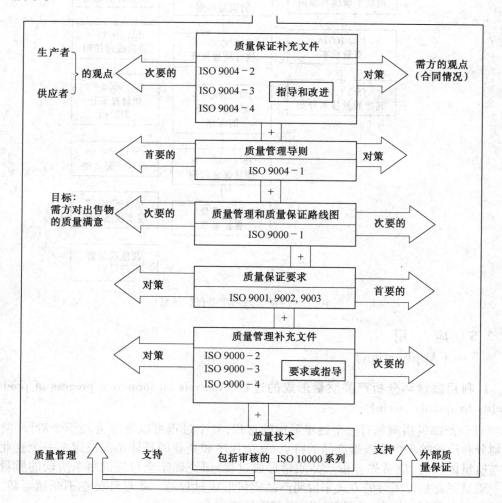

图 10.6 20 世纪 90 年代国际质量标准化

8. 质量管理与质量保证体系（Quality management system and quality assurance system）

质量管理与质量保证体系,如图 10.7 所示。

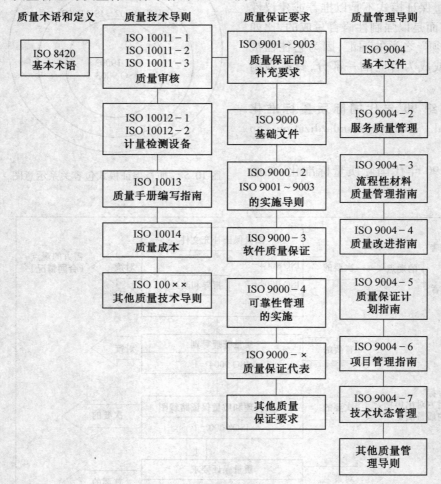

质量术语和定义	质量技术导则	质量保证要求	质量管理导则

图 10.7　质量管理和质量保证体系

10.2.5　应　用
（Application）

1. 利用质量环分析产品质量形成的过程（Analysis on formation process of product quality by quality circle）

任何产品的质量都有一个逐步形成的过程,整个过程可以分解为若干个阶段,阶段的划分和阶段的多少应根据产品的特点、复杂程序和企业的具体情况决定。一个企业在建立质量体系时,应首先分析产品质量形成过程,研究确定全过程的每个阶段的质量职能。质量环就是以图解的方式来说明产品质量形成过程的。质量环是在不断地运转,产品质量随之不断地提高,质量环就形成了质量螺旋。

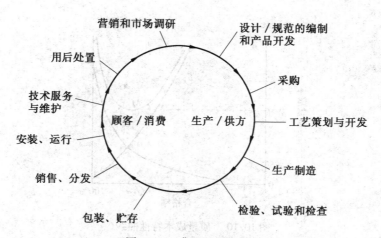

图 10.8　典型的质量环

GB/T 19004 给出了示例,是一个典型的质量环(见图10.8)和质量图(见图10.9),它包括 11 个阶段,每个阶段都会对产品质量产生影响,都需要进行质量控制。

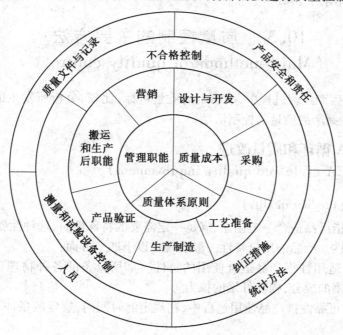

图 10.9　典型质量图

2. 适宜质量成本(Appropriate quality cost)

为确定适宜的质量成本水平,首先要了解质量成本特性曲线。图 10.10 给出了质量成本特性曲线的理论模型。从图中可以看出,预防和鉴定成本曲线 C_1 随着质量水平的提高而不断增加,内、外部损失成本曲线 C_2 随着合格质量水平的增加而不断降低。质量成本曲线 C 是曲线 C_1 和曲线 C_2 的合成曲线。在曲线 C 上存在一个最低点 M,其所对应的合格率 Q_M 就是企业生产时应当控制的合格质量水平,M 点所对应的质量成本就是"适宜的质量成本水平"。

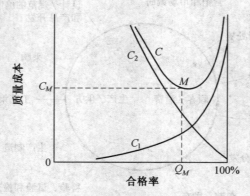

图 10.10　质量成本特性曲线

　　适宜质量成本水平的确定是一个系统工程,它必须从生产经营的角度出发,考虑多种经济因素的影响,通常组织可以通过分析同行业的质量成本资料和组织的历史资料来确定适宜的质量成本水平。

10.3　质量控制的主要方法
(Main methods of quality control)

　　质量控制是生产经营过程中,按确定的质量目标,比较、分析所发生的差异,适时加以调节,保证和提高产品质量的控制活动。

10.3.1　PDCA 循环和质量改进
(PDCA cycle and quality improvement)

1. 产品质量(Product quality)

　　产品质量是指产品适合一定用途、满足一定需要的特殊性质,这种性质在质量控制上通常称为质量特性。产品的质量特性一般表现在以下四个方面:

　　① 适用性。适用性指产品适合使用的特性。如所具备的各种物理、化学或技术性能,机床的功率,钢的成分,棉纱纤维的拉力等。

　　② 可靠性。可靠性指产品使用过程中,在规定的时间内,规定的条件下,完成规定功能的保证程度。

　　③ 经济性。经济性指产品在保证功能的条件下,制造、购买和使用过程中所花费的大小。如制造成本、使用时动力、燃料的消耗,保养、维修时的费力程度等。

　　④ 美观性。美观性指产品在外形方面满足人们的需要,使人们获得美的享受的特性。如光洁、色泽、造型等。

2. PDCA 阶段(PDCA phase)

　　PDCA 是英文单词 Plan、DO、Check、Action 的头一个字母。P 代表计划,D 代表实施,C 代表检查,A 代表处理。任何一项工作都可以分为这样四个阶段,并按要求一个阶段一个阶段地进行,每进行一轮称为一个循环。这样循环往复,阶梯上升。

PDCA 循环是为提高产品质量而拟订质量计划和目标,根据计划和目标,提出具体措施,付诸实施,进行检查验证,最后总结经验,找出差距,转入一下循环。

①P 阶段。P 阶段以适应用户的要求,取得最佳经济效果和良好的社会效益为目标,通过调查、设计、试制,制订技术经济指标、质量目标、管理目标以及达到这些目标的具体措施和方法。

②D 阶段。D 阶段主要活动是按照所制订的计划和措施,有条不紊地付诸实施。

③C 阶段。C 阶段主要活动是对照计划,检查实施的情况和效果,及时发现计划实施过程中的经验和问题。根据活动计划的要求,检查实际实施的结果,看是否达到了预期的效果,可运用控制图、调查表、抽样检验等工具。

④A 阶段。A 阶段主要活动是根据检查结果,把成功的经验纳入标准,以巩固成绩;从失败的教训或不足之处,找出差距,转入下一循环,以利改进。

上述的四个阶段中含有八个方面的具体工作活动,其示意图如图 10.11 所示。

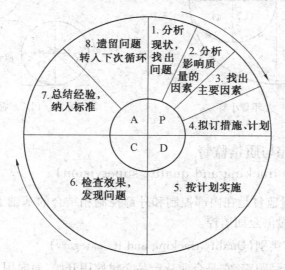

图 10.11　PDCA 循环的四个阶段八项活动示意图

3. PDCA 循环的联系及功效(Relation and function of PDCA cycle)

(1) 相互联系、相互促进(Correlative and mutually promotive)

如图 10.12 所示,PDCA 循环是大环套小环,一环扣一环,小环保大环,推动大循环。大小环相互联系,相互促进,有机结合,形成一个整体。在一个企业里不仅有一个大的管理循环,而且各部门有各自的 PDCA 循环,依次又有更小的管理循环,直至班组和个人,从而形成一个大环套小环的综合循环体系。上级的循环是下级循环的根据,下级的循环又是上级循环的组成部分和具体保证。通过各个循环的不断转动,推动上一级循环以至整个企业循环的不停转动。通过各方面的循环把企业各项质量控制有机地结合起来,以实现总的预定目标。

(2) 步步提高(Improvement step by step)

如图 10.13 所示,PDCA 循环每转动一次,提高一步。PDCA 循环周而复始,而且每循环一次就前进一步,质量上升到一个新的高度,从而又会有新的质量目标和内容,如同上楼梯一样,逐级上升,每上一级台阶,解决一批质量问题,质量水平就会有新的提高。

（3）抓住关键,循环往复(Seizing key,cycle reciprocation)

推行 PDCA 循环,关键在于 A 阶段。A 阶段是处理阶段,所谓处理就是总结经验,肯定成绩,纠正错误,找出差距,这就是 PDCA 循环能否上升的关键所在。如果只有计划、执行、检查三个阶段,而没有将成功的经验和失败的教训纳入有关的标准、规定和制度中,就不能巩固成绩,吸取教训,也不可能避免同类问题的再发生。所以推行 PDCA 循环一定要抓好 A 阶段。

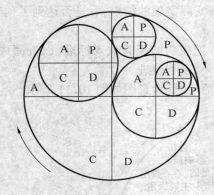

图 10.12　大环套小环

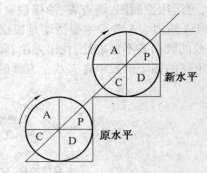

图 10.13　PDCA 循环逐步上升图

10.3.2　质量跟踪与质量监督
（Quality tracking and quality supervision）

质量跟踪和质量监督是在内部控制和外部控制相结合的基础上实施的质量监控方式,它有利于产品质量的全面监控。

1. 质量跟踪及其类别(Quality tracking and its category)

质量跟踪又称产品跟踪,它是企业从产品交付使用开始,面向用户和市场,全面、系统地收集和整理产品质量的信息,分析、评价产品质量水平和存在的问题,并及时反馈,采取措施,提高产品质量的监控方式。它在市场调查、售后服务、质量改进、新产品研发及产品寿命、周期、质量、监控等方面发挥着重要作用。质量跟踪按不同标准分为若干类别。

（1）按产品结构分(By product constraction)

① 大型复杂产品的质量跟踪。

② 一般民用产（商）品的质量跟踪。

（2）按跟踪时间分(By tracking time)

① 长期质量跟踪。

② 短期质量跟踪。

③ 临时质量跟踪。

（3）按跟踪地点分(By tracking place)

① 国外质量跟踪。

② 国内质量跟踪。

（4）按跟踪目的分(By tracking purpose)

① 调查性质量跟踪。

② 服务性质量跟踪。

③ 监控性质量跟踪。

（5）按跟踪内容分(By tracking content)

① 全面质量跟踪。

② 专题质量跟踪。

（6）按跟踪数量分(By tracking quantity)

① 大批量质量跟踪。

② 小批量质量跟踪。

③ 单机（台）质量跟踪。

（7）按实施单位分(By implementation department)

① 社会性的质量跟踪。

② 企业开展的质量跟踪。

③ 企业与社会联办的质量跟踪。

2. 质量跟踪方法(The methods of quality tracking)

① 邮寄质量跟踪卡。

② 现场发放质量跟踪卡。

③ 电话跟踪。

④ 向外场派常驻人员。

⑤ 上门走访。

⑥ 集中征求用户意见。

⑦ 利用网点进行跟踪。

⑧ 用户评议与专家评审相结合。

10.3.3　工序质量控制
（Process quality control）

人们早就发现，在生产过程中，生产出绝对相同的两件产品是不可能的。无论把环境和条件控制得多么严格，无论付出多大努力去追求绝对相同的目标，也是徒劳的。它们总是或多或少存在差异，正像自然界中不存在两个绝对相同的事物一样，这就是质量变异的固有本性 —— 波动性，也称变异性。

1. 质量变异的原因(Cause of quality variation)

要达到控制质量的目的，自然要研究质量变异的原因，这样控制才有针对性，所在研究质量变异的目的，就是寻找质量变异的根源，确定质量控制的对象。

质量变异的原因可以从来源和性质两个不同的角度来分析。

（1）质量变异来源的分类(Classification of the quality variation source)

引起质量变异的原因通常概括为"5M1E"，即

① 材料　　　　　　　Materials;
② 设备　　　　　　　Machines;
③ 方法　　　　　　　Methods;
④ 操作者　　　　　　Man;
⑤ 测量　　　　　　　Measurement;
⑥ 环境　　　　　　　Environment。

（2）质量变异性质的分类（Classification of the quality variation nature）

引起质量变异的原因,按性质可以分为随机性（偶然性）原因和系统性原因两类。

① 随机性原因。随机性原因是一种不可避免的原因,经常对质量变异起着细微的作用,这种原因的出现带有随机性,其测度十分困难,因此不易消除。

② 系统性原因。系统性原因是一种可以避免的原因。在生产制造过程中出现这种因素,实际上生产过程已经处于失控状态。因此这种原因对质量变异影响程度大,但容易识别,可以消除。

应该说,随机性原因和系统性原因也是相对而言的,在不同的客观环境下,二者是可以相互转化的。例如,科技的进步可以识别材料的细微不均匀,那么这种可以测度的差异超过一定的限度就被认为是系统性原因,视为异常,不再是正常的随机性原因了。于是便可以在识别后加以纠正,这当然要根据需要而划分二者的界限。

2. 质量变异的规律（Regulation of quality variation）

我们在研究问题的时候,要善于应用统计的观点和统计的思考方法。

大量随机现象呈现的集体性规律就称为统计规律。显然,质量特性值作为随机变量客观上服从统计规律。统计规律不仅描述了质量变异的波动性,同时更重要的是描述了它的规律性,或者说是某种稳定性。正因为这种客观的相对稳定性,我们才可以遵循其规律研究和控制产品的质量。

3. 生产过程的质量状态（Quality of the production process）

以预防为主是一种主动管理方式,生产过程的质量控制的主要目的是保证工序能始终处于受控状态,稳定持续地生产合格品。为此,必须及时了解生产过程的质量状态,判断其是否失控。这一目的是通过了解和控制 μ 和 σ 两个重要参数实现的。通常,在实际中对动态总体（生产过程）进行随机抽样,统计计算所收集的数据得到样本统计量,即样本的平均值 $\bar{x}$ 和样本的标准差 S,用平均值估计 μ 和 σ,由 μ 和 σ 的变化情况与质量规格进行比较,作出生产过程状态的判断,这一过程的依据是数理统计学的统计推断原理。

从 μ 和 σ 的情况出发,可以将生产过程状态分为以下两种表现形式:

控制状态——μ 和 σ 不随时间变化,且在质量规格范围内。

失控状态 $\begin{cases} \text{稳定状态——}\mu \text{ 和 } \sigma \text{ 不随时间变化,但不符合质量规格要求。} \\ \text{不稳定状态——}\mu \text{ 和 } \sigma \text{ 其中之一或两者随时间变化,不符合质量规格要求。} \end{cases}$

（1）控制状态（Controlled state）

如图 10.14 所示,μ_0 和 σ_0 是经过调整后控制的理想状态,即符合质量标准要求。从图中可见,随时间推移,生产过程的质量特性值或统计量均在控制界限之内,且均匀分布。这就是所谓控制状态,也是生产过程控制的目的。

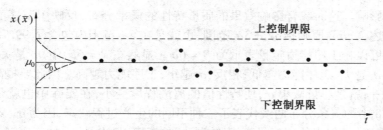

图 10.14   生产过程的控制状态

（2）失控状态（Out of control state）

① 稳定状态。如图 10.15 所示，μ 和 σ 不随时间变化，但质量特性值的分布超出了控制界限，图中所示为超出上限的情况，这时生产过程处于失控状态，需要采取措施，针对原因将 μ_1 调整恢复到 μ_0 的分布中心位置上来。这种情况是属于有系统性原因存在的表现形式。

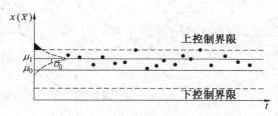

图 10.15   生产过程的失控状态

② 不稳定状态。如图 10.16 所示，μ 随时间推移发生变化，图中为 μ 逐渐增大的情况。例如，在实际中，由于刀具的不正常磨损，使加工零件的外径尺寸变得越来越大。这种情况说明生产过程有系统性原因存在，所以发生失控，应该查明原因，及时消除影响，使生产过程恢复到如图 10.14 所示的受控状态，才能保证产品质量。

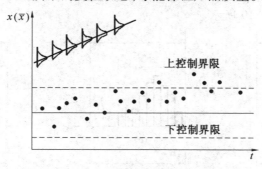

图 10.16   生产过程的失控状态（μ 变化）

4. 工序能力（Process capability）

（1）工序能力的基本概念（The basic concept of process capability）

如前所述，产品质量受到生产过程状态的影响，而生产过程状态受到"5M1E"的影响。如图 10.17 所示，其综合效果反映了产品质量特性值的分布情况，即 μ 和 σ 的状况。

当"5M1E"受到完善的管理和控制时，通常已经消除了系统性原因的影响，仅存在随机性原因的影响。这时综合影响效果的质量特性的概率分布,反映了工序的实际加工能力。如前所述,"3σ"原则指出 $\pm 3\sigma$ 范围,也就是在 6σ 范围内包含了 99.73% 的质量特性值,所在,可以将工序能力定量表示为 $B = 6\sigma$。显然在 $B = 6\sigma$ 中,σ 是关键参数,如图 10.18 所示,σ 越大,工序能力越低;相反,σ 越小,工序能力越高。因此要提高工序能力重要的途径之一,就是尽量减小 σ,使特性值的离散程度变小,在实际中也就是提高加工精度。图 10.18 中的三条分布曲线代表了三种不同的生产过程状态,因为 $\sigma_1 < \sigma_2 < \sigma_3$,所以,加工精度以 σ_1 代表的工序最高,其次是 σ_2 的工序,最次是 σ_3 的工序。

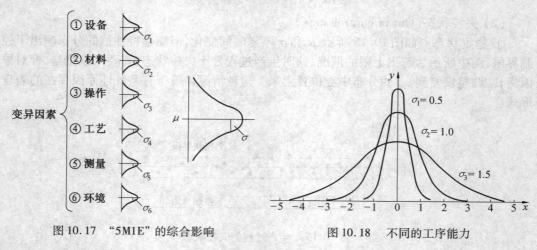

图 10.17　"5M1E"的综合影响　　　　图 10.18　不同的工序能力

（2）工序能力的定性调查方法（Qualitative research method for process capability）

① 直方图法。直方图法是调查工序能力的常用方法。通过观察直方图的形状,可以大致看出生产过程的状态以及质量特性值分布的情况。通过直方图显示的分布范围 B 与公差 T 的比较,以及分布 μ 与公差中心 M 是否重合或偏离的程度,可以判断工序能力能否满足质量要求,如图 10.19 所示。

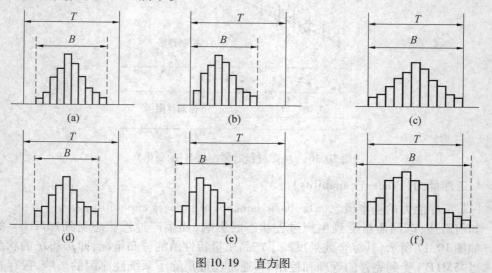

图 10.19　直方图

可以作出以下判断：

图 10.19(a)，分布中心与公差中心基本重合，且 $T > B$，工序能力充足；

图 10.19(b)，分布中心与公差中心发生偏移，尽管 $T > B$，但如果不调整并加以必要的控制，分布继续左偏将引起超出下限的不合格品发生；

图 10.19(c)，分布中心与公差中心基本重合，且 $T \approx B$，相当于 $C = 1$ 的情况，工序能力没有富裕，应该提高工序能力，使发生不合格品的风险降低；

图 10.19(d)，分布中心与公差中心基本重合，$T \gg B$，属于工序能力过高的情况，应该做经济性分析，充分利用这一资源；

图 10.19(e)，分布中心与公差中心显著偏离，但 $T \gg B$，采取措施调整到(d)图的状态，具有降低成本的潜力；

图 10.19(f)，分布中心与公差中心基本重合，但 $T < B$，估计 $C_P < 1$，表现为工序能力不足。应查明原因，采取措施(改进工艺或设备等)，提高工序能力。

② 管理图法。直方图明确显示了质量特性值分布的范围大小以及 μ 与 M 偏离的程度，但仍不能看出质量特性值随时间变化的波动情况，而这正是反映生产过程稳定性以及是否处于受控状态的关键。为此，还可以应用管理图分析生产过程变动情况。工序能力分析用管理图，如图 10.20 所示。管理图的横坐标是时间 t，纵坐标是质量特性值 x。通常用规格上限和规格下限作为管理图的界限，将随时间变化抽检所测得的质量特性值记录在图上。通过观察点的集体性分布规律，可以判断生产过程状态及工序能力是否满足实际的要求。以下分六种典型情况进行分析：

图 10.20(a)，生产过程处于受控制状态，波动较小，质量特性值保持均匀分布在规格界限内，工序能力满足要求。

图 10.20(b)，生产过程不稳定，有明显的周期性因素影响存在，属于系统性原因引起的失控状态，工序能力不足，应查明原因加以消除。

图 10.20(c)，质量特性值随时间推移逐渐渐变大，变大量超出上限的趋势。如果不及时纠正，会产生大量不合格，表现生产过程失控，工序能力不足。

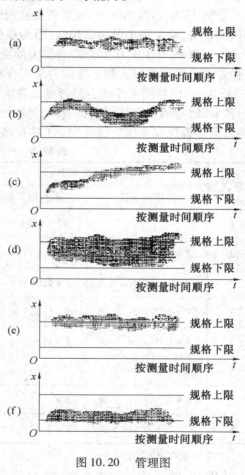

图 10.20　管理图

图 10.20(d)，质量特性值分布的离散性大，出现超出上限和下限的不合格品，工序能力明显不足。

图 10.20(e),生产过程稳定,但分布中心偏离标准,相对公差中心有较大偏移,表现工序能力不足,必须查明原因,及时调整。

图 10.20(f),生产过程稳定,但分布中心下限偏移,与图 10.20(e)的情况相反,也造成大量超出下限的不合格品,呈现工序能力不足,应加以纠正。

应用直方图和管理图对工序能力进行调查,可以比较全面地了解工序状态,发现系统性原因和工序能力不足的现象。及时采取措施进行调整和纠正,消除异常因素的影响,使生产过程处于受控状态。只有这样,才能收集数据,计算工序能力指数,并用以指导工序控制。

(3)工序能力指数的定量计算方法(The qualitative calculation method of process capability index)

①试切法。通过工序能力调查,确认生产过程进入控制状态以后,可以加工一批产品。为了减少用样本估计总体产生的误差,通常要加工 100 件以上。

②SCAT 法。在实际中,经常需要在短时间内判断工序能力的满足程度。例如,验收购进的设备,常常来不及用试切法,因为那样做要等待加工至少 100 件样品,并一一检测后才能计算 C_p 值,大样本会造成较大的成本增加。SCAT 法是一种快速的简易判断法,这种方法是把预先规定的工序能力是否合格的判断值(见表 10.5)同由样本得到的极差 R 进行比较,以判断工序能力是否满足要求。具体的程序步骤如图 10.21 所示。用表 10.5 进行判断时有两种取样方式,一种是每次取 8 个样品,最多连续 4 次;另一种是每次取 4 个样品,最多连续取 8 次。因此 SCAT 法最多取 32 个样品,就能作出判断。

表 10.5　SCAT 法的判断基准

抽样次数	样品数 4 个		样品数 8 个	
	合格判断值	不合格判断值	合格判断值	不合格判断值
1		$(T*0.54) < R_i$	$(T*0.19) \geqslant R_i$	$(T*0.54) < R_i$
2	$(T*0.25) \geqslant \sum R_i$	$(T*0.80) < \sum R_i$	$(T*0.55) \geqslant \sum R_i$	$(T*0.90) < \sum R_i$
3	$(T*0.51) \geqslant \sum R_i$	$(T*1.06) < \sum R_i$	$(T*0.92) \geqslant \sum R_i$	$(T*1.26) < \sum R_i$
4	$(T*0.77) \geqslant \sum R_i$	$(T*1.33) < \sum R_i$	$(T*1.28) \geqslant \sum R_i$	$(T*1.63) < \sum R_i$
5	$(T*1.04) \geqslant \sum R_i$	$(T*1.59) < \sum R_i$		
6	$(T*1.30) \geqslant \sum R_i$	$(T*1.85) < \sum R_i$		
7	$(T*1.56) \geqslant \sum R_i$	$(T*2.11) < \sum R_i$		
8	$(T*2.10) \geqslant \sum R_i$	$(T*2.37) < \sum R_i$	错判率为 5%	

注:T— 公差范围;R_i— 极差。

【例 10.1】　假设需快速检定一台用来加工轴径为 $\phi10 \pm 0.05$ 的某种零件的机床,是否满足工序能力的要求。

解 （1）选样 $n=8$ 的抽样方案，取 $n_1=8$，随机样本 n_1 经检验后其质量特性为：9.98，9.99，10.02，10.01，9.99，10.00，10.01，10.01。

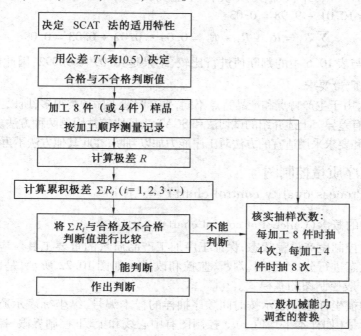

图 10.21　SCAT 判断法

（2）计算判断值表

根据公差界限 $\phi10\pm0.05$ 知：$T=T_U-T_L=10.05-9.95=0.1$，根据 SCAT 法判断基准表 10.5 计算得判断值，见表 10.6。

表 10.6　判断值表

	合格判断值	不合格判断值
1	$0.019\geqslant R_i$	$0.054<R_i$
2	$0.055\geqslant\sum R_i$	$0.090<\sum R_i$
3	$0.092\geqslant\sum R_i$	$0.126<\sum R_i$
4	$0.128\geqslant\sum R_i$	$0.163<\sum R_i$

（3）计算样本 n_1 的极差 R_1，即

$$R_1=x_{max}-x_{min}=10.02-9.98=0.04$$

将 R_1 与表 10.6 中的判断值进行比较，因为 $0.019<0.04<0.054$，所以不能对工序能力作出判断。

（4）随机抽取第二个样本 $n_2=8$，经检验其质量特性值为：9.99，9.99，10.00，10.01，10.00，10.01，10.01。得 $R_2=x_{max}-x_{min}=10.01-9.99=0.02$。

根据表 10.6 的要求，计算极差的累积值：

$$\sum R_2=R_1+R_2=0.04+0.02=0.06$$

将 $\sum R_2$ 与表 10.6 中判断值进行比较，因为 $0.055<0.06<0.090$，所以仍不能作出

判断。

（5）取 $n_3 = 8$，经检验其质量特性值为：9.99，10.00，10.01，9.98，10.01，10.01，9.99。取 $R_3 = 10.01 - 9.98 = 0.03$

则
$$\sum R_3 = R_1 + R_2 + R_3 = 0.04 + 0.02 + 0.03 = 0.09$$

将 $\sum R_3$ 与表 10.6 中的判断值进行比较，结果是：$0.09 < 0.092$，因此可以作出判断：工序能力满足质量要求。

应当指出，由于生产特点和产品特点不同，生产制造工序种类很多，所以工序能力调查和测定的方法也有差异。上述介绍的试切法和 SCAT 法是比较常用的两种方法。在实际中应该根据具体情况和要求采用适宜的方法对工序能力加以判断，在此其他方法不再赘述。

10.3.4 工序质量控制图
(Process quality control chart)

1. 控制图的概念(Concept of control chart)

控制图是控制生产过程状态，保证工序加工产品质量的重要工具。应用控制图可以对工序过程状态进行分析、预测、判断、监控和改进。如图 10.22 所示，是以单值控制图，即 X 图说明一般控制图的基模式。

控制图的横坐标通常表示按时间顺序抽样的样本编号，纵坐标表示质量特性值或质量特性值统计量（如样本平均值 $\bar{x}$）。控制图有中心线和上、下控制界限，控制界限是判断工序过程状态的标准尺度。

2. 控制图的控制界限 Control limit of control chart)

通常控制图根据"3σ"原则确定控制界限，如图 10.23 所示，X 图的中心线和上、下控制界限为：

中心线：$CL = \mu$（或 $\bar{x}$）；

上控制限：$UCL = \mu + 3\sigma$；

下控制限：$LCL = \mu - 3\sigma$。

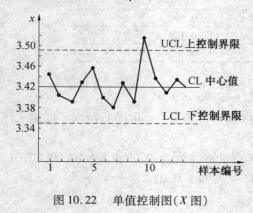

图 10.22　单值控制图（X 图）　　　　图 10.23　3σ 控制图

3. 控制图的分类(Classification of control chart)

控制图按质量数据特点可以分为计量值控制图和计数值控制图两大类，常用控制图及主要特征见表 10.7。

（1）计量值控制图（Measurement value control chart）

计量值控制图的基本思路是利用样本统计量反映和控制总体数字特征的集中位置（μ）和分散程度（σ），见表 10.7。计量值控制图对系统性原因的存在反应敏感，所以具有及时查明并消除异常的明显作用，其效果比计数值控制图显著。计量值控制图经常用来预防、分析和控制工序加工质量，特别是控制图的联合使用，见表 10.8，能够提供比较多的信息，帮助综合分析工序生产状态，改进加工质量。

表 10.7　总体的数字特征

分类	控制图名称		统计量	控制界限	控制界限修订	统计量及系数说明
计量值控制图	$\bar{x} - R$ 图	$\bar{x}$ 图	样本平均值 $\bar{x}$ 样本极差 R	$CL = \bar{x}(\mu)$ $UCL = \bar{x} + A_2\bar{R}$ $LCL = \bar{x} - A_2\bar{R}$	$CL = \bar{x}'$ $UCL = \bar{x}' + A\sigma'$ $LCL = \bar{x}' - A\sigma'$	$\bar{x}' = \bar{x}_{nw} = (\sum\bar{x} - x_d)/(m - m_d)$ $\sigma' = \bar{R}_{nw}/d_2$ $\bar{R}_{nw} = (\sum R - R_d)/(m - m_d)$ m——原来的组数 m_d——剔除的组数 $\bar{x}_d$——剔除的样本组的平均值 R_d——剔除一组的极差 $A_1, A_2, d_2, D_1, D_2, D_3, D_4$——与 n 有关的参数
		R 图	样本极差 R	$CL = \bar{R}$ $UCL = D_4\bar{R}$ $LCL = D_3\bar{R}$	$CL = \bar{R}_{\min}$ $UCL = D_2\sigma'$ $LCL = D_1\sigma'$	
	$\bar{x} - \sigma_x$ 图	$\bar{x}$ 图	样本平均值 $\bar{x}$ 样本极差 R	$CL = \bar{x}$ $UCL = \bar{x} + A_1\bar{\sigma}_x$ $LCL = \bar{x} - A_1\bar{\sigma}_x$	$CL = \bar{x}'$ $UCL = \bar{x}' + A\sigma'$ $LCL = \bar{x}' - A\sigma'$	$\sigma' = \bar{\sigma}_{nw}/C_2$ $\bar{\sigma}_{nw} = (\sum\sigma - \sigma_d)/(m - m_d)$ σ_d——剔除的样本组的标准差 $A_1, B_1, B_2, B_3, B_4, C_2$——与 n 有关的参数
		σ_x 图	样本标准差 σ_x	$CL = \bar{\sigma}_x$ $UCL = B_4\bar{\sigma}_x$ $LCL = B_3\bar{\sigma}_x$	$CL = \bar{\sigma}_{nco}$ $UCL = B_2\sigma'$ $LCL = B_1\sigma'$	
计数值控制图	P 图		不合格品率 P	$CL = \bar{P}$ $UCL = \bar{P} + \sqrt{\dfrac{\bar{P}(1 - \bar{P})}{n}}$ $LCL = \bar{P} - \sqrt{\dfrac{\bar{P}(1 - \bar{P})}{n}}$	$CL = P'$ $UCL = P' + \sqrt{\dfrac{P'(1 - P')}{n}}$ $LCL = P' - \sqrt{\dfrac{P'(1 - P')}{n}}$	$P' = \bar{P}_{nw} = (\sum nP - nP_d)/(\sum n - n_d)$ nP_d——剔除的样本组内不合格品率 n_d——剔除的样本组的样本容量
	C 图		缺陷数 C	$CL = \bar{C}$ $UCL = \bar{C} + 3\sqrt{\bar{C}}$ $LCL = \bar{C} - 3\sqrt{\bar{C}}$	$CL = C'$ $UCL = C' + 3\sqrt{C'}$ $LCL = C' - 3\sqrt{C'}$	$C' = C_{nw}(\sum C - C_d)/(K - K_d)$ C_d——剔除的样本缺陷数 K_d——剔除的样本组数

计量值控制图除了表 10.8 中的类型之外,还有一些其他特殊形式的控制图。例如,对于装配性产品采用的组合式控制图;在装置性工业生产中,采用反映生产过程的连续变化的滑动控制图;在某些生产过程中,考虑其本身均匀变化的趋势的趋势控制图等。

表 10.8　计量值控制图参数

控制图名称	集中位置 μ	分散程度 σ
$\bar{x} - R$ 图	样本平均值 $\bar{x}$	样本极差 R
$\bar{x} - \sigma_x$	样本平均值 $\bar{x}$	样本标准差 σ_x
$\tilde{x} - R$	样本中位数 $\tilde{x}$	样本极差 R
$x - R_s$	样本单值 x	样本移动极差 R_s
$L - S$	$\bar{L}$ 和 $\bar{S}$ 的平均值 $\bar{M}$	样本极差 R

（2）计数值控制图（Amount value control chart）

计数值控制图是以不合格数、不合格品率、缺陷数等质量特性值作为研究和控制的对象,其作用和计量值控制图相同。目的是分析和控制生产工序的稳定性、预防不合格品的发生,保证产品质量。常用计数值控制图分为以下两类:

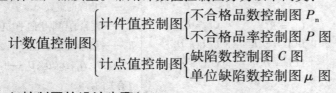

4.控制图的设计步骤（Design steps for control chart）

① 收集数据。

② 确定控制界限。

③ 绘制控制图。

④ 控制界限修正。

⑤ 控制图的使用和改进。

5.控制图的分析与判断（Analysis and judgment of control chart）

用控制图识别生产过程的状态,主要是根据样本数据形成的样本点位置以及变化趋势进行分析和判断。如图 10.24 所示为典型的受控状态,而失控状态表现在以下两个方面:① 样本点超出控制界限;② 样本点在控制界限内,但排列异常。

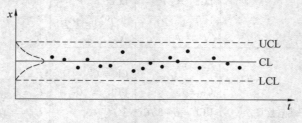

图 10.24　控制图的受控状态

（1）受控状态（Controlled state）

如图 10.24 所示,如果控制图上所有的点都在控制界限内,而且排列正常,说明生产

过程处于统计控制状态。这时生产过程只有偶然性因素影响,在控制图上的正常表现为:

① 所有样本点都在控制界限以内;

② 样本点均匀分布,位于中心线两侧的样本点约各占 1/2;

③ 靠近中心线的样本点约占 2/3;

④ 靠近控制界限的样本点极少。

(2) 失控状态(Out of control state)

生产过程处于失控状态的明显特征是有一部分样本点超出控制界限。除此以外,如果没有样本点出界,但样本点排列和分布异常,也说明生产过程状态失控。典型失控状态有以下几种情况:

① 有多个样本点连续出现在中心线的一侧。

a. 连续 7 点或 7 点以上出现在中心上部,如图 10.25 所示;

b. 连续 11 点至少有 10 点出现在中心线下部,如图 10.26 所示;

c. 连续 14 点至少有 12 点出现在中心线的一侧。

根据概率统计原理,上述类似情况属于小概率事件,一旦发生就说明生产状态失控。

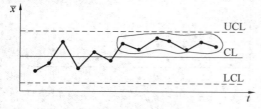

图 10.25　样本偏中心线一侧　　　　图 10.26　样本在中心线一侧

② 连续 7 点上升或下降。如图 10.27 所示,也是属于小概率事件。

③ 有较多的边界点。如图 10.28 所示,图中阴影部分为警戒区,有以下三种情况适于小概率事件;

a. 连续 3 点中有 2 点落在警戒区内;

b. 连续 7 点中有 3 点落在警戒区内;

c. 连续 10 点中有 4 点落在警戒区内。

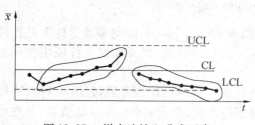

图 10.27　样本连续上升或下降

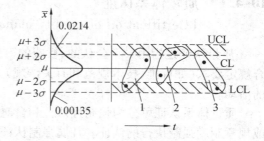

图 10.28　样本警戒区域

④ 样本点的周期性变化。如图 10.29 所示,控制图上的样本呈现周期性的分布状态,说明生产过程中受周期性因素影响,使生产过程失控,所以应该及时查明原因,予以消除。

⑤ 样本点分布的水平突变。如图 10.30 所示,从第 i 个样本点开始,分布的水平位置突然变化,应查明系统性原因,采取纠正措施,使其恢复受控状态。

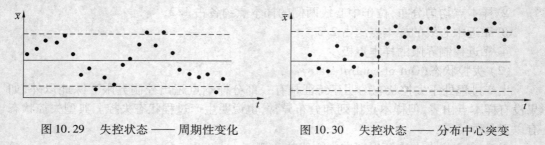

图 10.29　失控状态 —— 周期性变化　　　图 10.30　失控状态 —— 分布中心突变

⑥ 样本点分布的水平位置渐变。如图 10.31 所示,样本点的水平位置逐渐变化,偏离受控状态,说明有系统性原因影响,应及时查明,并采取措施加以消除。

⑦ 样本点的离散度大。如图 10.32 所示,控制图中的样本点呈现较大的离散性,即标准差变大,说明有系统性原因影响。例如,原材料规格不统一,样本来自不同总体等因素,查明情况后要及时采取措施加以消除。

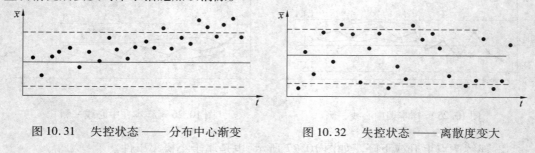

图 10.31　失控状态 —— 分布中心渐变　　　图 10.32　失控状态 —— 离散度变大

10.4　质量认证制度
(Quality certification system)

10.4.1　质量体系认证
(Certification of quality management system)

质量认证是指由一个公认的、权威的第三方机构,对产品、实验室和质量体系是否符合规定要求(如标准、技术规范和有关法规)等所进行的鉴别,以及提供文件证明和标志的活动。

质量体系认证可分为强制性认证和自愿性认证。强制性认证是通过法律、行政法规或规章制度强制执行的认证。凡属强制认证范围的产品,企业必须取得认证资格,并在出厂的合格产品上带有指定的标志,否则不准生产、销售。安全性的产品应通过法律、法令实行强制性认证。非安全性产品实行自愿性认证,是否申请认证由企业自主决定。认证证书和认证标志是质量认证的两种表示方法。

1. 质量体系认证的基本要求（Basic requirements of certification quality management system）

质量认证制度有四项基本要素：

① 型式试验，即为证明产品质量符合产品标准的全部要求对产品所进行的抽样检验，它是构成许多类型质量认证制度的基础。

② 质量体系检查，指对提供产品的生产企业的质量保证能力进行检查和评定，其目的是证实企业具有持续的、稳定的生产符合标准的合格产品的能力。

③ 监督检验，对获得认证后的产品进行的一项监督措施。它从企业的最终产品中，或从市场上抽取样品，由认可的独立检验机构进行检验。若检验结果证明符合标准的要求，则允许继续使用认证标志；若不符合，则需根据具体情况采取必要措施，以防止不合格品使用认证标志。

④ 资格复检，对取得认证资格的企业进行定期复检以检验其质量保证能力，这是促使企业保持其产品质量水平的又一项措施。

2. 开展质量体系认证的条件（Certification conditions of quality management system）

开展质量体系认证，必须具备以下条件。

① 有等同于或高于国际标准的体系标准。

② 有经认可合格的第三方认证机构，对企业进行质量体系认证，一般由体系认证机构负责组织和实施。

③ 有高水平的、经国家统一注册的审核人员。

质量认证资格是企业质量体系符合国际标准的证明，是企业打入国际市场的通行证。质量体系认证的作用是非常巨大的，提高企业质量管理水平是其最大的作用。ISO 9000 系列标准是在总结各工业发达国家质量管理经验的基础上产生的，代表了世界最先进的质量管理和质量保证水平。通过认证的企业，已具备相当高的质量管理水平；在通过认证后仍受到认证机构的监督，促使其不断提高质量管理水平。同时，通过认证，可以扩大销售，为企业赚取更大利润。认证标志是产品质量信得过的证明。国内外经验证明，在市场经济的环境下，取得认证资格是企业在竞争中取胜，提高利润的有利手段。另外，取得认证后，企业可以免去其他检验。所以，通过认证对企业具有现实意义。

10.4.2 质量认证的实施程序

（Certification process of quality management system）

质量体系认证必须遵循一定的程序。现以供方质量体系认证型式为例介绍质量体系认证的程序。

1. 提出认证申请（Application for certification）

企业自主决策是否申请质量体系认证，并自愿选择国家认可的认证机构和标准依据（即在 ISO 9000 - GB/T 19000 系列标准的三种质量保证模式标准中选择）。

2. 受理（Acceptance）

认证机构收到申请方的正式申请以后，应对申请方所具备的条件和申请文件审查。申请条件指企业是否具备法人资格，是否已按 ISO 9000 - GB/T 19000 系列标准建立了文件化体系。申请文件指申请书和有关的质量体系的文件资料。

认证机构应在规定时间内做出是否接受受理申请的决定,并及时通知对方。

3. 审核准备(Audit preparation)

审核小组初访,了解、收集企业有关的材料、信息。

文件审查,对申请方提供的质量手册及其他有关的质量体系文件资料进行审查。文件审查是质量体系认证的重要环节,是现场审核的条件和基础,其目的是了解企业的体系文件(主要是质量手册)能否满足申请认证的质量保证模式标准的要求,能否进行现场审核,以及申请方的质量体系情况,以便准备下一步的工作。

现场审核前的准备是审核双方必须参与进行的。审核方应该进行审核组的分工,制定审核计划,安排审核日程,准备审核文件等;而受审核方则进行现场清理和准备质量记录。

4. 现场审核(On-site Audit)

现场审核的目的是为了通过检查质量体系文件的实际执行情况,对质量体系运行情况做出判断,并据此对企业是否通过质量体系认证做出结论,其流程如图 10.33 所示。

首次会议的目的是向受审核方介绍审核组成员,确认审核的范围和目的,简要介绍审核要采用的方法和程序,澄清审核计划中不明确的内容,落实审核组需要的资源和设施,安排审核中各次会议及末次会议的日期和时间及其他应配合事项。

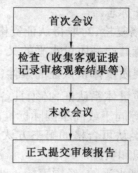

图 10.33　现场审核流程

检查是通过随机抽样方法,通过提问、观察、查验记录等方式收集各种数据,以判明质量体系运行是否存在不合格现象。不论合格还是不合格都必须以事实为依据。在整个检查期间,审核组需多次碰头开会,相互印证和沟通并与受审核方充分沟通,并且需要起草审核报告及其附件。

末次会议由审核组长主持,对进行审核总结,主要是向受审方介绍审核结果,宣读不合格报告,并提出审核结论,对纠正措施提出要求。

正式提交的审核报告是现场审核结果的证明文件,由审核组长起草,并经审核组全体成员讨论通过签字后,报送认证机构。

审核报告的组成有 11 部分,即审核报告编号、受审核方概况(名称、地址等)审核目的和范围、审核所依据的标准、审核组成员、审核日期、审核过程综述、不合格项统计与分析、审核结论、纠正措施要求、审核报告分发对象。认证机构自收到审核报告到做出是否准予认证决定不得超过规定日期。

5. 审批与注册发证(Examination and approval, registration and certification)

认证机构对审核组提出的审核报告进行全面审查,一般有三种决定:批准通过认证,由认证机构予以注册并颁发注册证书;改进后批准认证,认证机构书面通知申请方需纠正的问题及完成纠正措施的期限,到期证明确实达到了规定的条件后,批准注册并发证;不予通过,并说明理由。

认证后监督是认证机构对获得认证(有效期为三年)的企业质量体系实行监督管理。认证后监督是一项很艰巨的任务,需要企业长期与认证机构配合共同搞好。

思考题与习题
(Questions and exercises)

1. 思考题(Questions)

10.1　产品质量目标有哪些?

10.2　产品质量有哪几种水平?

10.3　GB/T 19000 系列标准包括哪些具体内容?

10.4　试比较三种质量模式内容的异同点。

10.5　什么是 PDCA 循环过程?

10.6　产品质量跟踪有哪些类别?各自有什么特点?

10.7　常用的产品跟踪方法有哪些?

10.8　工序质量控制图分几类,各有什么特点?

10.9　质量体系认证制度的基本要素是什么?

10.10　质量体系认证的实施程序有哪些?

参考文献

[1] 中国标准研究中心,等. GB/T 20000.1—2002 标准化工作指南 第1部分:标准化和相关活动的通用词汇[S]. 北京:中国标准出版社,2002.

[2] 机械科学研究院,等. GB/T 321—2005 优先数与优先数系[S]. 北京:中国标准出版社,2005.

[3] 国家质量监督检验检疫总局计量司. JJF 1001—2011 通用计量术语及定义[S]. 北京:中国质检出版社,2012.

[4] 机械科学研究院,等. GB/T 1800.1—2009 产品几何技术规范(GPS) 极限与配合 第1部分 公差、偏差和配合的基础[S]. 北京:中国质检出版社,2012.

[5] 机械科学研究院,等. GB/T 1800.2—2009 产品几何技术规范(GPS) 极限与配合 第2部分 标准公差等级和孔、轴极限偏差表[S]. 北京:中国标准出版社,2009.

[6] 机械科学研究院,等. GB/T 1801—2009 产品几何技术规范(GPS) 极限与配合 公差带和配合的选择[S]. 北京:中国标准出版社,2009.

[7] 机械科学研究院,等. GB/T 1804—2000 一般公差 未注公差的线性和角度尺寸公差[S]. 北京:中国标准出版社,2000.

[8] 机械科学研究院,等. GB/T 2822—2005 标准尺寸[S]. 北京:中国标准出版社,2005.

[9] 机械科学研究院,等. GB/T 3177—2009 产品几何技术规范(GPS) 光滑工件尺寸的检验[S]. 北京:中国标准出版社,2009.

[10] 哈尔滨量具刃具集团有限责任公司. GB/T 1957—2006 光滑极限量规 技术条件[S]. 北京:中国标准出版社,2006.

[11] 机械科学研究院,等. GB/T 8069—1998 功能量规[S]. 北京:中国标准出版社,1998.

[12] 机械科学研究院,等. GB/T 18780.1—2002 产品几何量技术规范(GPS) 几何要素 第1部分:基本术语和定义[S]. 北京:中国标准出版社,2002.

[13] 机械科学研究院. GB/T 17851—2010 产品几何量技术规范(GPS) 几何公差 基准和基准体系[S]. 北京:中国标准出版社,2010.

[14] 机械科学研究院等. GB/T 1182—2008 产品几何量技术规范(GPS) 几何公差 形状、方向、位置和跳动公差标注[S]. 北京:中国标准出版社,2008.

[15] 机械标准化研究所. GB/T 1184—1996 形状和位置公差 未注公差值[S]. 北京:中国标准出版社,1996.

[16] 机械科学研究院,等. GB/T 4249—2009 产品几何量技术规范(GPS) 公差原则[S]. 北京:中国标准出版社,2009.

[17] 机械科学研究院,等. GB/T 16671—2009 产品几何量技术规范(GPS) 几何公差 最大实体要求、最小实体要求和可逆要求[S]. 北京:中国标准出版社,2009.

[18] 机械科学研究院,等. GB/T 1958—2004 产品几何量技术规范(GPS) 形状和位置公差检测规定[S]. 北京:中国标准出版社,2004.

[19] 机械标准化研究所. GB/T 17852—1999 产品几何量技术规范(GPS) 形状和位置公差轮廓尺寸和公差注法[S]. 北京:中国标准出版社,1999.

[20] 机械科学研究院,等. GB/T 13319—2003 产品几何量技术规范(GPS) 几何公差 位置度公差注法[S]. 北京:中国标准出版社,2003.

[21] 机械科学研究,等. GB/T 131—2006 产品几何技术规范(GPS) 技术产品文件中表面结构的表示法[S]. 北京:中国标准出版社,2006.

[22] 机械科学研究院,等. GB/T 3505—2009 产品几何技术规范(GPS) 表面结构 轮廓法 术语、定义及表面结构参数及其数值[S]. 北京:中国标准出版社,2009.

[23] 机械科学研究院,等. GB/T 1031—2009 产品几何技术规范(GPS) 表面结构 轮廓法 表面粗糙度参数[S]. 北京:中国标准出版社,2009.

[24] 机械科学研究院,等. GB/T 10610—2009 产品几何技术规范(GPS) 表面结构 轮廓法 评定表面结构的规则和方法[S]. 北京:中国标准出版社,2009.

[25] 洛阳轴承研究所. GB/T 308.1—2005 滚动轴承 向心轴承 公差[S]. 北京:中国标准出版社,2005.

[26] 洛阳轴承研究所. GB/T 307.3—2005 滚动轴承 通用技术规则[S]. 北京:中国标准出版社,2005.

[27] 洛阳轴承研究所. GB/T 4199—2003 滚动轴承 公差 定义[S]. 北京:中国标准出版社,2003.

[28] 洛阳轴承研究所. GB/T 4606—2006 滚动轴承 径向游隙[S]. 北京:中国标准出版社,2006.

[29] 洛阳轴承研究所. GB/T 275—1993 滚动轴承与轴和外壳的配合[S]. 北京:中国标准出版社,1993.

[30] 机械科学研究院,等. GB/T 1095—2003 平键 键槽的剖面尺寸[S]. 北京:中国标准出版社,2003.

[31] 机械科学研究院,等. GB/T 1096—2003 普通型 平键[S]. 北京:中国标准出版社,2003.

[32] 机械科学研究院,等. GB/T 1144—2001 矩形花键的尺寸、公差和检验[S]. 北京:中国标准出版社,2001.

[33] 机械标准化研究所. GB/T 14791—1993 螺纹术语[S]. 北京:中国标准出版社,1993.

[34] 机械科学研究院,等. GB/T 192—2003 普通螺纹 基本牙型[S]. 北京:中国标准出版社,2003.

[35] 机械科学研究院,等. GB/T 193—2003 普通螺纹 直径与螺距系列[S]. 北京:中国标准出版社,2003.

[36] 机械科学研究院,等. GB/T 196—2003 普通螺纹 基本尺寸[S]. 北京:中国标准出版社,2003.

[37] 机械科学研究院,等. GB/T 197—2003 普通螺纹 公差[S]. 北京:中国标准出版社,2003.

[38] 机械科学研究院,等. GB/T 2516—2003 普通螺纹 极限偏差[S]. 北京:中国标准出版社,2003.

[39] 机械科学研究院,等. GB/T 9144—2003 普通螺纹 优选系列[S]. 北京:中国标准出版社,2003.

[40] 机械科学研究院,等.GB/T 9145—2003 普通螺纹 中等精度、优选系列的极限尺寸 [S].北京:中国标准出版社,2003.

[41] 机械科学研究院,等.GB/T 9146—2003 普通螺纹 粗糙精度、优选系列的极限尺寸 [S].北京:中国出版社,2003.

[42] 郑州机械研究所,等.GB/T 3374.1—2010 齿轮 术语和定义 第1部分:几何学定义 [S].北京:中国标准出版社,2010.

[43] 郑州机械研究所,等.GB/T 10095.1—2008 圆柱齿轮 精度制 第1部分:轮齿同侧齿 面偏差的定义和允许值[S].北京:中国标准出版社,2008.

[44] 郑州机械研究所,等.GB/T 10095.2—2008 圆柱齿轮 精度制 第2部分:径向综合偏 差和径向跳动的定义和允许值[S].北京:中国标准出版社,2008.

[45] 郑州机械研究所,等.GB/Z 18620.1—2008 圆柱齿轮 检验实施规范 第1部分:轮齿 同侧齿面的检验[S].北京:中国标准出版社,2008.

[46] 郑州机械研究所,等.GB/Z 18620.2—2008 圆柱齿轮 检验实施规范 第2部分:径向 综合偏差、径向跳动、齿厚和侧隙的检验[S].北京:中国标准出版社,2008.

[47] 郑州机械研究所,等.GB/Z 18620.3—2008 圆柱齿轮 检验实施规范 第3部分:齿轮 坯、轴中心距和轴线平行度的检验[S].北京:中国标准出版社,2008.

[48] 郑州机械研究所,等.GB/Z 18620.4—2008 圆柱齿轮 检验实施规范 第4部分:表面 结构和轮齿接触斑点的检验[S].北京:中国标准出版社,2008.

[49] 机械科学研究院.GB/T 5847—2004 尺寸链 计算方法[S].北京:中国标准出版社, 2004.

[50] 中国标准化研究院,等.GB/T 19000—2008 质量管理体系 基础和术语[S].北京:上 中国标准出版社,2002.

[51] 余立钧.机械精度设计与质量保证(修订本)[M].上海:上海科学技术文献出版社, 2002.

[52] 刘品,李哲.机械精度设计与检测基础[M].哈尔滨:哈尔滨工业大学出版社,2007.

[53] 赵丽娟,冷岳峰.机械几何量精度设计与检测[M].北京:清华大学出版社,2001.

[54] 刘丽华,李争平.机械精度设计与检测基础[M].哈尔滨:哈尔滨工业大学出版社, 2012.

[55] 赵丽娟,冷岳峰.机械几何量精度设计与检测[M].北京:清华大学出版社,2011.

[56] 孙全颖,唐文明.机械精度设计与质量保证[M].哈尔滨:哈尔滨工业大学出版社, 2012.